Elmar Csaplovics

Methoden der regionalen Fernerkundung

Anwendungen im Sahel Afrikas

Mit 83 Abbildungen, davon 16 in Farbe

Springer-Verlag

Berlin Heidelberg New York
London Paris Tokyo
Hong Kong Barcelona
Budapest

Dr. Elmar Csaplovics
Freie Universität Berlin
Institut für Geologie, Geophysik und Geoinformatik
Fachrichtung Geoinformatik – Fernerkundung der Erde –
Malteserstraße 74–100
D-1000 Berlin 46

Die Abbildung auf dem Einband ist nicht in den Originalfarben dargestellt. Der Originaldruck steht auf Seite 170.

ISBN-13: 978-3-642-77323-5   e-ISBN-13: 978-3-642-77322-8
DOI: 10.1007/978-3-642-77322-8

Die Deutsche Bibliothek – CIP-Einheitsaufnahme
Csaplovics, Elmar:
Methoden der regionalen Fernerkundung: Anwendungen im Sahel Afrikas / Elmar Csaplovics.
– Berlin; Heidelberg; New York; London; Paris; Tokyo; Hong Kong; Barcelona; Budapest:
Springer, 1992

Reproduktion der Abbildungen: Gustav Dreher GmbH, Stuttgart
Satz: Reproduktionsfertige Vorlage vom Autor
30/3145-5 4 3 2 1 0 – Gedruckt auf säurefreiem Papier

Meinen Eltern gewidmet

Inhaltsverzeichnis

Abbildungsverzeichnis

Abb.8.16. Digitale Klassifikation des multitemporalen Datensatzes MSS II.76 und TM III.90 in Form der Hauptkomponenten PC2, PC3 und PC4, NW-Teil des Untersuchungsgebietes(dx=20km, dy=13km, vgl.Abb.8.7.), M=1:250000

Abb.9.1. Satellitenbild des Untersuchungsgebietes (Klassifikation vgl.Abb.8.15.),GIS-Skizze eines Grobentwurfes ökologisch relevanter Landschaftsplanung, M=1:250000

Tabellenverzeichnis

Akronyme

Institutionen

ARPON	Amélioration de la Riziculture Paysanne d'Office du Niger
ASPRS	American Society of Photogrammetry and Remote Sensing
CEE	Communauté Economique Européenne
CIEH	Comité Interafricain d'Étude Hydraulique
CILSS	Comité Inter-États de Lutte contre la Sécheresse dans le Sahel
CIPEA	Centre International pour l'Élevage en Afrique (=ILCA)
CNRS	Centre National de la Recherche Scientifique
CSIRO	Commonwealth Scientifique and Industrial Research Council
CTFT	Centre Technique Forestier Tropical
ERIM	Environmental Research Institute of Michigan
ESA	European Space Agency
FAO	Food and Agriculture Organization of the United Nations
FWF	Fonds zur Förderung der wissenschaftlichen Forschung
GTZ	Gesellschaft für technische Zusammenarbeit
ICRAF	International Council for Research on Agro-Forestry
IEEE	Institute of Electrical and Electronics Engineers
IEMVT	Institut d'Élevage et de Médecine Vétérinaire des Pays Tropicaux
IFAN	Institut Fondamental d'Afrique Noir
IFO	Institut für Wirtschaftsforschung
IGN	Institut Géographique National
IITA	International Institute of Tropical Agriculture
ILCA	International Livestock Centre for Africa (=CIPEA)
INRA	Institut National de la Recherche Agronomique
ITC	International Institute for Aerospace Survey and Earth Sciences
LARS	Laboratory for Applications of Remote Sensing (Purdue)
NASA	National Aeronautics and Space Administration
NOAA	National Oceanic and Atmospheric Administration
ON	Office du Niger
ORSTOM	Office de la Recherche Scientifique et Technique d'Outre-Mer
OSS	Observatoire du Sahara et du Sahel
RSS	Remote Sensing Society (GB)
SCSA	Soil Conservation Society of America
TAMS	Tippetts-Abbett-McCarthy-Stratton (Ingénieurs, New York)
UNEP	United Nations Environment Programme
UNESCO	United Nations Education und Science Organization
USAID	United States Agency for International Development
USDA	United States Department of Agriculture

XX

USGS   United States Geological Survey

Fachausdrücke

AOF   Afrique Occidentale Française
AVHRR   Advanced Very High Resolution Radiometer
AVIRIS   Airborne Visible-Infrared Imaging Spectrometer
BPP   Brutto-Primär-Produktion
CCD   Charge Coupled Device
CIR   Colour Infrared
CZCS   Coastal Zone Colour Scanner
EOS   Earth Observation Satellite
ERTS   Earth Resources Technology Satellite
FMC   Foreward Motion Compensation
GAC   Global Area Coverage
GIS   Geographic Information System
GOES   Geostationary Operational Environmental Satellite
HIRIS   High Resolution Imaging Spectrometer
HRPT   High Resolution Picture Transmission (NOAA)
HRV   Haute Résolution Visible
IFOV   Instantaneous Field of View
IGARSS   International Geoscience and Remote Sensing Symposium
ISLSCP   International Satellite Land Surface Climatology Project
ITCZ   Inter-Tropical Convergence Zone
KFA   Kosmicheskij Foto-Apparat
LAC   Large Area Coverage
LACIE   Large Area Crop Inventory Experiment
LAI   Leaf Area Index
LFC   Large Format Camera
LIDAR   Light Detection and Ranging
MC   Metric Camera
MISR   Multiangle Imaging Spectro-Radiometer
MKF   Mnogo-Kanalnij Fotoapparat
MODIS   Moderate Resolution Imaging Spectrometer
MOMS   Modularer Opto-elektronischer Multispektral-Scanner
MSS   Multi-Spectral Scanner
MSU   Mnogozonalnij Skanner Ustroistwo
NDVI   Normalized Difference Vegetation Index
$NE\Delta\rho$ Noise Equivalent Difference in Surface Reflectance
$NE\Delta T$ Noise Equivalent Difference in Apparent Temperature
NIR   Near Infrared
NPP   Netto-Primär-Produktion
PET   Potential Evapotranspiration
SMMR   Scanning Multichannel Microwave Radiometer
SPOT   Système Probatoire d'Observation de la Terre
SRF   Systematic Reconnaissance Flights
TIROS   Television Infrared Observation Satellite
TLU   Tropical Livestock Unit
TM   Thematic Mapper
TOC   Test-Object-Contrast

Dank

Daß angewandte Bildinterpretation im allgemeinen und die vorliegende Arbeit im speziellen als Mosaiksteine interdisziplinärer naturwissenschaftlicher Forschung im Berührungsfeld eines weiten Spektrums von Fachrichtungen liegen, manifestiert sich nicht zuletzt an der Zahl Jener, die durch Rat und Tat dazu beitragen, den spezifischen Fragenkomplex umfassend zu beleuchten. Dies gilt im besonderen für die vorliegende Arbeit, die nicht nur den technisch-naturwissenschaftlichen Part der Fernerkundung berührt, sondern ganz bewußt Wissen thematisch involvierter Fächer nutzt und Modelle kommunikativer Zusammenarbeit forciert.

Meinem Lehrer **Univ.Prof.Dr.K.Kraus** (Inst.f.Photogrammetrie und Fernerkundung der TU Wien), der bereits im Zuge des Studiums, später als Betreuer der Dissertation und Förderer der Lehrtätigkeit und jener Forschungsaktivitäten, die die Basis für Vertiefung und Intensivierung der Forschungen zur angewandten Bildinterpretation schufen, in hohem Maße unterstützend wirkte, soll ganz besonders gedankt werden.

Univ.Prof.Dr.F.K.List (Fachrichtung Geoinformatik - Fernerkundung der Erde des Inst.f. Geologie, Geophysik und Geoinformatik der FU Berlin) gebührt großer Dank, da er durch sein Engagement und das großzügige Angebot, die Logistik, die Infrastruktur und den Fundus an Satellitendaten der Fachrichtung zu nutzen, die thematische Spezifizierung der vorliegenden Arbeit ermöglicht hat.

Der herzliche Dank an all Jene, die entweder im Rahmen der organisatorisch-finanziellen Unterstützung, der wissenschaftlichen Zusammenarbeit und Diskussion und/oder der konkreten Kommunikation, im besonderen an den internationalen Forschungseinrichtungen, positiv wirkten, soll nicht zu einer Aneinanderreihung von variierenden Formulierungen degenerieren.

Die im folgenden Genannten haben in ihrem jeweils spezifischen Wirkungsbereich geholfen - der dafür auszusprechende Dank ist gleichermaßen groß.

Inst.f.Geologie, Geophysik und Geoinformatik der FU Berlin
Fachrichtung Geoinformatik - Fernerkundung der Erde
(Frau J.Somi, die Herren Univ.Prof.Dr.F.K.List, Wiss.Ass.Dipl.Geol.C.Bauer, Dipl.Geol. R.Hildebrandt und alle Damen und Herren der Fachrichtung)

Inst.f.Photogrammetrie und Fernerkundung der TU Wien
(Univ.Prof.Dr.K.Kraus und alle Damen und Herren des Institutes)

XXII

Fonds zur Förderung der wissenschaftlichen Forschung Wien
Schrödinger-Stipendium (Nov.1988-Okt.1990)
(Präsident Univ.Prof.Dr.H.Komarek, Präsident Univ.Prof.Dr.H.Rauch, Herr R.Gass)

Luftbild und Vegetation - Büro für luftbildgestützte Vegetationserfassung und Vitalitätsbe-
wertung GbR, Berlin
(Dipl.Geogr.F.F.Glaser, Dr.M.Fietz, Dipl.Geol.C.Munier)

Deutsche Staatsbibliothek - Kartenabteilung, Unter den Linden, Berlin
(Dr.E.Klemp)

Améliorisation de la Riziculture Paysanne d'Office du Niger (Projet ARPON), Niono, Mali
(M.Hendrik Kuipers)

Office du Niger - Centre d'Accueil de Niono, Mali
(M.I.Daugnon)

Ambassade de la République Féderale d'Allemagne, Bamako-Badalabougou, Mali
(M.H.Bernd)

Deutsche Gesellschaft für technische Zusammenarbeit (GTZ), Service d'Administration des
Projets, Bamako, Mali
(M^{me}S.Diallo, M.R.Schmid, M.D.Diarra)

Institut Géographique National (IGN), Agence de Bamako, Mali
(M.B.Traoré)

Institut National de la Recherche Agronomique (INRA) Montpellier
Cellule de Télédétection
(Dr.B.Naert und alle Mitarbeiter)

Institut für Allg.u.Angew.Geologie der Universität München
Arbeitsgruppe Fernerkundung
(Dipl.Geol.A.Hirscheider, Univ.Doz.Dr.F.Jaskolla)

Springer Verlag, Berlin - Heidelberg - New York
(Dr.G.Suchy)

Schlußendlich sind jene Kollegen an der FU Berlin zu nennen, die in viele Diskussionen
ihre fachspezifischen, insbesondere vor Ort gesammelten Erfahrungen einbrachten und damit das Spektrum der vorliegenden Arbeit erweitern halfen.
Ich danke in diesem Sinne ganz besonders herzlich Frau **Dipl.Biol.Dipl.Geol.H.Kußerow**,
Herrn **Dr.M.Fietz** und Herrn **Dr.habil.Th.Krings** (Univ.Freiburg).

Wie bereits der Widmung zu Anfang der Arbeit zu entnehmen ist, gebührt **meinen Eltern**
das umfassendste Verdienst am Zustandekommen dieser Arbeit. Ohne ihre in jeder Hinsicht
aufopfernde Unterstützung wäre es mir nicht möglich gewesen, die angestrebten und nunmehr präsentierten Forschungsziele zu erreichen.

Zusammenfassung

Methoden der Fernerkundung und angewandten Bildinterpretation sollen der multispektralen, -temporalen und -thematischen Dokumentation von Degradations- und Desertifikationsprozessen im Sahel Westafrikas auf regionaler Ebene dienen, um Grundlagen für die Diskussion quantitativer und qualitativer, Zu- oder Abnahme spezifischer funktionaler Vegetationstypen beschreibender Parameter zu schaffen. Insbesondere die Zunahme vegetationsloser Flächen, deren Boden den Kräften der Erosion schutzlos ausgeliefert ist bzw. die Abnahme ökologisch wertvoller, heterogen strukturierter Gehölz-Gras-Formationen werden durch Luft- und Satellitenbilder in ihrer regionalen Dimension erfaßt. Feldarbeiten sichern die Interpretationsergebnisse ab, indem die Vielfalt der Landmuster durch Vegetationskartierungen von Testflächen und die spektralen Charakteristika von Atmosphäre und Erdoberfläche (spektrale Signaturen) durch radiometrische Messungen erhoben werden. Multitemporale stereoskopische Luftbildanalysen demonstrieren das Spektrum von Möglichkeiten, die Dynamik der Landschaftsentwicklung in großen und mittleren Maßstäben darzustellen. Die visuelle und digitale Klassifikation von Satellitenbildern (Landsat MSS und TM) entspricht jener Ebene der Datenerfassung, die überblicksartige, doch auch für regionale Fragestellungen gut geeignete Aussagen trifft.
Im Bereich des 1932 gegründeten Office du Niger werden zwei ausgetrocknete Flußarme des holozänen Binnendeltas des Niger (delta mort) durch den Staudamm von Markala mit Wasser versorgt. Entlang der wichtigsten künstlichen Wasserader, dem Canal du Sahel, dienen große Flächen (ca. 40000 ha) dem Reisanbau. Vor allem ab dem Auftreten katastrophaler Dürreperioden seit 1967 bewirkte massive Migration ausgeprägte Bevölkerungszunahme. Gleichzeitig führte kontinuierliche Zunahme des anthropogenen Drucks auf das Umland zufolge Übernutzung des einstmals sudano-sahelischen Graslandes durch Trockenfeldbau unter Aufgabe ökologisch relevanter agro-silvo-pastoraler Bewirtschaftungsformen und ohne Berücksichtigung traditioneller Brachezyklen, durch Holzgewinnung, Beweidung (browsing) und großflächiges Abbrennen (feux de brousse) zu Degradation der Gehölz- und Grasfluren und in weiterer Folge zu Desertifikation. Derart dynamische Prozesse regressiver Art verändern das Bild der Landschaft.
Aus der Synthese von terrestrischen sowie durch Luftbild- und Satellitenbild-Interpretation gewonnenen Erkenntnissen über Degradation und Desertifikation eines Untersuchungsgebietes westlich des zentralen Ortes Niono formt sich ein

eindrucksvolles Bild der Effizienz regionaler Fernerkundung zur Dokumentation und Analyse dieser anthropogen induzierten Prozesse für einen Zeitraum von 1952 bis 1990. Der interdisziplinäre Forschungsansatz ermöglicht weitreichend charakterisierbare, kartographisch darstellbare Ergebnisse, die Ausgangspunkt konkreter, transhumante und sedentäre Nutzungsansprüche gleichermaßen berücksichtigender, die Partizipation der betroffenen Bevölkerung einbeziehender Planung und Umsetzung restaurierender Maßnahmen in konkreten Regionen des Sahel sein können.

Abstract

The synthesis of three levels of remote sensing, of in situ derived spectral signatures of trees and shrubs, of detailed vegetation structure interpretation using aerial photography and classification of vegetation functional types and units of regional land cover using satellite images describes an important way of modelling integrated systems of degradation and desertification monitoring of destabilized Sahelian regions. Human impact on vegetation layers of former (Sudano)-Sahelian grasslands is the main reason for these destabilization and destruction phenomena. The regional distribution and multitemporal dynamics of impact patterns are analysed by using multi-stage remote sensing techniques and image interpretation.

In 1932, French authorities founded the Office du Niger (Mali) for to organize irrigation of former grasslands by floating abandoned riverbeds of the ancient Niger inland delta. Actually a surface of about 40000 ha is used for rice growing. Since 1967 severe drought periods induced increasing migration to the environments of the main water supply of the irrigation zone, the Canal du Sahel. Human and livestock impact on the surrounding grass lands, such as bush-fires, rainfed agriculture giving up agro-sylvo-pastoral systems of cultivation and ignoring fallow-cycles, fuelwood consumption and browsing of herds and flocks force the destruction of former dense ligneous and herbaceous strata.

Remote sensing of a region west of the local centre Niono creates multispectral, -temporal and -thematic documents of degradation and desertification processes such as increase of denuded, often sealed soil surfaces and decrease of the woody layer. Detailed mapping of vegetation functional types, their structure and taxonomy, as well as radiometric measurements of soils and vegetation in situ support multi-level visual and/or digital interpretation of aerial photography (1952, 1975, 1987) and satellite images (Landsat MSS and TM, 1976, 1990).

Stereoscopic interpretation of multitemporal aerial photography analyses changes of vegetation types, of structure of tree and shrub layers in large to medium scales. Visual and digital classifications of multitemporal satellite images are tools for medium to small scale documentation of regional aspects of degradation and desertification. Planning restoration of degradated areas needs documents of landuse and landcover. Applications of presented research results implement multi-level remotely sensed data as an efficient part of multi-thematic considera-tions on the creation of regional degradation and desertification information, control and restoration systems in the African Sahel.

Résumé

L'application de la télédétection permet la documentation multi-spectrale, -temporale et -thematique de la physionomie et la structure du paysage végétal, tant au niveau des ligneux que de la strate herbacée.

En niveau terrestre la distribution, structure et taxonomie de la végétation sont evaluées par la creation des cartes thematiques des sites représentatifs pour les differents formations végétals de la région étudiée. En plus l'evaluation des signatures spectrales des couverts végétaux à partir des mesures fournies par une radiomètre donne des informations sur l'état des ligneux.

En niveau des photographies aériennes l'interprétation stereoscopique décrit des formations caractérisées par la physionomie et la structure de la végétation sur grandes et moyennes échelles.

L'interprétation visuelle et la classification automatique des images satellitaires représentent le troisième niveau de la télédétection appliqué résponsable pour la collection des informations sur moyennes et petites échelles. Néanmoins il est possible de classifier la région dans un système des unités paysages. En plus on peut défine des états physionomiques des unités.

La synthese methodique et thematique des applications de la télédétection dois être part d'un système integré des informations sur le suivie de l'évolution de la végétation dans les régions saheliennes plus en plus dégradées et désertifiées.

L'Office du Niger en Mali, fondé en 1932, est le plus grand aménagement hydro-agricole situé dans le Sahel. Le Canal du Sahel, part desséché d'ancien réseau fluvial du Niger (delta mort), représente la partie principale du système d'irrigation de Sansanding. Le chef lieux du cercle Niono est le centre d'une zone utilisée pour la culture du riz (40000 ha).

Depuis 1967 la sécheresse a provoque l'agrandissement de la population a cause d'une migration continuel vers les villages et l'environment des zones irriguées.

La surexploitation des strates herbacées et ligneuses du paysage sahelien par l'homme (feux de brousse, cultures sèches sans périodes du jàchere, destruction des systémes agro-sylvo-pastorales, bois de feu, charbon du bois) et le surpâturage par bovins, ovins et caprins ont provoquées une dégradation significante de la végétation et la dénudation des vastes surfaces.

Les cartes thematiques de la végétation, les photographies aériennes (1952, 1975, 1987) et les images satellitaires (Landsat MSS,TM,1976,1990) témoignent de la transformation regionale du couvert végétal, de la diminution et disparition de la strate herbacée et du dépérissement des ligneux.

Cartes régionales de la structure, la physionomie et l'état du couvert végétal en détail et en ensemble souslignent la dominance des facteurs anthropiques de dégradation dans les environments d'Office du Niger. L'application de la télédétection régionale en haute résolution aux pays du Sahel peut améliorer l'efficacité des projets de restauration des paysages dégradés.

Einleitung

Intentio vera nostra est manifestare ... ea, que sunt, sicut sunt (Unser Bestreben ist es, die Dinge so darzustellen, **wie sie sind**)
Friedrich II. Roger (1194-1250), Prolog zum Falkenbuch, zit. in Sauerländer (1979).

Umweltrelevante Fernerkundung gewinnt in zunehmendem Maße Bedeutung, um die vielfältigen Bedrohungen der Lebensräume durch regionale aber auch globale Degradation und Zerstörung zu dokumentieren, die dynamischen Prozesse aufzuzeigen und Maßnahmenkriterien zum Schutz natürlicher Resourcen mitzuformen.

Nach mehr als zehnjähriger Beschäftigung mit Problemkreisen der angewandten Fernerkundung und der steten Annäherung an einen ausgeprägt interdisziplinären, grundlagen- und praxisorientierte Studien verbindenden Pfad, soll das vorliegende Konvolut der kritischen Analyse von Aussagekraft und Umsetzbarkeit der Forschungen am Beispiel eines massiv bedrohten sahelischen Naturraum dienen.

Jenen Untersuchungen, die großflächige, ja kontinentale Bereiche mittels zeitlich hoch, aber geometrisch und spektral gering auflösenden Fernerkundungssystemen hinsichtlich vegetationsdynamischer Aspekte analysieren, sollen regionale Problemstellungen und die damit verbundene Adaption geometrisch und spektral höher auflösender Aufnahmeeinheiten gegenübergestellt werden. Kleinräumige Degradation einstmals intakter Baum- und Buschsavannen steht wohl auch in Zusammenhang mit dem langfristig signifikanten Rückgang der Jahresniederschläge, wird aber entscheidend vom regional unterschiedlichen, je nach Besiedlungsdichte variierenden, im allgemeinen zunehmenden anthropo-zoogenen Druck auf das Land geprägt. Traditionelle Formen der Kombination von land-, forst- und weidewirtschaftlicher Nutzung der Landschaften werden zunehmend durch Prozesse, die mit Modernisierung und Monotonisierung einhergehen und in Widerspruch zur Tradition des einstmals durch Transhumanz und Nomadismus mitgeprägten sahelischen Raumes stehen, zerstört.

Das kleinräumige Untersuchungsgebiet östlich des Bewässerungsprojektes Office du Niger und seines zentralen Ort Niono (Mali) spiegelt das Spektrum degradierender Einflüsse auf das sudano-sahelische Grasland auf ideale Weise wieder. Die resultierenden Landmuster (Mosaike) und - darauf aufbauend - Landeinheiten können durch die synthetische Interpretation von terrestrischen Kartierungen sowie multitemporalen Luft- und Satellitenbild-Aufnahmen effizient erkannt und diskutiert werden.

Der vermehrte Einsatz kombinierter Luft- und Satellitenbildinterpretation sowie gezielter interdisziplinärer Bodenforschung verbunden mit der Einbeziehung des großen Potentials an autochtonem agrar- und forstbotanischem Wissen der afrikanischen Bauern (Krings 1991a) können diesen Ansprüchen gerecht werden.

Die vorliegende Untersuchung im speziellen, aber auch dadurch induzierte Gedanken zur Weiterführung und Umsetzung der Arbeiten sollen die Bedeutung von und den Bedarf an regionaler Fernerkundung im Sahel Afrikas manifestieren.

Der Begriff **Desertifikation** umschreibt ein durch menschliche Aktivitäten induziertes Prozeßgefüge, das zur "Verwüstung" bzw. "Wüstmachung" (desertus facere) arider und semi-arider Ökosysteme führt (Mensching 1990).

Auslösende Faktoren sind insbesondere die verschiedenen Ausformungen anthropo-zoogenen Drucks auf die Landschaften, wie ausufernder Trockenfeldbau in ökologisch nicht adäquaten Bereichen, Reduktion der Brachezyklen, Überstokkung und Überweidung, Extensivierung des Holzeinschlags und großflächiges Abbrennen in den ersten Monaten der Trockenzeit. In Abhängigkeit dieser Nutzungen breiten sich Desertifikationsmuster vor allem um Siedlungen und Tiefbrunnen (Desertifikationsringe), sowie entlang ganzjährig Wasser führender Kanäle, jedoch in wesentlich geringerem Ausmaß im Bereich nomadischer Lagerplätze und temporärer Wasserstellen aus.

Riesige Gebiete im Grenzbereich der Wüsten wurden bereits seit dem Pleistozän durch Überweidung und Feuer degradiert. Dadurch kam es zu sukzessiver Zerstörung ehemals lichter Trockenwälder, zur Ausbildung von Grasländern und in weiterer Folge zu erosionsbedingter Desertifikation (Liebmann 1975).

Von aktueller Bedeutung sind aber auch vielerorts existierende, ökologisch irrelevante Wirtschaftssysteme und die oftmals auf den Einfluß weißer Siedler und/oder Berater zurückzuführende Vielfalt negativer Eingriffe, wie den Boden zerstörende agrarische Maßnahmen (Monokulturen) und die Übernutzung der Wasservorräte (Kloetzli 1989).

Die positive Rückkoppelung der Parameter Überweidung, Vegetationsdezimierung, Rückgang der Verdunstungsraten, Zunahme des Oberflächenabflusses und damit der Erosion, andauernde Überweidung bis hin zur Zerstörung der Restvegetation steht als Beispiel für ein kybernetisches Schema degradierender Prozesse in semi-ariden Grasländern (Gigon 1974).

Die anthropo-zoogen induzierten Desertifikationsprozesse müssen in engem Zusammenhang mit Aridität und Dürreperioden gesehen werden. Klimaschwankungen bewirkten Veränderungen der Wüstengrenzen, die durch fossile Dünensysteme - im Sahel Afrikas teils vor 40000 BP, teils um 15000-20000 BP entstanden - in ihren Phasen der Ausbreitung nachgezeichnet werden (Mainguet 1991).

Diesen erdgeschichtlich relevanten Zeiträumen signifikanter Aridität stehen mehrjährige Dürreperioden gegenüber, die im Laufe dieses Jahrhunderts im Sahel Afrikas für die Zeiträume 1910-1914 und 1948-1949 belegt sind (Schiffers 1974).

Besonders gravierend war die sahelische Dürreperiode von 1968-1985 mit den Katastrophenjahren 1972-73 und 1983-1984.

Anthropogene Einflüsse auf global wirksame klimatische Veränderungen sind evident.

Desertifikation setzt ein, wenn anthropo-zoogener Druck auf sahelische Ökosysteme Nutzungsmuster erzeugt, die sich den klimatischen Spezifika nicht ausreichend anpassen.

Nach Angaben des UNEP sind 34% Asiens, 75% Australiens, 55% Afrikas, 20% Südamerikas, 19% Nord- und Mittelamerikas und 2% Europas von Wüsten und wüstenartigen Gebieten bedeckt (Stand 1977).

Im Zuge der United Nations Conference on Desertification (UNCOD, Nairobi 1977) publizierte Karten dokumentieren Desertifikationszonen nach verschiedenen Gefährdungsgraden in ihrer globalen Verteilung.

Eine qualitative Differenzierung zeigt, daß die Sahelzone Afrikas in hohem Maße gefährdet ist und aus globaler Sicht als ökologisches Krisengebiet erster Ordnung einzustufen ist.

Die rasche Zunahme der Bevölkerung trägt das Ihre zur katastrophalen Entwicklung bei. Die aus Bevölkerungswachstum und Zerstörung von landwirtschaftlicher Nutzfläche (Acker- und Weideland) resultierenden negativ wirksamen Prozesse können durch die ohnehin bereits nahezu erschöpfte Kapazität an zusätzlich gewinnbarem, landwirtschaftlich einigermaßen nutzbarem Boden in keiner Weise ausgeglichen werden.

Demzufolge wird die in den Drittweltländern pro Kopf verfügbare landwirtschaftliche Nutzfläche von 45ha im Jahre 1955 auf ca.20ha im Jahre 2000 zurück gehen (Council on Environmental Quality 1980).

Analysen der FAO prognostizieren unter der Voraussetzung anhaltender Trends im skizzierten Sinne, daß im Jahre 2010 in Afrika 30% weniger Nahrung pro Kopf zur Verfügung stehen werden als im Dürrejahr 1985 (Wöhlke 1987).

Mehr oder weniger von Desertifikation betroffene Flächen bedecken etwa 30% des Staatsgebietes der Republik Mali.

Interdisziplinäre Forschung zur Grundlagensynthese und Umsetzung geistes- und naturwissenschaftlicher, sozio-ökologischer, den Natur-Mensch-Kreislauf der "Mitwelt" (Meyer-Abich 1984) in den Vordergrund der Denkmuster stellender Initiativen wurde lange Zeit vernachlässigt. Die Gründe für dieses Phänomen mögen wohl zum Teil aus dem Faktum resultieren, daß der Mensch in seinem Konsumverhalten - im weitesten Sinn des Wortes sei bewußt auch der Begriff des Wissenschafts- und Forschungskonsums geprägt - weder soziale Belange der Gesellschaft noch Folgen für die Umwelt berücksichtigt (Eibl-Eibesfeldt 1984). Es bedarf unmittelbarer persönlicher Bedrohung, um in Übereinstimmung mit dem "Prinzip der Betroffenheit" mehr oder weniger ökologischen Zielsetzungen den Weg zu bereiten (Fetscher 1977).

Die schleichenden ökologischen Katastrophen, die trotz ihres Ausmaßes kein unmittelbares Schmerzempfinden bewirken, gelangen viel zu langsam in das Bewußtsein der Wohlstandsgesellschaft. Prognosen kündigen eine Abnahme von Regenwaldflächen um etwa 60% bis zum Jahre 2000 an. Bis zum Jahr 2040 werden 13 tropische Länder den Verlust sämtlicher geschlossener Waldbestände zu beklagen haben. Wüsten und wüstenartige Gebiete haben in den letzten hundert Jahren um etwa 15% der Festlandfläche zugenommen (Klötzli 1989). Daß das letzte Jahrzehnt des zwanzigsten Jahrhunderts die entscheidende Hinwendung zum friedlichen und völkervereinenden Kampf um den Erhalt der Natur bringen muß, wird von Wissenschaftern eindringlichst betont (Brown et al. 1989).

1 Sahel - die Grundlagen

1.1 Allgemeines

Sahel, das die Sahara am Südrand begrenzende Land, entlehnt dem arabischen Wort mit der Bedeutung "Küste, Ufer", wurde um die Jahrhundertwende in der Form "sahelische Zone" zum ersten Mal als bio-geographische Bezeichnung gebraucht (Chevalier 1900).

Eine Differenzierung in nördliche (trockene, halbwüstenartige Dornbuschsavannen) und südliche (mäßig trockene Dornbuschsavanne) Sahel-Zone ist im vegetationsgeographischen Sprachgebrauch üblich (Harrison-Church 1963, Knapp 1973).

Im paläotropischen Florenreich Afrikas ist die Sahel-Zone ein relativ artenarmer, unmittelbar südlich der Sahara liegender Randbereich der sudano-sambesischen Florenregion in ihrer sudan-spezifischen Ausprägung. Die Grenzziehung nach Norden bzw. Süden ist nicht eindeutig möglich, sind doch die Übergänge fließend.

Eine Annäherung gelingt über die Linien gleichen mittleren Jahresniederschlags (Isohyeten). Mittlerweile wird vorgeschlagen, diese Grenzen mit einerseits 100 ± 50mm (je nach Boden), andererseits mit 600mm anzusetzen (Le Houérou et Gillet 1985, Le Houérou 1987) (Abb.1.1.).

Hiebei stimmt die nunmehr definierte nördliche Begrenzung mit dem Übergang von mehr oder weniger uniform gestreuter mehrjähriger Vegetation zu Verteilungen, die auf Depressionen und zeitweise wasserführende Talungen beschränkt bleiben, überein (diffusée - contractée, nach Monod 1954).

Die 100mm-Isohyete ist des weiteren südliche Verbreitungsgrenze zahlreicher Sahara-Arten, genauso wie die 600mm-Isohyete Nordbegrenzung des Vorkommens zahlreicher sudanischer Bäume und Gräser ist (Boudet 1975, Le Houérou 1989).

Die Sahel-Zone stellt sich daher als ca.400-600km breiter, von Ost nach West verlaufender Landstreifen dar, der mit Ausnahme der Küstenbereiche den gesamten afrikanischen Kontinent überspannt (ca.6000km).

Die Republik Mali mit einer Gesamtfläche von 1241000km² kann zu 44% der ökoklimatischen Zone der Sahara, zu 24% der sahelischen und zu 32% der sudanischen Zone zugeordnet werden (Le Houérou et Popov 1981).

Eine Gliederung in sich definiert eine
- saharo-sahelische Übergangszone (100mm/a - 200mm/a)
- sahelische Kernzone sensu stricto (200mm/a - 400mm/a)
- sudano-sahelische Übergangszone (400mm/a - 600mm/a)
  (Chevalier 1933, Le Houérou 1977, Boudet 1984).

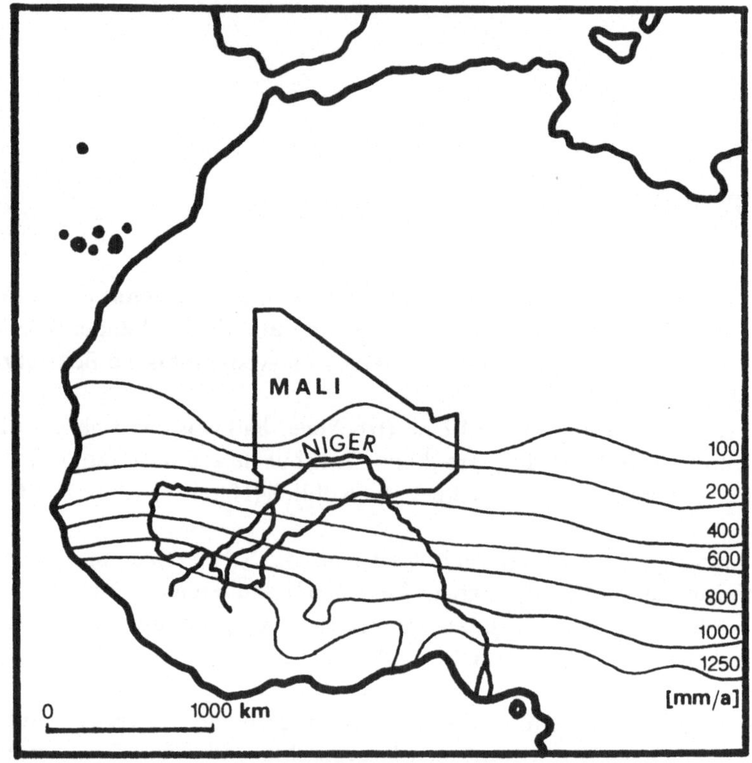

Abb.1.1. Die Sahelzone in Westafrika (nach Le Houérou 1989)

1.2 Klima

Tropisches Klima mit einmaliger Regenzeit während der Sommermonate führt zu
großer Abhängigkeit von den Niederschlagsereignissen, deren Ergiebigkeiten die
lange Trockenzeit entscheidend prägen. Verschiebt sich die intertropische Konver-
genzzone (ITCZ, inter-tropical convergence zone) nach Norden, können Luftmassen durch den Monsun vom Golf von Guinea in den Sahel gelangen. Der im
Frühjahr einsetzende trockenheiße Harmattan aus NO gleitet auf die ITCZ auf,
wobei Niederschlag einsetzt, wenn die in Bodennähe nordwärts strömenden äqua-
torialen Luftmassen Mächtigkeiten von ca.1000m erreichen (Abb.1.2.).

Die Bereiche des Sahel gelangen jedoch nur - in Abhängigkeit der geographischen Breite mit unterschiedlicher Dauer - unter den Einfluß vereinzelter Gewitterregen oder linienhafter Störungen (Barth 1977).

Daß die ITCZ in ihrer Norddrift durch Veränderungen atmosphärischer Parameter, wie der Zunahme vertikaler und Süd-Nord-orientierter Temperaturgradienten zufolge erhöhter CO_2-Belastung gehemmt wird, kann angenommen werden (Bryson 1973).

Trockenphasen sind in Westafrika bereits zu Anfang des Jahrhunderts belegt (Hubert 1920).

Die über die Zeiträume 1950-1967 und 1968-1985 gemittelten Isohyeten der jährlichen Niederschlagsmengen zeigen den der Ausbreitung von Dürrephänomenen entsprechenden Trend südwärts (Abb.1.3.)

Ein wichtiges Charakteristikum der im sahelischen Bereich typischen lokal auftretenden oder linienhaften Regenereignisse ist die resultierende unregelmäßige Verteilung der Niederschläge. Dies bedingt das Auftreten langer Ariditätsphasen auch während der eigentlichen Regenzeit, die im ungünstigen Fall zum Verdorren der Triebe und Sprößlinge trotz nicht vom Mittelwert abweichender Jahresniederschlagsmengen führen können.

Für Regionen im sudano-sahelischen Bereich dauert die Regenzeit in etwa von Juni bis September mit abnehmender Dauer bei Fortschreiten nach Norden.

Mit Einsetzen ergiebiger Regenfälle, deren Monatsmittel P[mm] die doppelte mittlere Temperatur t[°C] übersteigt (P > 2t) beginnt die Regenzeit sensu stricto bzw. die Zeit des Saatwachstums (Bagnouls et Gaussen 1953, Walter et Lieth 1960-1967) (Abb.1.4.).

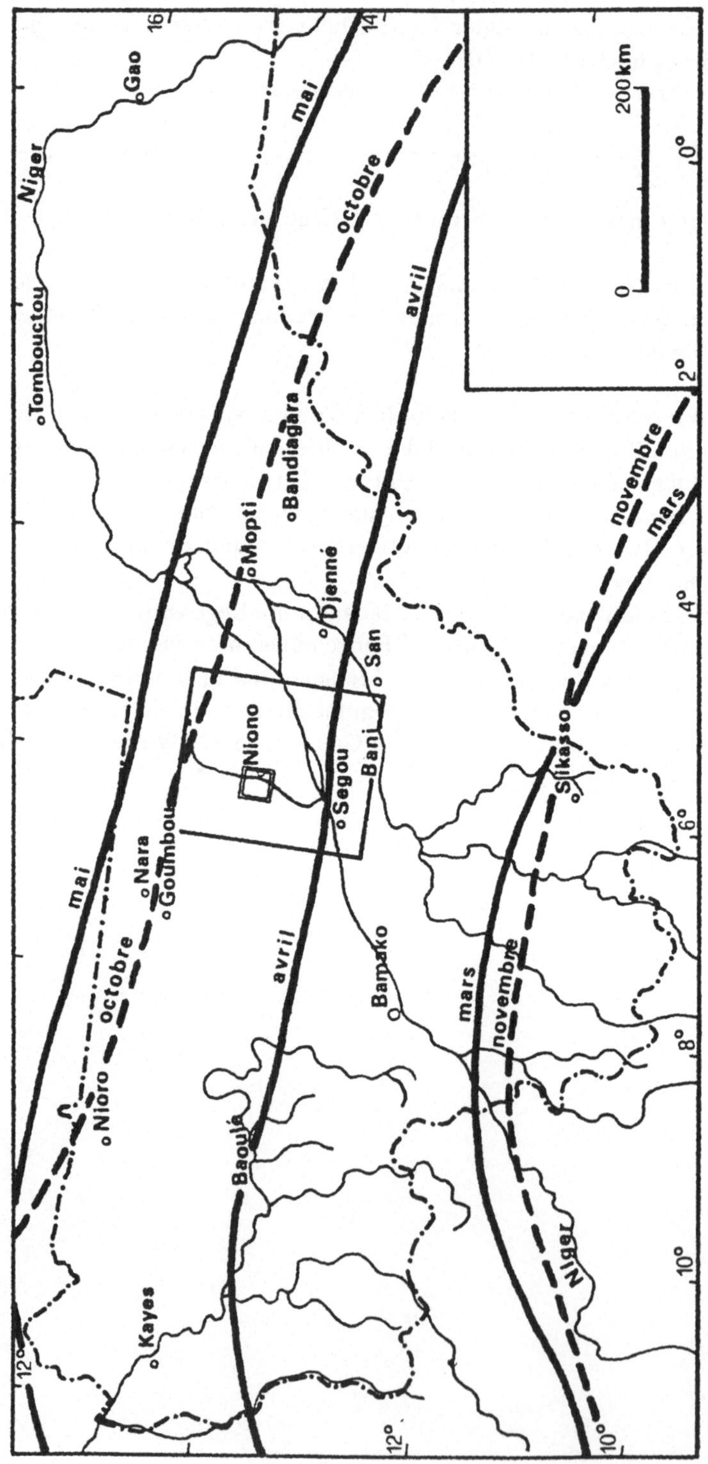

Abb.1.2. Süd-Nord-Süd Drift der ITCZ im Laufe des Jahres (nach Poupon 1980)

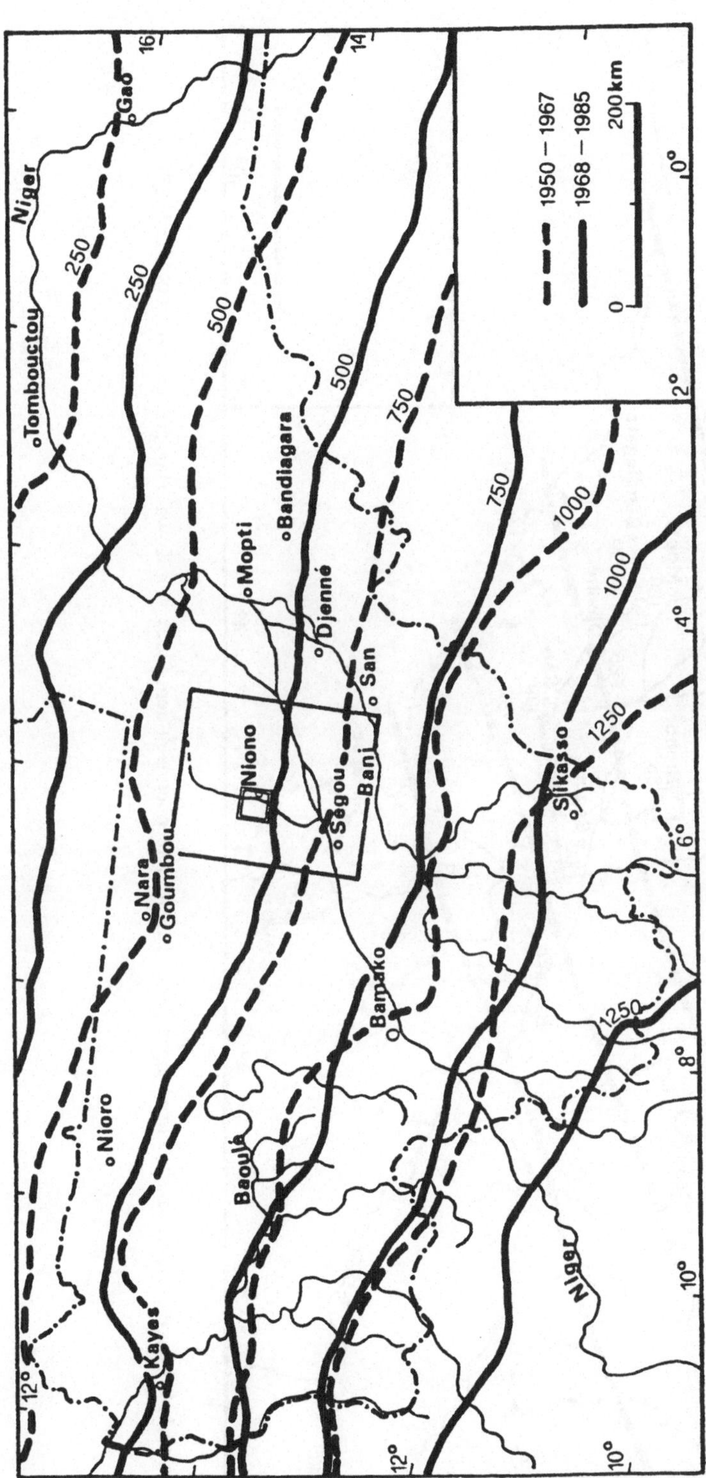

Abb. 1.3. Isohyeten der über die Zeiträume 1950-1967 und 1968-1985 gemittelten Jahresniederschläge für das Gebiet der Republik Mali (nach Barth 1977, CILSS 1989)

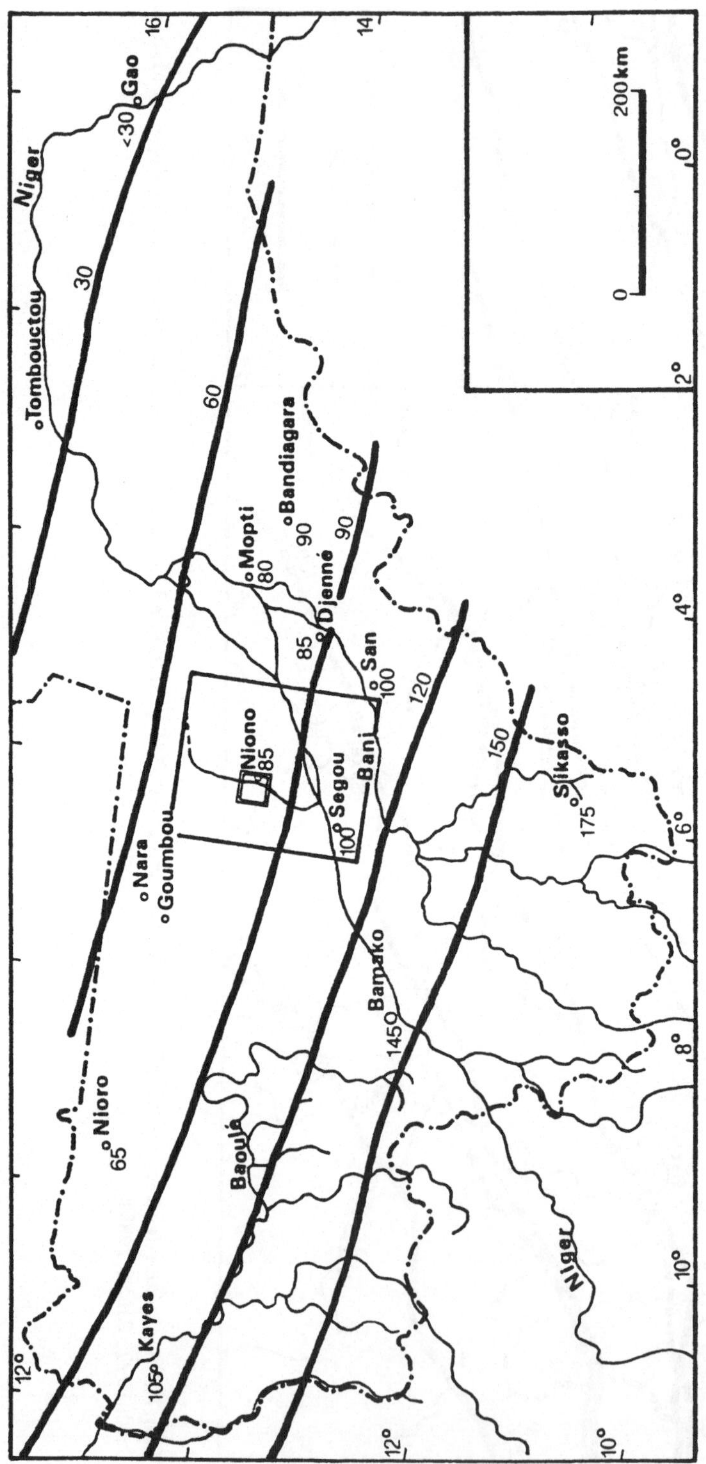

Abb.1.4. Länge der Anbauzeit (saison agricole) in Tagen, berechnet nach dem Index von Kowal-Hargreaves (nach USAID 1983)

Des weiteren ist die Ungleichung P > 2t eine gute Näherung für den Wert 0.35 PET (potential evapotranspiration), der den Zeitraum von der Saat bis zur Reife charakterisiert (crop coefficient).

Ein für die sudano-sahelische Zone repräsentatives Klimadiagramm nach Walter (Mopti, Mali) mit P(a) = 542mm, t = 27.7°C und P > 2t gültig für 102 Tage (= Dauer der Regenzeit) zeigt Abb.1.5.

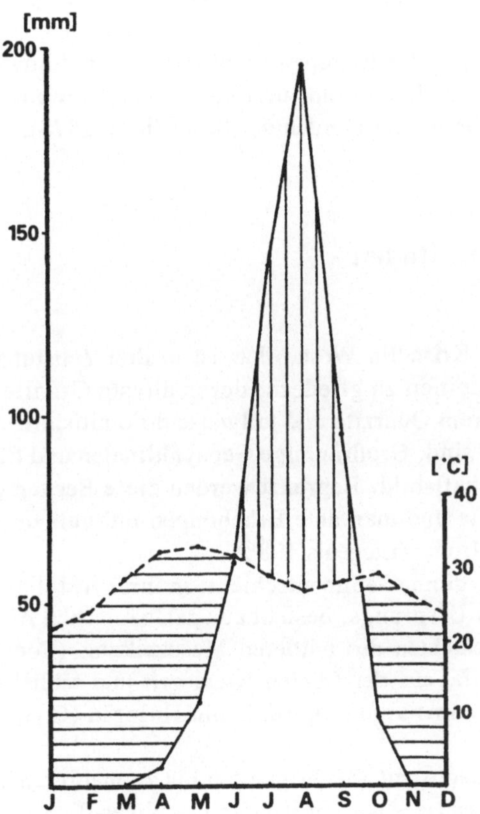

Abb.1.5. Klimadiagramm für Mopti, Mali, sudano-sahelische ökoklimatische Zone; querschraffiert-Trockenzeit, längsschraffiert-Regenzeit (aus Le Houérou 1989)

Die mittleren Temperaturen schwanken im Jahresmittel zwischen 25 und 30°C, im Monatsmittel sind Minima von 10-15°C im Januar und Maxima von 38-44°C im Mai/Juni möglich. Entlang des Temperaturäquators (16°n.B.) liegen Orte mit mittleren Jahrestemperaturen > 30°C (Gao, Timbuktu).

Die jahreszeitliche Gliederung unterscheidet vier Zeiträume -
- die Regenzeit (Juni-September),
- die Nach-Regenzeit (September-November),
- die kühle Trockenzeit (November-Februar),

- die heiße Trockenzeit (März-Mai).

Eine fünfte Periode kann für den Zeitraum Mai/Juni als Beginn der Nordwanderung der ITCZ mit Einsetzen erster Gewitter und Regenfälle, die verdunsten, bevor sie den Boden erreichen, definiert werden (Le Houérou 1989).

Von Januar bis Mai weht ein sehr trockener und heißer Nordostwind (Harmattan), der ein maximales Monatsmittel der Windgeschwindigkeit von 4-5m/sec., vor allem aber Temperaturen höher 40°C am Tag und nicht unter 35°C in der Nacht, verbunden mit Luftfeuchtigkeitswerten von unter 10% bis 20-30%, bewirkt.

Die Monsunwinde der Regenzeit wehen aus dem Südwesten, dem Golf von Guinea. Die potentielle Evapotranspiration pro Jahr schwankt zwischen 1800mm/a im Süden und 2200mm/a im Norden des Sahel (Riou 1975).

1.3 Geologie und Böden

Das präkambrische Kristallin Westafrikas ist in drei Zeitstufen mit unterschiedlich metamorphen Gesteinen zu gliedern, deren älteste Granite und Gneisze, deren jüngste unter anderem Quarzite und teilweise dolomitisierte Sandsteine (grès silicieux horizontaux) sind. Großräumige Geosynklinalen und flache Antiklinalzonen prägen das Landschaftsbild. Begrenzt werden diese Becken durch Schwellen wie die Guinea-Schwelle und markante Erhebungen mit vulkanischer Vergangenheit, wie den Adrar des Iforas (Liegeois 1988).

Die aufliegende dünne Sedimentschicht, in ihrer Abfolge alternierend marinen bzw. kontinentalen Ursprungs, besteht aus paläozoischen Ablagerungen, über denen kontinentale Schichten des mittleren Mesozoikums (Continental Intercalcaire), dann marines Material aus der Oberen Kreidezeit und schließlich die jungen Ablagerungen des Zeitraums vom Oligozän zum Holozän (Continental Terminal) liegen.

Alluviale Sedimente mit Mächtigkeiten bis zu mehreren 100 Metern lagern in den Becken des Tschadsees wie im Bereich des Niger-Binnendeltas (Abb.1.6.).

Legende Abb.1.6.: **sg**   - socle granitisé précambrien
                     do   - dolérites (roches eruptives)
                     pm   - précambrien métamorphique plissé
                     pa   - précambrien argileux
                     gk   - grès de Koulouba (précambrien, formations sédimentaires)
                     gs   - grès de Sikasso   (- " -)
                     gt   - grès de Koutiala   (- " -)
                     go   - grès de Sotuba   (- " -)
                     ac   - ardoise cambro-ordovicienne (ardoise de Nara) (primaire)
                     ct   - Continental Terminal (tertiaire)
                     al   - alluvions actuels (Niger) et anciens (quaternaire)
                     fd   - formations dunaires

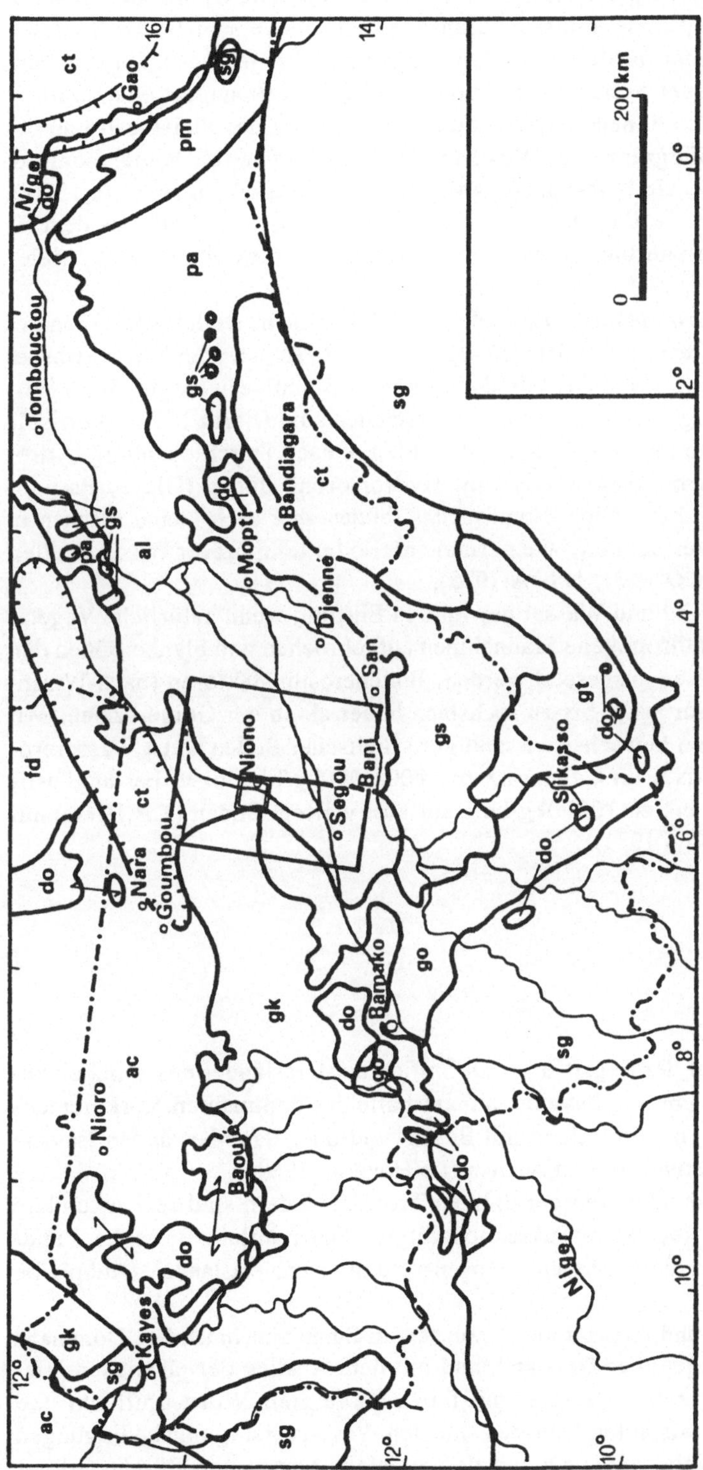

Abb. 1.6. Geologie Westafrikas im Raum Mali (nach Rocci 1965, Barth 1977 und Keita 1980)

14

Dünenformationen bedecken große Teile des Nordsahel. Die Grenze der Ausbreitung aktiver Dünensysteme, die sich zusehends südwärts verschiebt, wird mit der Isohyete von 150mm/a mittleren Niederschlags pro Jahr, jene des Vorkommens derzeit fixierter, fossiler Systeme mit 600mm/a angegeben (Mainguet et al 1980).

Die fossilen Formationen stammen aus Trockenzeiten des Pleistozän und des Holozän mit einer Südgrenze der Wüste ca. 500km südlicher als heute. Longitudinaldünen (NO-SW) sind älter als 40000 BP, Transversaldünen sind um 15000-20000 BP entstanden. Je älter die Dünen, desto rötlicher ist der Sand, aus dem sie sich aufbauen (Rubefizierung - dunes rouges) (Lauer et Frankenberg 1979, Maley 1981).

Tropischen Roterden (ferric luvisols) bzw. lateritische Bodenbildungen des Sahel (Paläoböden) treten des öfteren als verwitterte Krustendecken (cuirasses ferrugineuses) auf, die durch Dehydradation von im Stauniveau ausgeprägter Verwitterungshorizonte gelöster Sesquioxide entstanden sind (Barth 1977). Vertisole mit dunkler Farbe und hohem Tongehalt werden je nach Durchfeuchtung hydromorph oder lithomorph ausgebildet sein. Hydromorphe Böden (Gleye, Pseudogleye) prägen das Bild des Niger-Binnendeltas, bilden aber auch kleine Flächen in Bereichen abflußloser Senken, wie permanenter oder temporärer Wasserstellen (Mare) (FAO-UNESCO 1973, USDA 1975).

Erosion durch Wind und Wasser gewinnt an Einfluß, wenn natürliche Vegetationsdecken durch anthropogene Maßnahmen aufgebrochen und blanke Böden den klimatischen Einflüssen ausgesetzt werden. Bodenerosionsfaktoren (nach Wischmeier 1959) liegen im Sahel bis zu sechsfach höher als in der Guinea-Zone. Mit natürlicher Vegetation bewachsener sandiger sahelischer Boden weist Wassererosion von ca. 200kg/ha.a im Gegensatz zu 1000-3000kg/ha.a bzw. bei ungünstigeren Verhältnissen bis zu 10000kg/ha.a auf kultiviertem Boden (z.B.Hirse) auf (Delwaulle 1973, Roose 1981).

1.4 Vegetation

Ohne auf die Vielzahl der Begriffe zur Definition der Grasländer des Sahel einzugehen, soll die Bezeichnung Savanne nur im Falle des dominanten Vorkommens mehrjähriger Gräser in Verbindung mit Busch- und/oder Baumbeständen (savane boisée, arborée, arbustive) benutzt werden (Le Houérou 1989).

Aus ehemals mehr oder weniger dichten Trockenwäldern sind real sekundäre Savannentypen durch regressive Sukzession zufolge Feuereinfluß, Beweidung und/oder Kahlschlag, d.h. als Folge anthropogener Aktivitäten, entstanden (Aubréville 1949, Menaut 1983).

Physiognomische und strukturelle Parameter im Sinne zunehmender Dominanz von Baum/Busch- gegenüber Grasland sind mit dem Anstieg der jährlichen Niederschlagsmenge korreliert. Gräser mit fein verzweigtem Wurzelgeflecht und bodennahen trockenresistenten Knospen sind den Wasserversorgungsbedingungen feinsandiger Böden angepaßt, während tiefwurzelnde Bäume und Büsche auf genügend Wasser in tieferen Schichten angewiesen sind. Je geringer die Niederschlagsmengen, desto bevorzugter sind Grasfluren, die bei zunehmendem Niederschlag durch die Ausbreitung von Baumbeständen in ihrem Lichtbedarf beschnitten und damit dezimiert werden (Walter et Breckle 1984).

Savannen werden sich demzufolge dann ausbilden, wenn die Verteilung und das Ausmaß der Niederschläge sowie anthropogene Faktoren sowohl das Wachstum von (mehrjährigen) Gräsern als auch von Bäumen und Büschen erlauben (Kreeb 1983).
Der Begriff der Steppe, gebräuchlich für die Beschreibung der ebenfalls anthropogen degradierten Dornbuschregionen (steppe arbustive, arborée à épineux - zone sahélienne), (vgl. Schnell 1976), wird nicht angewendet.

Die sahelische Flora zählt in etwa 1500 Arten blühender Pflanzen in einem Gebiet von ca.3 Mill.km², wobei der Anteil endemischer Arten mit ungefähr 40 Arten gering ist (White 1986).

Physiognomie und Struktur der sahelischen Vegetation sind nicht nur durch klimatische, sondern auch durch edaphische, biotische und anthropogene Faktoren bestimmt (Troll 1956).

Die Vegetationsgliederung Westafrikas im Raum Mali kann wie folgt skizziert werden (Abb.1.7.):

Legende Abb.1.7.:

dsg
- domaine soudano-guinéen (mosaique savanes-forêts claires, *Adansonia digitata, Khaya senegalensis*)

dso
- domaine soudanien (savane arborée/arbustive, *Adansonia digitata, Bombax costatum, Andropogon* spp.)

dsa
- domaine sahélien, secteur arboré/arbustive (*Acacia* spp.,*Combretum* spp., *Stipa* spp., *Aristida* spp.) ($\approx$ sudano-sahelische Zone)

dsé
- domaine sahélien, secteur à ligneux épineux (*Acacia* spp.,*Balanites aegyptiaca*, contractées vers le nord) ($\approx$ sahelische Zone sensu stricto und saharo-sahelische Zone)

dsr
- domaine saharien (végétation contractée, rare ou absente, *Aristida* spp., *Cornulaca monocantha*, formations dunaires)

vmi
- végétation en milieu périodiquement inondé (delta interieur végétation aquatique, submersible)

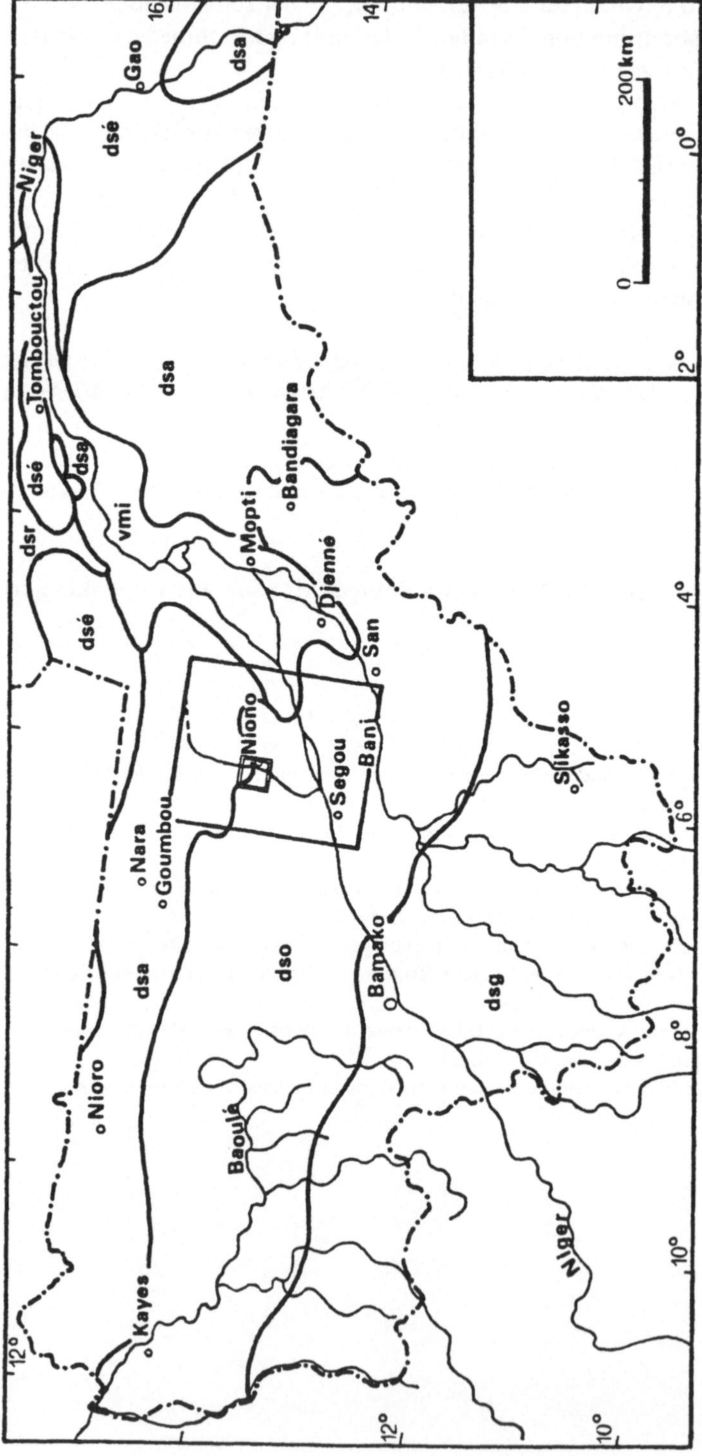

Abb.1.7. Vegetationsgliederung Westafrikas im Raum Mali (nach Granier 1980, Barth 1986)

Die drei Subzonen des Sahel sind nun wie folgt beschreibbar -
- die saharo-sahelische Zone (100-200mm/a) durch das Vorkommen mehrjähriger Gräser, die der ursprünglichen Vegetation entsprechen, mittlerweile in ungestörter Form jedoch nur mehr in von Wasserstellen weit entfernten Gebieten anzutreffen sind (végétation contractée nach Aubréville 1956),
- die sahelische Zone sensu stricto (200-400mm/a) durch das Vorkommen von Dornbuscharten (Mimosaceae) und einjährigen Gräsern, wobei ursprünglich die heute nur mehr in Reliktbereichen anzutreffenden mehrjährigen Gräser verbreitet waren, jedoch wahrscheinlich durch den Einfluß von Feuer (hohe Biomasse von 800-3000kgDM/ha im Gegensatz zu nur 200-500kgDM/ha in der saharo-sahelischen Zone) eliminiert wurden (Le Houérou et Naegele 1972),
- die sudano-sahelische Zone (400-600mm/a) durch die Präsenz von Combretaceae und einjährigen Gräsern, die eine ursprünglich offene Baumsavanne mit mehrjährigem Grasbewuchs, der sich nur in geschützten Gebieten (*Andropogon gayanus*) konserviert hat, verdrängt haben (Hiernaux 1980).

Combretum-Trockengehölze besitzen ausgeprägte Resistenz gegenüber degradierenden Einflüssen wie Feuereinwirkungen, breiten sich sekundär aus und können Verbuschungseffekte (brousse) fördern (Knapp 1973).

Die sudano-sahelische Zone prägende Bäume und Büsche sind -
-Balanitaceae (*Balanites aegyptiaca*),
-Bombacaceae (*Adansonia digitata*),
-Combretaceae (*Combretum* spp., *Guiera senegalensis*),
-Mimosaceae (*Acacia* spp.).
Die meisten Arten verlieren ihre Blätter in der zweiten Hälfte der Trockenzeit (März-Juni) und treiben ca.15-60 Tage vor dem Einsetzen der Regenfälle erneut aus. Eine wichtige Ausnahme gilt für *Acacia albida*, die erst zu Beginn der Regenzeit ihre Blätter abwirft und während der Regenzeit unbelaubt bleibt (Bartha 1970).

Die Vegetationsstruktur der sudano-sahelischen Zone wird durch einjährige Gräser mit Wuchshöhen um 60-120cm und hohem Bodendeckungsgrad, steigende Bedeutung der Baum/Busch-Vorkommen mit bis zu 20-35% Flächenanteil und 500-1500 Individuen/ha und die Dominanz von breitblättrigen Species wie *Adansonia digitata* und *Combretum* spp. im Vergleich zu den microphyllen Arten der sahelischen Zone sensu stricto geformt (Le Houérou 1989).

Edaphische Faktoren beeinflussen die Ausbildung prägender Pflanzengemeinschaften. Auf sandigen tropischen Roterden (ferric luvisols) dominieren *Acacia senegal, Balanites aegyptiaca, Combretum glutinosum* und *Guiera senegalensis* in Verbindung mit einjährigen Gräsern wie *Cenchrus biflorus, Ctenium elegans, Eragrostis tremula* oder *Schoenefeldia gracilis*. Trockenfeldbau von *Sorghum* oder *Pennisetum*-Hirse ist möglich. Lehmige Vertisole (chromic vertisols) begünstigen das Vorkommen eines breiten Spektrums von *Acacia* spp. und *Guiera senegalensis* sowie einjähriger Gräser wie *Aristida mutabilis* und *Schoenefeldia gracilis*. Hydromorphe Böden, Gleye und Pseudogleye, sowie alluviale Böden (Torrifluvents, USDA 1975) bewässerter Gebiete sind sehr fruchtbar, treten jedoch oft gemeinsam mit salzhaltigen Böden (Salorthids, USDA 1975) auf. Zumindest einige Zeit im Jahr können genügend hoch liegende Grundwasserhorizonte Aussalzungen an der Oberfläche bewirken, die in immer größerem Ausmaß zu ernsten Problemen in intensiv bewässerten Regionen führen. In der Nähe von durchgehend oder periodisch wasserführenden Bereichen kann das Auftreten von *Acacia albida* und *Acacia ataxacantha* sowie - in geschützten Gebieten - des mehrjährigen Grases *Andropogon gayanus* als signifikant bezeichnet werden (Dregne 1976, Le Houérou 1989).

Eine besondere Form von Vegetationsmustern, die bogenförmig, auf flachgründigen, streifenförmig zwischen lateritischen Krusten angeordneten sandigen Böden ausgebildet ist, besteht vornehmlich aus *Acacia* spp. und *Combretum* spp. sowie Gräsern (*Andropogon* spp. *Cenchrus* spp.) (brousse tigrée) (Clos-Arceduc 1956, White 1970).

Durch anthropogene oder faunistische Aktivität initiierte und durch Relief und Klima verstärkte Einflüsse, insbesondere der den Oberflächanabfluß und damit die flächenhafte Bodenabspülung fördernde Wechsel von kurzen, aber heftigen Niederschlägen und längeren Trockenperioden während der Regenzeit, bewirken einerseits die iterative Bildung vegetationsfreier verhärteter Bodenstreifen (b=60-110m), andererseits die Akkumulation von Feinsediment im Bereich von Vegetationsstreifen (b=10-40m) (Mensching 1971, Barth 1986).

Der Rückgang der jährlichen Niederschläge bei Gegenüberstellung der langjährigen Mittel 1931-1960 und 1970-1988 ist auch für sudano-sahelische Regionen signifikant und beträgt bis zu -40%. Auch das relativ regenreiche Jahr 1988 weist Werte auf, die kaum vom Durchschnitt der letzten zwei Dezennia abweichen. Abgesehen vom anthropogenen Druck, der in dieser Zeit durchwegs zugenommen hat, reicht allein mangelnder Niederschlag aus, vielerorts das Keimen der Gräser unmöglich zu machen und die flachgründigen Böden für Gräser und Bäume verderblicher äolischer Erosion auszusetzen (Boudet 1990).

In einigen Bereichen mit geringem anthropogenem Druck und günstigeren Niederschlagsverhältnissen konnte biologische Regeneration der Gräser beobachtet werden (Grouzis 1988).

Trockenheit bewirkt im moderaten Fall eine Baumartenverschiebung in Richtung xerophiler Arten, z.B. von Combretaceae zu *Acacia* spp. und *Balanites aegyptiaca* (Grouzis 1984).

Studien im Nordsenegal ergaben, daß Regeneration der Baumvegetation nach der Dürre von 1970-1973 bei theoretischer Ausschaltung menschlichen Einflusses erst nach einem Zeitraum von 30 Jahren möglich ist. Die rezente Situation ständig zunehmenden anthropogenen Druckes auf die sahelischen Landschaften verhindert jedoch diese Regeneration (Poupon 1980, Peyre de Fabrègues et De Wispelaere 1984, Courel 1985).

1.5 Anthropogene Faktoren

Oszillationen des Klimas mit Tendenz zur Aridität scheinen in Zusammenhang mit der Anreicherung von CO_2 in der Atmosphäre (Treibhauseffekt) zu stehen (1958-

1988: 315ppm-352ppm). Trends zu größerer Häufigkeit von Trocken- und Hitzeperioden einerseits und zum generellen Anstieg der mittleren Temperaturen andererseits bedrohen vor allem die (semi)ariden Regionen der Erde (Brown 1989).

Als Hauptverursacher von CO_2-Emissionen, die Folge von Verbrennungsprozessen fossiler Energieträger wie Kohle, Gas und Öl, aber auch großflächiger Rodungen sind, gelten die USA, die Sowjetunion, Westeuropa, China und Japan, wobei hohe Zuwachsraten vor allem in den Ländern der Dritten Welt zu berücksichtigen sind.

Im Jahre 1987 wurden in Brasilien 8 Millionen Hektar Regenwald, eine Fläche so groß wie Österreich, gerodet. Die Schätzungen der FAO scheinen um ca.50% zu niedrig angesetzt zu sein (Brown et al. 1989).

Vegetation und Böden speichern die dreifache Menge von in der Atmosphäre befindlichem Kohlenstoff - Abholzung führt zu dessen teilweiser Freisetzung. Schätzungen für 1988 gehen dabei von durch Entwaldung verursachten Mengen aus, die einem Fünftel bis der Hälfte des durch die Verbrennung fossiler Brennstoffe freigesetzten Kohlenstoffs entsprechen (Postel et Heise 1988).

Anthropogen induzierte und global wirksame klimatische Veränderungen sind jedoch nur ein Teil im Komplex der für die Sahel-Zone bedrohlichen Aktivitäten des Menschen. Die Aridität der Zone ist ein Faktum, dem sich die Nutzungsansprüche der Bevölkerung anpaßten. Seit Beginn der kolonialen Herrschaft wurde die sensible Beziehung zwischen Mensch und Land durch eine Vielzahl von Maßnahmen, wie den Versuch ehemals nomadisierende Volksgruppen seßhaft zu machen, durch wirtschaftliche Umstrukturierungen wie die Einführung großflächigen Bewässerungsfeldbaus in Monokulturen usw. fortdauernd gestört.

Ehemals gut funktionierende Nutzungsmodelle auf Basis agro-silvo-pastoraler Bewirtschaftung des Bodens und transhumanter Wanderbewegungen wurden behindert und im Lauf der Zeit zerstört (Le Houérou 1980a, Baumer 1987).

Bevölkerungszunahme (Mali 1950-1983: +67%) und Übernutzung weiter Bereiche des Sahel verbunden mit der daraus resultierenden, durch die seit 1965 signifikante Trockenheit verstärkten Zerstörung der empfindlichen Pflanzendecken führten zur Migration unzähliger Menschen und zur Konzentration dieser Flüchtlingsströme im Umkreis klimatisch und/oder wirtschaftlich begünstigter Zentren (Soyer et Wilmet 1986).

Der Anteil der ländlichen Bevölkerung ist in Mali von 91% (1950) auf 85% (1983) zurückgegangen (FAO 1950, 1983).

Im Jahre 1985 hatten 200000 Menschen in Mali ihre Heimat verlassen, um der Dürre zu entrinnen; bereits 1974 waren 250000 Menschen bzw. 5% der Bevölkerung auf die Verteilung von Lebensmittel angewiesen (Jacobson 1989).

Die Südwanderung dieser Umweltflüchtlinge führte natürlich auch zu territorialen Konflikten zwischen Ackerbauern und Viehzüchtern, zwischen Seßhaften und Transhumanten (Krings 1985).

Die komplexen, anthropogen dominierten Faktoren, die vielerorts zur Verarmung und Zerstörung sahelischer Vegetation führten, sind schon bald nach dem Beginn kolonialer Einflußnahme erkannt worden.

Das Abbrennen von Gras- und Buschland (feux de brousse) kann neben einigen Vorteilen eine Vielzahl von Negativa implizieren (z.B. Exhumierung lateritischer Krusten). Vor allem in der Sahel-Zone sensu stricto und in der angrenzenden sudano-sahelischen Übergangszone steht genügend Biomasse zur Verfügung (Sahel: 800-3000 kg DM/ha), um großflächige Brände zu ermöglichen. Die sudanischen mehrjährigen *Andropogon*-Gräser, die feuertolerant sind, erreichen in diesen ökoklimatischen Bereichen ihre trockenheitbedingte nördliche Ausbreitungsgrenze und sind demzufolge einer Koppelung von Feuer und Trockenheit nicht gewachsen. Andererseits tolerieren die saharo-sahelischen mehrjährigen Gräser (*Stipagrostis* spp. usw.) wohl Trockenheit, sind aber extrem feuerempfindlich. Sahelische und sudano-sahelische Regionen sind als Folge der degradierenden Wirkung der Buschfeuer durch die Dominanz einjähriger Grasfluren gekennzeichnet. Je früher im Laufe der Trockenzeit Brände entfacht werden, desto länger werden die betroffenen Flächen unproduktiv bleiben und den Einwirkungen erosiver Kräfte ausgesetzt sein. Im Sahel Malis sind jährlich schätzungsweise 20 % des Landes von Buschfeuern betroffen (Le Houérou 1980b).

Die durch Feuer initiierte Degradation des Bodens führt zu regressiver Sukzession im Sinne von qualitativer Artendezimierung. Diese Tatsache wurde bereits im vorigen Jahrhundert beschrieben (Raffenel 1856:284) und zu Beginn unseres Jahrhunderts wissenschaftlich untersucht (Chevalier 1928).

Troll (1939) verweist auf die Möglichkeiten des Luftbilds zur Erhebung von Vegetations- und Bodenzerstörung durch Wanderhackbau (shifting cultivation) und Überstockung bzw. -beweidung ("Entblößung") in Siedlungslandschaften Afrikas und stützt seine Ausführungen auf Arbeiten von Gorrie (1935) in den Vereinigten Staaten.

Stebbing (1938) spricht in diesem Zusammenhang von anthropogen induzierter Wüstenbildung ("man-made desert").

Die durch ein komplexes Gefüge direkt und/oder indirekt wirksamer anthropogener Faktoren bewirkte sukzessive Transformation ehemals artenreicher Savannen in monotone, durch Dominanz einjähriger Gräser und einiger weniger resistenter Baum- und Buscharten sowie durch rapide Ausbreitung vegetationsloser Flächen charakterisierbare Landschaften, wird seit Aubréville (1949) mit dem Ausdruck "désertification" umschrieben.

Hubert (1920) und Monod (1950) verwenden den Begriff "desséchement" im Zuge der Untersuchung der Dürreperioden 1910-1916 bzw. 1944-1948 im damals französischen Teil Westafrikas.[1]

Le Houérou (1968, 1973) prägte die Bezeichnung "désertisation", die auch in den englischen Sprachgebrauch ("desertization") (Le Houérou 1976) übernommen wird.

Nichtsdestotrotz wurde zur selben Zeit sowohl in französischen als auch in englischen Publikationen das Synonym "désertification" präferiert (Kassas 1970, Depierre et Gillet 1971, Boudet 1972, Delwaulle 1973).

Gleichzeitig diskutierte Monod (1973) die "dégradation" im Süden der Sahara.

---

[1]Die von Barth (1977) in bezug auf die Dürreperiode 1967-1973 angesprochene Wiederholungsfrequenz von ca. 30 Jahren, wie sie Klaus (1975) aus westafrikanischen Daten errechnet hat, wird durch die Katastrophe der Jahre 1983 und 1984 relativiert.

Grohs (1973) bezeichnete die Situation im Sahel als "Dürrekatastrophe". "Desertifikation" als vom Menschen verursachte Zerstörung wurde im deutschen Fachkreis
durch Mensching (1980) definiert.

Derzeit stehen die zwei Begriffe "désertification" und "désertisation" neben-
einander, wobei einerseits im deutschen Sprachgebrauch Desertifikation als (vom
Menschen) gemachte Verwüstung ("desertus facere") verstanden wird, andererseits
im Französischen Boudet (1990) von "surexploitation ajoutant de taches de désertisation" innerhalb der "désertification générale du Sahel d'origine climatique"
(die ja auch anthropogen induziert ist, Anm.), spricht.

Nach Le Houérou (1989) ist die "present-day desertization" als Folge einer
"combination of a 15-year drought, 1970-1984, with a rapidly increasing anthro-
pozoic pressure on the land and on the ecosystems" zu verstehen.

Das mit der großen Dürre 1967-1973 massiv einsetzende Interesse der naturwissenschaftlichen Forschung an Desertifikationsprozessen im Sahel Westafrikas
manifestiert sich in einer bis heute ansteigenden Zahl thematischer Studien und
internationaler Aktivitäten (UNEP 1977, UNESCO 1980, OSS 1990).

Daß bereits im Pleistozän mehrere Trockenzeiten (fossile Dünen) herrschten,
im Holozän bis ca. 3000v.Chr. aber der Niger bis zu 250km nördlich seines jet-
zigen Laufes in Richtung Arouane floß, ist anzumerken. Ob das Ausbleiben der
Regenfälle und/oder der Anschnitt des Niger bei Tessaoua durch den damals vom
Tilemsi gespeisten Tafassasset-Fluß für die Austrocknung dieser Regionen verant-
wortlich waren, ist strittig. Noch bis ca.1100 n.Chr. reichte das Binnendelta des
Niger 150-200 km weiter nach Norden als heute. Das Austrocknen dieses als
"totes Delta" (delta mort) bezeichneten Gebietes, also auch des Fala von Molodo
(heute Canal du Sahel), wird einer leichten Absenkung des Geländes um ca. 5m
zugeschrieben (Chudeau 1919, Haywood 1981, Jacobsberger 1988).

Es wird angenommen, daß die neolithischen Negriden in den saharischen
Savannen und im Niger-Binnendelta im Laufe des 6. bzw.5.Jht.v.Chr. gleichzeitig
mit den Völkern des Niltals, Mesopotamiens und Mexikos bzw. Perus die Fertig-
keiten der Landwirtschaft entwickelten und Sorghum, Kolbenhirse sowie Reis
anbauten.

Die ab dem Ende des 3.Jhts. einsetzende sukzessive Austrocknung der Sahara
führte zur Südwanderung der saharischen und zur Verdrängung altnigritischer
Völker (Ki-Zerbo 1981).

Die Landschaften am Südrand der Sahara (Sahel) waren, wie archäologische
Funde beweisen, seit mehr als 2000 Jahren in immer wesentlicherem Maße durch
menschliche Aktivitäten in ihrem ökologischen Gefüge geprägt (Monod et Toupet
1961, Mauny 1978, McIntosh et McIntosh 1981).

Eine Vielzahl von Königreichen entwickelte sich ab dem 8.Jahrhundert, deren
bedeutendste jene von Gana (Soninke, 8.-11 Jhdt.), das Reich der Almoraviden
(11 Jhdt.), von Mali (Malinke, 12.-16. Jhdt.), von Gao (Songhay, 12.bzw.15.-
16.Jhdt.), von Kanem-Bornu (Kanembu, 13.-19. Jhdt.), von Segu und Kaarta
(Bambara, 17.-19. Jhdt.) waren (El Idrisi 1166, Ibn Battouta 1377, Leo Africanus 1500, Monteil 1924).

Ab dem 16.Jhdt. verstärkte sich marokkanischer Druck auf das Songhay-
Reich, der schließlich zu dessen Zerfall führte. Der politische Zerfall führte auch

zum wirtschaftlichen Niedergang. Der transsaharische Handel verlagerte sich nach dem östlich gelegenen aufstrebenden Reich Kanem-Bornu (Ki-Zerbo 1981).

Die Fulbe, ein ursprünglich nomadisches Volk, gründeten im Binnendelta des Niger (Massina) ein ab dem frühen 19.Jhdt. vom Pascha von Timbuktu unabhängiges Staatswesen, das durch den Tekrur-Fürsten El Hadji Omar um 1860 genauso wie die Reiche von Segu und Kaarta erobert wurde (Tauxier 1937, Crowder 1971).

Ab 1890 gelangte das gesamte Gebiet des oberen Niger unter Kontrolle der französischen Kolonialmacht (Ly 1980).

Die Republik Mali wurde 1960 gegründet, verfolgte unter Modibo Keïta einen sozialistischen Kurs und geriet in große wirtschaftliche Probleme, die durch das 1968 nach einem Militärputsch an die Macht gekommene und im März 1991 gestürzte Regime des Vorsitzenden der 1976 gebildeten Einheitspartei UDPM (Union Démocratique du Peuple Malien) dramatisch vergrößert wurden (Diarrah 1986, 1990).

Die wichtigsten ethnischen Gruppen, die heute in der Republik Mali leben, sind
- die Mande-Gruppe (Bambara, Malinké, Dioula)
- die Volta-Gruppe (Mossi, Sénoufo, Bobo, Toucouleur, Wolof)
- die Sudan-Gruppe (Sarakolé, Songhaï, Dogon, Bozo)
- Nomaden (Touaregs, Mauren, Peul).

Durchwegs seßhaft, leben die Mande-Volksgruppen vornehmlich im Südwesten, die Volta-Volksgruppen im Süden und die Sudan-Volksgruppen im zentralen Teil Malis.

Nomadische und/oder transhumante Volksgruppen des Nordens und Nordwestens sind die Touareg, die Mauren und die Peul, letztere als Transhumante im Raum des Niger-Binnendeltas (Diallo 1980, Krings 1988).

Die sudano-sahelische ökoklimatische Zone wird hauptsächlich von seßhaften Ackerbauern bewohnt, die mit dem Zuzug transhumanter Gruppen während der Trockenzeit konfrontiert werden (Janzen et al. 1988).

Formen von Subsistenzwirtschaft basieren auf dem Anbau von Hirse, Erdnüssen und Sorghum mit Brachezyklen und der Beweidung abgeernteter Felder nach der Ernte (September). Agro-silvo-pastorale Bewirtschaftung des Bodens erlaubt langfristige Nutzung der Böden ohne Bracheperioden und wird von einigen ethnischen Gruppen seit vielen Jahrhunderten betrieben. Regional rapide zunehmende Bevölkerungsdichten führen zu steigendem Nutzungsdruck und resultierendem Zerfall dieser ökologisch ausgewogenen Systeme.

Die Bevölkerungsdichte stieg in Mali von $2.8/km^2$ (1950) auf $4.6/km^2$ (1983) - generelle Schätzungen geben für die sudano-sahelische Zone Werte von 10-$20/km^2$ im Gegensatz zu $20-75/km^2$ entlang der großen Wasserläufe und in den Bewässerungsgebieten an. Die aktuelle jährliche Zunahme beträgt 1.5%-2.5% bei Viehzüchtern und 3.0%-3.5% bei Ackerbauern (Le Houérou 1985).

Die Konkurrenz zwischen diesen beiden Gruppen ist ein für die Ökologie des Sahel bestimmender Faktor. So wurde die in der Republik Niger 1961 festgesetzte nördliche Grenze von Trockenfeldbau (350- 400mm/a) nie beachtet und liegt realiter entlang der Isohyete 250 mm/a (Bernus 1981).

Migrationsbewegungen richten sich vor allem nach den Zentren Gao, Timbuktu, Mopti, Kayes und von dort nach der Hauptstadt Bamako. Lebten 1956 nur 1.8% der Menschen in Siedlungen mit mehr als 20000 Einwohnern, so waren es 1976 bereits 12% (Diallo 1980).

Unter Annahme niedriger Input-Größen könnten in der sudano-sahelischen Übergangszone ca.32 Menschen pro km² leben, d.h.mehr als der aktuelle Durchschnittswert von ca.20/km² (Kassam et Higgins 1980). Um die Gültigkeit dieser Annahme zu gewährleisten, müßten jedoch Komponenten wie Konzentrationseffekte der Besiedlung und regional massiver anthropogener Druck auf sahelische Landschaften unberücksichtigt bleiben.

Denn auf ursprünglichem Weideland angelegte Ackerflächen expandieren laut Luftbildanalysen um 2-3%/a. Statistiken belegen für den Zeitraum 1975-1983 eine Zunahme des Anteils von bebautem Land in Mali um 8.3% (FAO 1975/1983).

Diese Entwicklung geht einher mit der durch den Bevölkerungsdruck induzierten Vernachlässigung von Bracheperioden, die nach 2-3jähriger Nutzung mehr als zehn Jahre (Le Houérou 1989) bzw. nach neunjähriger Nutzung 3x9 Jahre (soudanais xérophile, Roberty 1946) dauerten.

Rückgang der Ernteerträge und Urbarmachung von Flächen, die sich immer weniger für die ackerbauliche Nutzung eignen, sind unmittelbare Folge dieser Entwicklungen.

Überweidung der Grasländer zufolge rasch ansteigender Viehbestände führt zu extremer Degradation der Vegetation, also zur Verdrängung hochwertiger mehrjähriger und einjähriger durch xeromorphe Gräser mit geringerem Futterwert sowie zur Ausbreitung ruderaler Gewächse wie *Calotropis procera* (Le Houérou 1989).

Übernutzung der Holzvorräte dezimiert die Baum-und Buschbestände von einem durchschnittlichen Deckungsgrad von 15% auf bis zu 1-2% (Poupon 1980). Für einige Gebiete sind Abnahmen von 1%/a seit 1952 (Luftbild) evident (De Wispelaere et Toutain 1981).

2 Sahel - naturwissenschaftliche Berührungen

2.1 Die frühen Reisenden und Kartographen

Geographers in Afric maps
with savage pictures fill their gaps
and over inhabitable downs
place elephants for want of towns.   (J.Swift, 1667-1745)

Herodot (Herodot IV,183) berichtet um 500 v.Chr.von den Garamanten, die im Inneren Afrikas lebten, Viehzucht und Ackerbau betrieben und wahrscheinlich in enger Beziehung zu den phrygisch-thrakischen Kolonien an den Syrten gesehen werden können (Frobenius 1921).

Er erzählt von einer Reise, die fünf junge Nasomonen von der Großen Syrte zuerst süd- und dann westwärts durch die Wüste zu einem Sumpf und später, gefangengenommen, in eine Stadt führte, die an einem großen, von West nach Ost fließenden Strom (Niger?) gelegen war.

Der römische Feldherr Julius Maternus soll im 1.Jhdt.n.Chr. den Tschadsee erreicht haben. Der Alexandriner Claudius Ptolemäus beschrieb in seiner "Geographie" Teile Nord- und Zentralafrikas - in den nach seinen Angaben gezeichneten Karten, wie z.B. in jener einer Ulmer Ausgabe aus dem Jahr 1482, ist ein nigri palus (Binnendelta des Niger) vermerkt (Klemp 1968).

Arabische Gelehrte bereisten und/oder beschrieben die Länder südlich der Sahara bereits um die Jahrtausendwende (El Masoudi +956, Ibn Hawkal +977, El Bekri +1094).

Im Laufe der folgenden Jahrhunderte formte sich ein detailliertes Bild von Geschichte und Geographie des Sudan, das einen Höhepunkt in der kartographischen Darstellung Afrikas in dem am Hof Roger II. von Sizilien entstandenen Kartenwerk des El Idrisi (1154) fand. Bereits um 1200 scheinen italienische Kaufleute Teile des Sudan bereist zu haben. Ibn Battouta erreicht 1352 Timbuktu und sieht das Reich Mali in seiner Blütezeit, so wie vor ihm Al Omari (+1349).

Eine Karte des 1375 von Abraham Cresques geschaffenen katalanischen Atlas, den Peter von Aragonien im Jahre 1381 Karl V. von Frankreich schenkte, zeigt den berühmten Mali-Herrscher Kanga Moussa und den Ort Timbutsch (Timbuktu).

Der Araber aus Granada Leo Africanus weilte knapp nach 1500 in Timbuktu. Seine 1550 in Venedig in italienischer Sprache veröffentlichte Beschreibung Afrikas war Quelle für viele Karten nicht nur des 16., sondern auch der folgenden Jahrhunderte (Ortelius 1570, Hase 1737). Im Gegensatz zu der bis zum späten 18.Jhdt. dominanten Darstellung des Niger als Mittel- bzw. Oberlauf des Nil (Ortelius 1570, Blaeu 1642, Sanson d'Anville 1688, De L'Isle 1707 in De L'Isle et Buache 1755) und nachdem schon Sebastian Münster (1561) den Niger als im "Niger palus" entspringendes, als "Dara flumen" nach Osten fließendes und in den "lacus Libyae" mündendes Binnengewässer wiedergegeben hatte, dokumentierte auch Johann Matthias Hase (1737) einen eigenständigen Fluß ("Niger item Nilus Nigrorum"). Westlich des Nigerbogens wird ein Teil der Wüste als sumpfig bezeichnet ("Azgar, pars deserti paludosior").

2.2 Die Zeit der "Erforschungen"

Mit Gründung der "Association for Promoting the Discovery of the Interior Parts of Africa" in London (1788), deren Hauptziel es war, den Lauf des Niger, seinen Ursprung, sein Ende, und sogar die Frage, ob er wirklich ein Strom ist, zu erkunden (Cuhn 1790), beginnt eine neue Phase geographischer Erkundung Westafrikas.

Die Reisen von Mungo Park 1795-1797 und 1805, der sowohl am 21.Juli 1796 bei Ségou als auch während seiner zweiten Reise am 19.8.1805 bei Bamako von der Westküste kommend den Niger erreicht hatte und seinem nach Osten gerichteten Lauf gefolgt war, bis er zu Beginn des Jahres 1806 auf dem nunmehr südwärts fließenden Strom bei Boussa Opfer eines Überfalles wurde, brachten die entscheidenden Erkenntnisse über den West-Ost Verlauf des Flusses bis zu dem bei Timbuktu nach Südosten schwenkenden Nigerbogen. Beschreibungen der Vegetation ("mimosa grew on the stony heights" "asclepia gigantica covered a sandy country") sind bruchstückhaft (Park 1799, 1815).

Nachdem bereits Clapperton 1825 nach Boussa gelangt, aber wenig später gestorben war, vervollständigte die Reise der Brüder Lander von Boussa flußabwärts bis zur Mündung in den Golf von Guinea (1830) die Lösung des Rätsels um den Unterlauf des Niger (Lander 1838).

Mittlerweile hatte nach dem Schotten Laing, der in der Nähe von Timbuktu 1826 gestorben war, auch der Franzose René Caillie 1828 die Stadt von Westen kommend erreicht (Caillié 1833).

Der geographische Berater der African Association, James Rennell, zeichnete sowohl vor (vgl.Cuhn 1790) als auch 1798 auf Basis der ersten Reise Parks eine Karte Nordafrikas, die im zweiten Falle den Oberlauf des Niger detailliert darstellt, seinen nach Süden gerichteten Unterlauf jedoch noch nicht berücksichtigt (Rennell 1790, 1798).

Ein Meilenstein in der Westafrika-Forschung war die in englischem Auftrag unternommene Reise Richardsons, Overwegs und Vogels - sie starben im Zuge der Expedition - und Heinrich Barths durch Nord- und Zentralafrika (1849-1855), während der Barth mehrere Monate des Jahres 1853 in Timbuktu verbrachte. Der von Barth, dann Professor für vergleichende Geographie an der Universität Berlin, publizierte mehrbändige Bericht über diese Expedition kann als erste umfassende naturwissenschaftlich relevante Dokumentation des zentralen Westafrika bezeichnet werden (Barth 1857/58).

Die Beschreibung der Vegetation, von dichten Mimosaceae-Wäldern um Timbuktu, von *Tamarindus indica, Balanites aegyptiaca* und *Adansonia digitata*, von Klettengras (*Pennisetum distichum*), von *Pennisetum typhoïdeum* ("Negerhirse") und *Sorghum bicolor* als Hauptgetreidearten, aber auch die kartographische Umsetzung der Routenaufnahmen und der von Barth gesammelten topographischen Informationen durch A.Petermann (1858) sind wichtige Grundlagen zur Rekonstruktion der Savannenvielfalt Westafrikas um 1850.

Im Gegensatz zu Barth, der Timbuktu als westlichsten Punkt seiner Reisen erreichte, gelangte Oskar Lenz 1880 von Marokko kommend nach Timbuktu und wandte sich dann nach Westen, durchquerte das Land nördlich des Niger, hielt sich vom 17. bis 30.August 1880 in Kala-Sokolo (am Nordende des Canal du Sahel, siehe später) auf und wählte anschließend den von Europäern bis dahin nicht begangenen Weg von Sokolo nach Westen bis Medina am Sénégal.

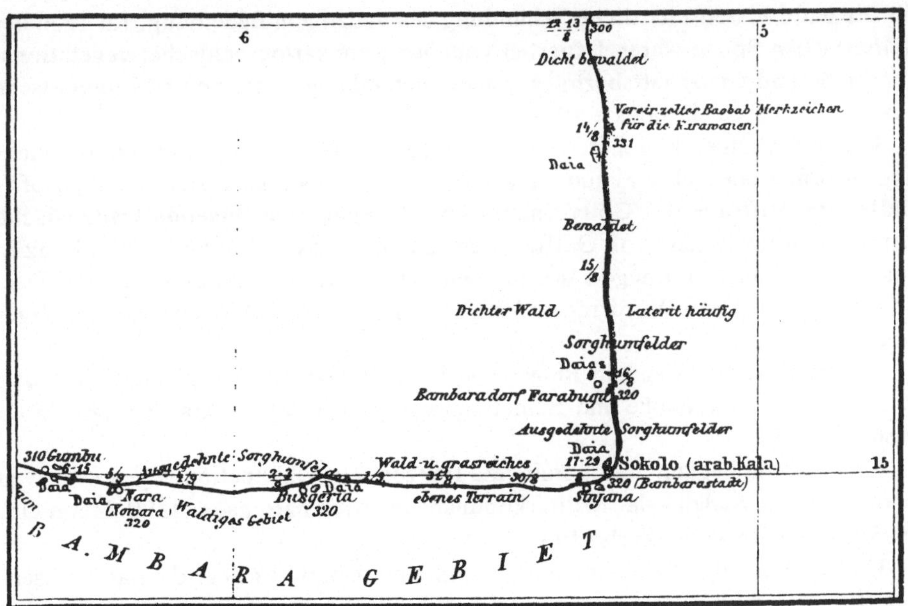

Abb.2.1. Ausschnitt aus dem Routenitineraire von O.Lenz (1880), Region Sokolo (aus Lenz 1884)

Lenz hatte diese Expedition im Auftrage und mit Unterstützung der "Afrikanischen Gesellschaft in Deutschland" unternommen. Von großer Bedeutung sind seine Beobachtungen zur Geologie, Geomorphologie und Vegetation insbesondere der nur ein wenig nördlich des vorzustellenden Untersuchungsgebietes liegenden Regionen um Sokolo. Auszugsweise soll auf die Beschreibung dichten Waldes (niedriges Buschwerk, kleine Bäume, vereinzelt mächtige Baobabs) mit häufigem Auftreten von Lateritflächen nördlich, ebenen, lichten Waldes und weiter Flächen mit hohem Grasbewuchs westlich sowie ausgedehnter Sorghum-Felder um Sokolo verwiesen werden (Lenz 1884).

Im Laufe von ein wenig mehr als hundert Jahren haben sich die Vegetationstypen in diesem Raum, wie später darzustellen sein wird, ganz entscheidend in Richtung arider Ausformungen verändert.

2.3 Die französische Vorherrschaft

1854 wurde Faidherbe zum Gouverneur der von den Franzosen besetzten Gebiete am Sénégal ernannt - damit begann die Periode der französischen Expansion in Richtung des oberen Niger.

Natürlich war diese Expansion - und dies ist wohl stets bittere Tatsache - auch für die naturwissenschaftliche Erkundung des Sudan von Bedeutung. Im Troß der militärischen Spitze waren Experten vonnöten, um kartographische, vegetationskundliche und wirtschaftsbezogene, aber auch ethnographische und linguistische Fakten zu erheben (Delafosse 1912).

In den Sechziger-Jahren des 19.Jahrhunderts lieferten Mage und Quintin wichtige Informationen über Segou. In späterer Folge haben mehr oder weniger offizielle, im Auftrage des Gouverneurs von Senegambien reisende französische Expeditionen wie jene von Gallieni (der zur Zeit des Aufenthaltes von Lenz in Sokolo im Gebiet von Segou weilte, Lenz 1884:II,221), von Soleillet und Derrien das Vorfeld zum Vordringen der Franzosen in das Gebiet des oberen Niger geschaffen.

Die Berichte von Capitain Binger und Monteil sind demzufolge auch in bezug auf Vegetation, Ökonomie und Ethnologie von großer Aussagekraft (Binger 1891, Monteil 1895).

Gleichzeitig begann aber bereits die französische Okkupation gegen massiven Widerstand im Sudan - der Militärkommandant Archinard nahm 1890 Segou ein, 1893 folgte Djenne (Ki-Zerbo 1981).

Und zu Ende des 19.Jahrhunderts konnte ein Überblick über die naturwissenschaftliche und ökonomische Erforschung des Landes am oberen Niger umfassende Resultate präsentieren und feststellen, "La période héroïque des explorations de la boucle du Niger est aujourd'hui virtuellement terminée" (Guy 1899).

Französisch-Westafrika (Afrique Occidentale Française, AOF) gliederte sich ab der Teilung des Haut Sénégal-Niger in die Kolonien Soudan Français und Haute Volta im Jahre 1919 in acht Gebiete.

Umfassende Kartenwerke, die, von französischen Topographen aufgenommen, auch überblicksartige Aussagen über die Physiognomie der Vegetation erlauben, wurden ab 1885 erarbeitet (Fortin 1886ff., Service Géographique des Colonies 1902, Service Geographique de l'AOF 1935, Institut Géographique National 1961).

Französische Naturwissenschafter leiteten eine Zeit intensiver Vegetationsforschung im Sahel Westafrikas ein (Chevalier 1900, Aubréville 1936, Monod 1938, Roberty 1940, Trochain 1940).

2.4 Afrikanische Forschungsbeiträge am Beispiel Malis

Vor allem die Aktivitäten der Ecole Normale Supérieure in Bamako, aber auch des Institut du Sahel, des CILSS, des Service National des Eaux et Forêts und französischer bzw. internationaler Institute wie ORSTOM und IEMVT bzw. ILCA (CIPEA) förderten die Arbeiten einheimischer Wissenschafter.

Ein weiter Bereich vegetationskundlicher und ökologischer Fragestellungen im Sahel Westafrikas ist dadurch wesentlich umfassender und unmittelbarer erforscht worden (Diarra et Breman 1975, Cissé 1976 et 1980, Sidibé 1978, Keita 1982, Touré et al. 1986).

2.5 Der Einsatz des Luft-und Satellitenbildes zur Vegetationsanalyse im Sahel

Koloniale Gesichtspunkte bewirkten den Einsatz der Luftbildinterpretation zur Erkundung entlegener Regionen - dabei standen einerseits Bemühungen im Vordergrund, anthropogene Einflüsse auf Siedlungslandschaften (Überweidung, Bodenzerstörung) zu belegen, andererseits dominierten sehr oft repressiv ökonomische Zielsetzungen, wie "Neuordnung des Lebensraumes oder gar Umgruppierungen der Bevölkerung" als generelle, auf Afrika bezogene Überlegungen (Troll 1939) oder für Gebiete Südmarokkos "Fragen der zukünftigen Eingeborenenverwaltung" (Pennès et Spillmann 1929).

Vegetationskartierungen erfolgten im allgemeinen nach den klassischen terrestrischen Methoden (Roberty 1952).

Die Effizienz der Luftbildinterpretation zur großräumigen Inventur von Vegetationstypen, aber auch zur genaueren Analyse einzelner Formationen wurde ab 1950 in steigendem Maße erkannt (z.B. Clos-Arceduc 1956, Shantz et Turner 1958, Gerresheim 1968).

Die stereoskopische Auswertung der für topographische Zwecke (Kartenherstellung, -revision) geflogenen kleinmaßstäbigen SW-Luftbildstreifen oder mit Meßkammer im Normalfall oder mit Amateurkameras in schräger Sicht aufgenommenen großmaßstäbigen SW- oder CIR-Luftbilder kann in Zusammenhang mit terrestrischer Verifikation als integrierter Bestandteil einer multisensoriellen Bearbeitung oder als ausschließliches Mittel zur Kartierung von Vegetation und Böden im Sahel Afrikas dienen (z.B. De Wispelaere 1980, Bernus et Poncet 1981).

Vor allem Zuwächse von Trockenfeldbau- bzw. von vegetationslosen Bodenflächen und die sukzessive Zerstörung der Baum/Buschanteile werden durch die Interpretation von Luftbildern mit guter Genauigkeit erkannt (z.B. Haywood 1981, zusammenfassend Le Houérou 1989).

Die Satellitenbilder der Landsat MSS und TM bzw. SPOT Generation einerseits und der NOAA/AVHRR Generation andererseits bieten ein Spektrum variierender Flächendeckung, spektraler Auflösung und temporaler Frequenz. Den Vorteilen der digitalen Auswertbarkeit der Daten stehen die nahezu ausschließlich auf spektralen Signaturen aufbauenden Klassifikationsalgorithmen gegenüber.

Terrestrische (spektro-)radiometrische Messungen ermöglichen Vergleiche der vor Ort durch Schnitt und Wägen bestimmten mit den aus NOAA/AVHRR-Daten berechneten Biomasse-Werten (Sharman et Vanpraet 1983).

Die Kombination terrestrischer, flugzeug- und satellitengestützter Verfahren der Vegetationsklassifikation ist ratsam (Gwynne et Groze 1975, Sellers et al. 1990).

Die Kalkulation von Vegetationsindices und korrelierten Biomasse-Parametern aus NOAA/AVHRR-Daten (Tucker et al. 1985, Townshend et Justice 1986, Prince 1988), die visuelle und/oder digitale Analyse von MSS-, TM- oder SPOT-Daten (z.B. Olsson L. 1985, Diakité et al. 1986, Mering et Jacqueminet 1988), die (stereoskopische) Auswertung von Luftbildpaaren oder Schrägaufnahmen (vgl.ILCA 1981) und die Ermittlung von Vegetations-, Boden-, Erosions-, aber auch von sozio-ökonomischen und medizinischen Parametern formen ein Modell zur interdisziplinären naturwissenschaftlichen Forschung in sahelischen Landschaften (vgl.Fallstudie Ferlo-Sénégal in Le Houérou 1989).

3 Das Umfeld des Untersuchungsgebietes

3.1 Das Office du Niger

Das Office du Niger liegt westlich des Binnendeltas des Niger, am Rand der sandig-tonigen Ebenen des toten Deltas (siehe Kap.1.5.), das von ausgetrockneten ehemaligen Flußarmen des Niger (falas) durchzogen wird (Abb.3.1.).

Der rapide Anstieg des Baumwollbedarfes zu Ende des 19.Jahrhunderts und die Monopolstellung der USA bei der Produktion führten zu ersten Missionen französischer Experten, die Abschätzungen der Erfolgsaussichten des Baumwollanbaus im AOF zum Ziele hatten (Chevalier 1900b et 1901).

Trotz der teils skeptischen Aussagen der Fachleute formte sich eine starke Interessensgemeinschaft unter der Ägide des Ingenieurs E.Bélime, der die Idee des Bewässerungsfeldbaus von Baumwolle am Niger konsequent verfolgte (Bélime 1923).

In seinem "projet d'aménagement" (1929) formulierte Bélime das erste Mal die Idee eines Staudammes am Niger bei Sansanding, um den Wasserspiegel des Flusses so zu heben (ca.5m), daß die Falas von Molodo und Boki-Wére mit Wasser versorgt werden können. Die Bewässerung von 960000ha Land im Bereich des toten Deltas war geplant.

Das Office du Niger wurde am 5.1.1932 gegründet. Der Canal du Macina (Fala von Boki-Wére) versorgte ab 1935 die für den Reisanbau vorgesehenen Flächen um Kokry, während der Canal du Sahel (Fala von Molodo) ab 1937 in seiner ersten und ab 1953 in seiner zweiten Ausbaustufe den Baumwollanbau mit dem Zentrum Niono ermöglichte (Schreyger 1984).

Die Kolonialisierung des Office baute auf der Umsiedlung von Bauern aus dichter besiedelten Teilen des Sudan wie z.B. aus den von Mossi bewohnten Teilen Obervoltas (Burkina Faso) auf. Diese Maßnahmen, die größtenteils mit Gewalt durchgesetzt wurden, führten zu ethnisch heterogenen, die sozialen aber auch hygienischen Bedürfnisse kaum berücksichtigenden Siedlungen, in denen es an Identifikation mit dem bürokratisch und dirigistisch agierenden Office mangelte. Ein Massenexodus während der Vierziger-Jahre ließ die Zahl der Siedler um 40 % absinken (Kohler 1974).

Die Erträge blieben stets unter den Erwartungen. Daran waren nicht nur mittelmäßige Bodenqualität, Bodenauswaschung, Heuschreckenschwärme und unzureichende Düngung, sondern auch und vor allem das unzureichende Engagement der verantwortlichen Stellen auf sozialem Gebiet Schuld. Der Konflikt zwischen traditionellem Ackerbau und dem Zwang, agro-industrielle Arbeitsmuster zu erfüllen, trug das Seine zu dieser Entwicklung bei.

Unter der Regierung von Moussa Traoré wurde ab 1970 der unrentable Baumwollanbau eingestellt und der Reisanbau forciert. Ab 1977 entwickelte die Weltbank ein technisches und wirtschaftliches Rehabilitationsprogramm, das auch auf die Verbesserung der sozialen und ökologischen Bedingungen im Office eingehen sollte.

Die Beteiligung der Bauern an der Organisation und Gestaltung der Produktionsprozesse wäre in zunehmendem Maße zu berücksichtigen (Belloncle 1985).

Die Verbesserung der sozialen Struktur im Office wird noch immer als wichtigste, weil noch nicht zufriedenstellend realisierte Maßnahme angesprochen. Das Office bietet eigentlich nur Saisonarbeitern, die auschließlich finanzielle Motivation haben, attraktive Bedingungen. Seßhafte haben nach wie vor mit gravierenden infrastrukturellen Nachteilen zu rechnen. Verwaltung und öffentliche Einrichtungen sind zum Teil in Niono, hauptsächlich aber in Segou zentralisiert. Während der Regenzeit sind aber die nördlich von Niono gelegenen Dörfer nur mit dem Geländewagen zu erreichen. Der resultierende Marginalisierungseffekt für die Nordregion des Office (Sokolo) ist signifikant (Maharaux 1986).

Obwohl 26 % der Gehälter im Cercle von Ségou vom Office bezahlt werden, sind weder in der Region der Bewässerungsgebiete noch im Raum Ségou selbst entscheidende strukturverbessernde Impulse fest zustellen.

Kritische ökonomische Untersuchungen fordern daher die effiziente Planung integrativer Bewirtschaftungsmodelle, die sowohl technische, wirtschaftliche und in vermehrtem Ausmaß soziale und ökologische Gesichtspunkte miteinander vereinen und dadurch zufriedenstellende Produktionserfolge gewährleisten sollen (Schreyger 1984).

Derzeit kultivieren 59000 Siedler 38000ha Reis- und Zuckerrohrfelder. 78 % der in Mali umgesetzten Reis- und 33 % der Zuckermenge werden im Office produziert.

Der anthropogen induzierte Faktor der sukzessiven Degradation und Desertifikation im Umfeld des Office du Niger ist bereits in Ansätzen skizziert worden (Csaplovics 1990) und bildet das Kernthema der zu präsentierenden Forschungen.

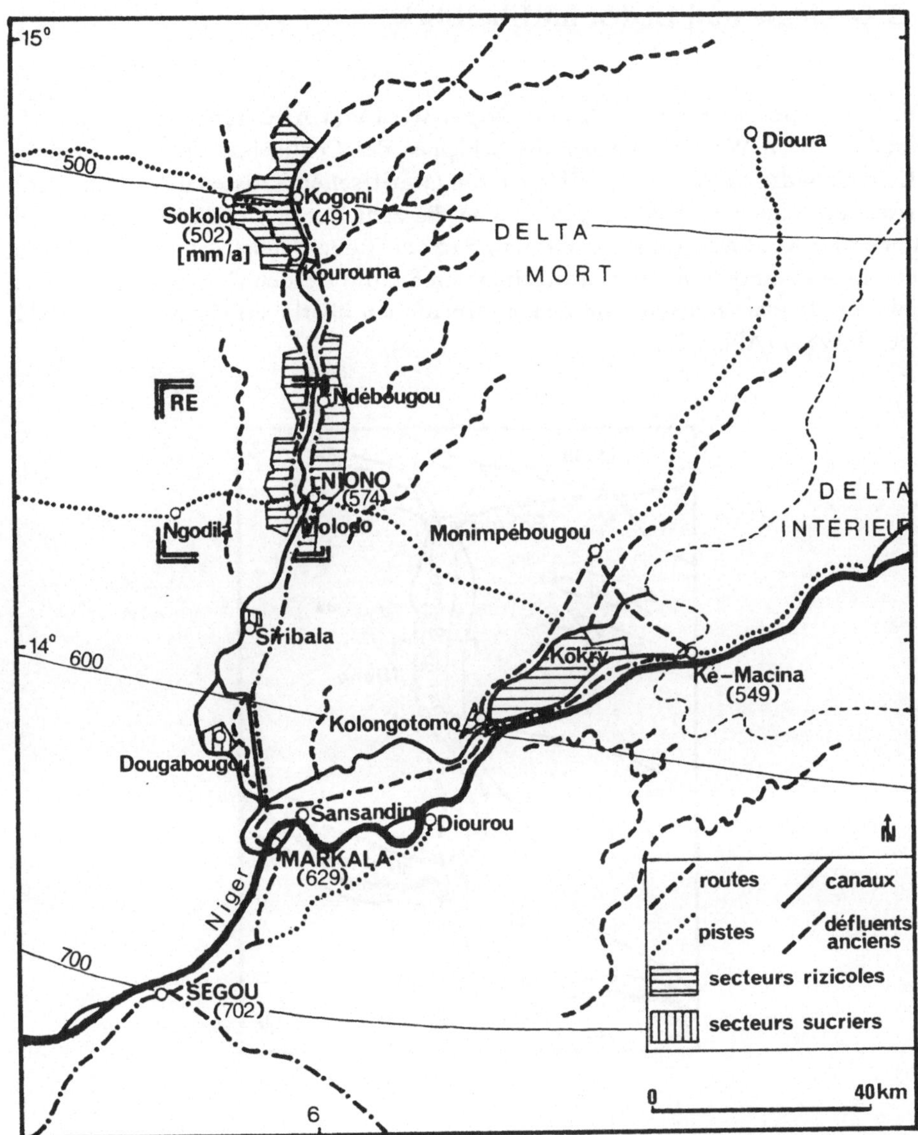

Abb.3.1. Lage des Office du Niger (nach Gallais 1980), langfristige jährliche Niederschlagsmittel (mind.25 Jahre, bis 1980) und extrapolierte Isohyeten (1922-1980, 174 Stationen) (nach USAID 1983)

RE - région etudiée (Untersuchungsgebiet)

3.2 Geologie und Böden im Überblick

Die Geologie des toten Deltas des Niger wird von Alluvionen des Pleistozän gestaltet. Nach Westen schließen die Schichten des Continental Terminal (miozän-pliozäne Sedimente), die des öfteren von lateritischen Krusten des Tertiär (cuirasses ferrugineuses) bedeckt werden, und die Schichten der präkambrischen Sandsteine von Koulouba (quarzitisch) und Sadiola (Bobo-Sandstein) an. Im Norden, aber auch in einigen Bereichen westlich von Sokolo werden Continental Terminal bzw. Koulouba-Sandstein von Dünenformationen überlagert (Bassot et al. 1981, Courel 1985) (Abb.3.2.).

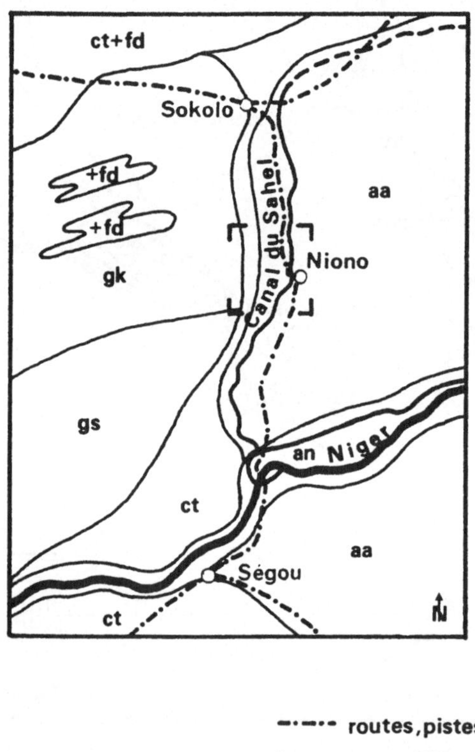

Abb.3.2. Geologie im Überblick (nach Barth 1977, Keita 1980, Di Bernardo et al. 1986), Untersuchungsgebiet durch ⌐ ⌐ markiert

Legende Abb.3.2.: Quaternaire: **aa**-alluvions anciens   **an**-alluvions du Niger
                                fd-formations dunaires
           Tertiaire: **ct**-Continental Terminal
           Précambrien: **gk**-grès de Koulouba   **gs**-grès de Sadiola

Gleye und Pseudogleye prägen die temporär oder ständig überfluteten Gebiete des Canal du Sahel und das Nigerbecken (hydromorphe Böden, gleysols). Im Umkreis des Untersuchungsgebietes dominieren einerseits topographische Vertisole auf tonigen Alluvionen (chromic vertisols) und andererseits lessivierte Roterden auf äolischen Sanden (Ferrialite, ferric luvisols). Im Norden liegen zonale Halbwüstenböden auf Sand (eutric regosols) (Abb.3.3.).

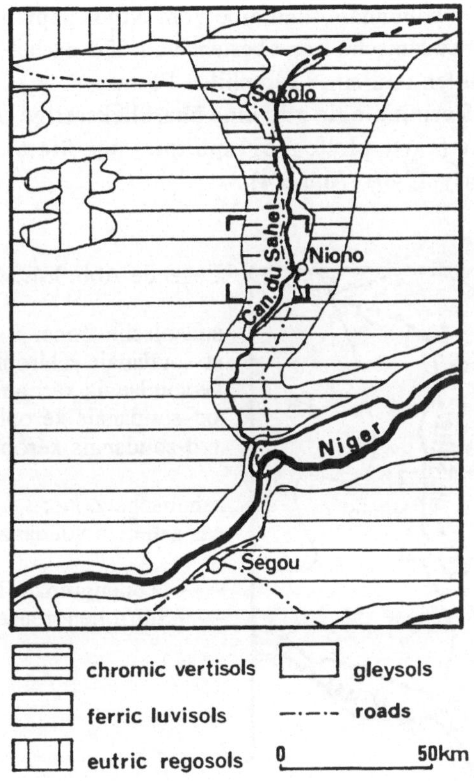

Abb.3.3. Böden im Überblick (nach USAID 1983, Di Bernardo et al. 1986), Untersuchungsgebiet durch ⌐¬ markiert

3.3 Vegetation im Überblick

Die Gliederung folgt dem Vorschlag von Le Houérou (1989), der die sahelische Zone in eine saharo-sahelische (100-200mm/a), eine sahelische (sensu stricto, 200-400mm/a) und eine sudano-sahelische (400-600mm/a) Subzone teilt.

Die frühen Arbeiten von A.Chevalier überliefern keine speziellen Aufzeichnungen über das vom 14. und 16.Breitengrad eingeschlossene Gebiet zwischen

Senegal und Niger (Engler 1925).

Monod (1938) definiert eine sahelische und eine sudanische Zone (domaine sahélien et soudanais), Hutchinson et Dalziel (1927-38) und Chevalier (1912) sprechen von einer sudano-guineische Zone zwischen den Waldlandschaften im Süden und der Sahara im Norden.

Roberty (1940) übernimmt die Zonierung nach Monod (1938) und gliedert die sahelische Zone, deren Südgrenze er in etwa mit dem 15.Breitengrad gleichsetzt, in eine wüstenähnliche Subzone (secteur sahélien désertique), eine sudanische Subzone (secteur sahelién soudanais) und eine vom Niger geprägte Subzone (secteur sahélien fluvial). Die sudanische Zone besteht von Süd nach Nord aus einer mesophilen, einer sclérophilen und einer xerophilen Form.

Auf Basis dieser Terminologie gibt eine überblicksartige Vegetationskarte des zentralen Westafrika (carte phytogéographique) den Status der Zonierung mit Stand 1940 an (Roberty 1940) (Abb.3.4).

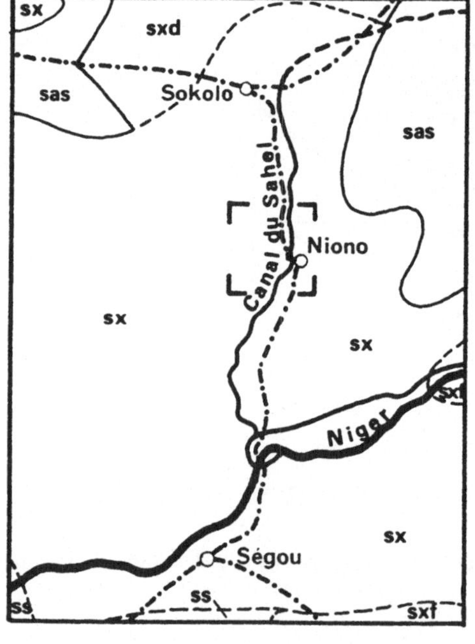

Legende Abb.3.4.:

sudanische Zone:
ss-soudanais sclérophile
sx-soudanais xérophile
sxf-soudanais xérophile fluvial
sxd-soudanais xérophile dunaire

sahelische Zone:
sas-sahélien soudanais

——— Zonengrenze (limite de domaine)
- - - Subzonengrenze (limite de secteur)

Abb.3.4. Vegetationszonierung mit Stand 1940 im Überblick (nach Roberty 1940)

Die sahelisch-sudanische Subzone nach Roberty (1940), charakterisiert durch Assoziationen mit Prägung durch *Acacia tortilis* (ssp. *raddiana*) bzw. *Acacia arabica* (=*nilotica*), ist zum Teil mit der sahelischen Subzone sensu stricto nach Le

Houérou (1989) (Dominanz von Mimosaceae) gleichsetzbar. Ein nach Süden fließender Übergang erfolgt in Richtung sudano-sahelische Subzone nach Le Houérou (1989) (Dominanz von Combretaceae), die letztendlich Parallelen zur xerophilen sudanischen Subzone nach Roberty (1940) (z.B. sous-secteur dunaire - Dominanz von *Guiera senegalensis*) aufweist.

Alles in allem soll dieser Exkurs ein wenig auf die durch Terminologie und Methodik induzierte Problematik des Vergleichs historischer und rezenter Vegetationsaufnahmen hinweisen. Dennoch kann diese Kartierung einen gewissen Beitrag zur Dokumentation der multitemporalen Aspekte regressiver Vegetationsdynamik insbesondere im Untersuchungsraum bieten, wie der Vergleich mit großflächigen Analysen (Kußerow 1990) und mit den an späterer Stelle folgenden kleinräumigen Untersuchungen der vorliegenden Arbeit zeigt.

4 Das Untersuchungsgebiet sensu stricto

4.1 Topographie

Das kleinräumige Untersuchungsgebiet (ca.30x30km) liegt im Bereich des Canal du Sahel und seines unmittelbaren Umfelds. Den östlichen Rand des näherungsweise quadratischen Gebietes bilden die nördlich und südlich des regionalen Zentrums und Bezirksvorortes (chef-lieux du cercle) Niono linksufrig gelegenen Bewässerungsgebiete (i) des Office du Niger (Abb.4.1.).

Niono ist im Zuge der Besiedlung des Office du Niger im Laufe der Dreißiger-Jahre zum Hauptort der Bewässerungsgebiete geworden. Das Dorf Molodo, westlich des Canal, ist wesentlich älter und war ursprünglich Stützpunkt der Erschließung (Existenz eines campement lt.feuille D.29.XVIII-Sokolo der Carte régulière de l'Afrique Occ.Franç., Stand 1935) des Fala von Molodo, jenes ehemaligen Flußarmes des Niger, der zusammen mit einem rund 25000km² großen Delta (delta mort) erst ab 1100 n.Chr. ausgetrocknet war.

Zufolge der verkehrstechnisch günstigeren Lage entstanden jedoch in Niono administrative Einrichtungen und bereits 1937 eine Poliklinik (dispensaire) und ein Sicherheitsposten. Der Ort wurde mit Bauern verschiedenster Provenienz, die meist unter Anwendung von Gewalt rekrutiert worden waren, besiedelt ("..le plus grand nombre des habitants de Niono avaient été recrutés de force..") (Schreyger 1984).

In Molodo befindet sich eine große Reisverarbeitungsanlage (rizerie). Die hohe Migrationsrate wird durch den geringen Anteil (26%) von Arbeitern aus dem Bezirk Segou dokumentiert. 80% der Arbeiter verbringen nur die Saison in Molodo und kehren im Lauf der Trockenzeit in ihre Dörfer zurück. Ein oder mehrere Mitglieder der Familien müssen auf diese Weise jene finanziellen Mittel beschaffen, die eine ausreichende Ernährung ermöglichen, weil die Erträge aus Feldbau und Viehhaltung dafür nicht mehr ausreichen (Maharaux 1986).

Von den im Office du Niger tätigen ca. 59000 (Schreyger 1984) bzw. den ca. 70000 vom Office abhängigen Menschen (Gallais 1980) lebt ein hoher Prozentsatz im dicht besiedelten zentralen Bereich der Bewässerungsgebiete in und um Niono und Molodo.

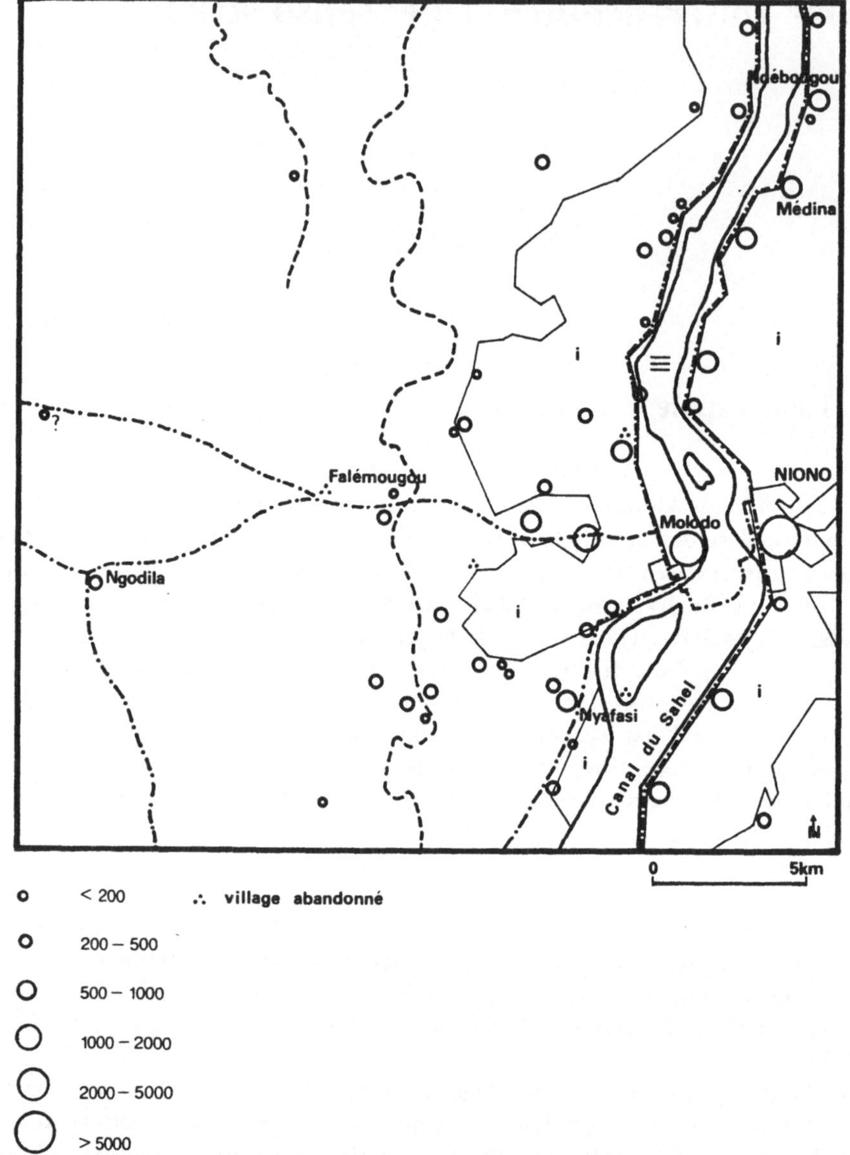

Abb.4.1. Das Untersuchungsgebiet, O - Siedlungen, i - Lage der Bewässerungsgebiete, --·-- Straßen und Pisten, ---- Wasserläufe (periodisch), M = 1:250000

Eine Statistik der Arbeiter in der Reisverarbeitungsanlage von Molodo illustriert die ethnische Vielfalt im Office: Bambara - 40%, Minianka - 10%, Songhaï - 8%, Dogon - 7%, Peulh - 7%, Malinké - 5%, Bobo - 5%, Sarakolé - 5%, Mossi - 3%, Marka - 2%, Sénufo - 2%, Maure - 2%, Andere - 4% (Maharaux 1986).

Die Abschätzung von Einwohnerzahlen ist durch den hohen Anteil von periodischer Migration und regionaler Transhumanz besonders schwierig. Einerseits werden für Niono mehr als 20000, für Molodo 5000-10000 Einwohner angegeben (USAID 1983), andererseits ergeben Abschätzungen im Rahmen des vorliegenden Projektes (stereoskopische Luftbildanalyse 1975/1987) (vgl.z.B.Dolstra et Galema 1987) etwas geringere Zahlen (vgl.Abb.4.1.).

Der anthropogene Druck auf das sahelische Umland ist immens.

Periodisch wasserführende Reste alter Wasserläufe begrenzen den dem toten Delta zuordbaren Teil des Untersuchungsgebietes.

Nach Westen folgen ebene Grasländer, die verschiedene Degradationsstadien ehemals mit Baumgruppen durchsetzter Savannen (savane arborée/arbustive) darstellen. Hier liegen teils kontinuierlich bewohnte Dörfer wie Ngodila (Brunnenbohrung), teils in der Nähe temporärer Wasserstellen gelegene und nur zur Regenzeit genutzte Wohnplätze von Transhumanten (Peulh).

4.2 Böden

Im Bereich des Fala von Molodo (Canal du Sahel) dominieren gering entwickelte Böden mit Gleyehorizont (tropaqualfs). Vorkommen von *Vetiveria nigritana* (Boudet et Lebrun 1986) bestimmen den Charakter der Vegetation. Die bewässerten Reisanbaugebiete des Office werden ebenfalls durch hydromorphe Gleyeböden (tropaqualfs) geprägt, die randlich mit *Acacia seyal* und dem einjährigen Gras *Schoenefeldia gracilis* bestanden sind. Nach Westen schließt ebenes Gelände an, das von alten Wasserläufen durchzogen wird, die die Zugehörigkeit zum toten Delta des Niger dokumentieren. Auf den Schichten des Continental Terminal liegen teils erodierte fossile Dünen (dunes aplanies) mit kaum durchlässigen eisenhältigen Böden (haplustalfs) und typischen Vorkommen von *Combretum glutinosum*, teils durchlässigere braune Pseudogley-Böden (*Pterocarpus lucens, Acacia seyal*) bzw. subaride braunrote Böden (haplustalfs) mit Signifikanz von *Pterocarpus lucens* und *Combretum micranthum*. Südlich anschließend ist ein gewisser Anteil hydromorpher, nicht überfluteter Gleye-Böden zu berücksichtigen (tropaqualfs,aqualfs) die *Acacia seyal* und *Piliostigma reticulatum* begünstigen. Am westlichen Rand des Untersuchungsgebietes liegen physiographisch differente Gebiete mit hohem Anteil stabiler (dunes mortes) und erodierter Dünen mit wenig durchlässigen eisenhaltigen Böden einerseits bzw. auf lateritischen Krusten liegender kaum (Regosole) oder gar nicht (Lithosole) entwickelter erosiver Böden (aridic cuirustalfs, cambic cuirorthids) andererseits (USAID 1983) (Abb.4.2.).

Die visuelle Analyse aktueller Landsat TM-Satellitenbilder und Luftbilder im Rahmen der vorliegenden Untersuchungen und die aus Landsat MSS-Satellitenbildern und Luftbildern gewonnenen Erkenntnisse früherer Arbeiten (Mainguet et Borde 1986) zeigen das Auftreten von zwei Arten fossiler Dünenformationen im Untersuchungsgebiet (Abb.4.3.).

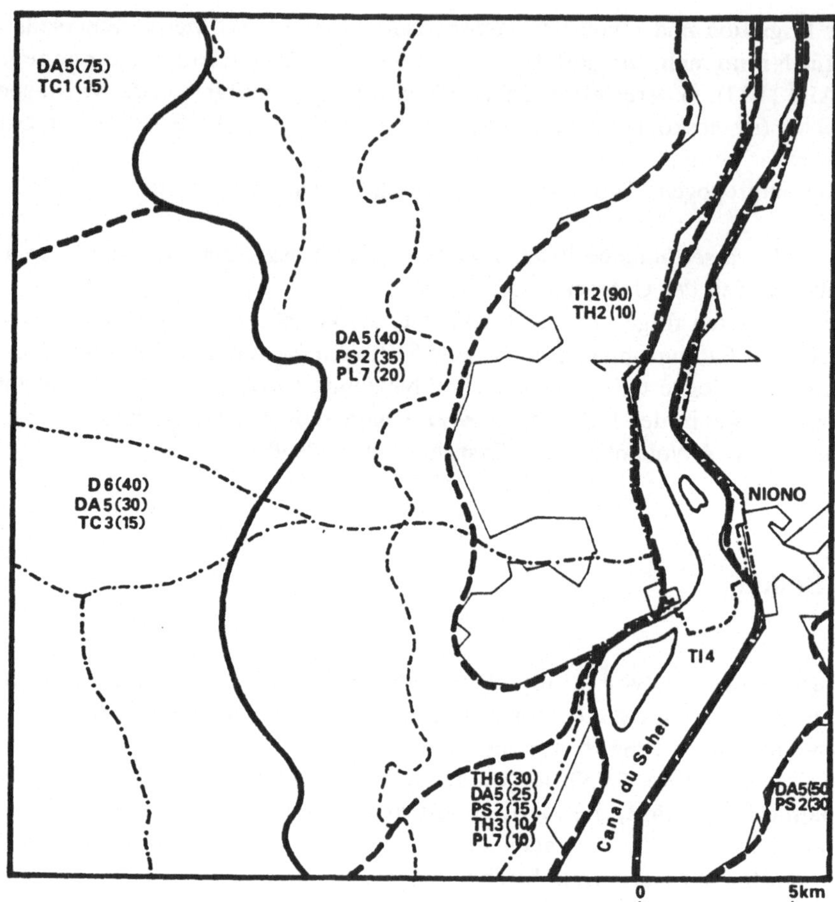

Abb.4.2. Böden im Untersuchungsgebiet (nach USAID 1983), M = 1:250000

Legende Abb.4.2.:

Stabile Dünen (dunes mortes) -
    D6 (psammentic haplustalfs/sols ferrugineux peu lessivés)
Erodierte Dünen (dunes aplanies) -
    DA5 (aridic haplustalfs/sols ferrugineux peu lessivés)
Ebenen mit lehmigen Böden (plaines avec materiaux limoneux fins) -
    PL7 (aquic haplustalfs/sols bruns eutrophes tropicaux à pseudo-gley)
Ebenen mit lehmig-sandigen Böden (plaines avec materiaux limono-sableux) -
    PS2 (aridic haplustalfs/sols brun-rouges sub-arides)
Gebiete mit lateritischen Krusten (terrains sur cuirasse lateritique) -
    TC1 (cambic cuirorthids/sols minéraux bruts d'érosion sur cuirasse, lithosols)
    TC3 (aridic cuirustalfs/sols peu évolués d'érosion sur cuirasse, régolosiques)
Hydromorphe Gebiete, selten oder nicht überflutet (terrains hydromorphes, faiblement inondés ou non inondés) -
    TH2/TH6 (typic tropaqualfs/sols hydromorphes à gley de profondeur)
    TH3 (aquepts, aqualfs/sols hydromorphes à gley)
Hydromorphe Gebiete, oft oder ständig überflutet (terrains inondés) -
    TI2 (typic tropaqualfs/sols hydromorphes à gley)
    TI4 (typic haplaquepts/sols peu évolués d'apport alluvial gleyifiés)

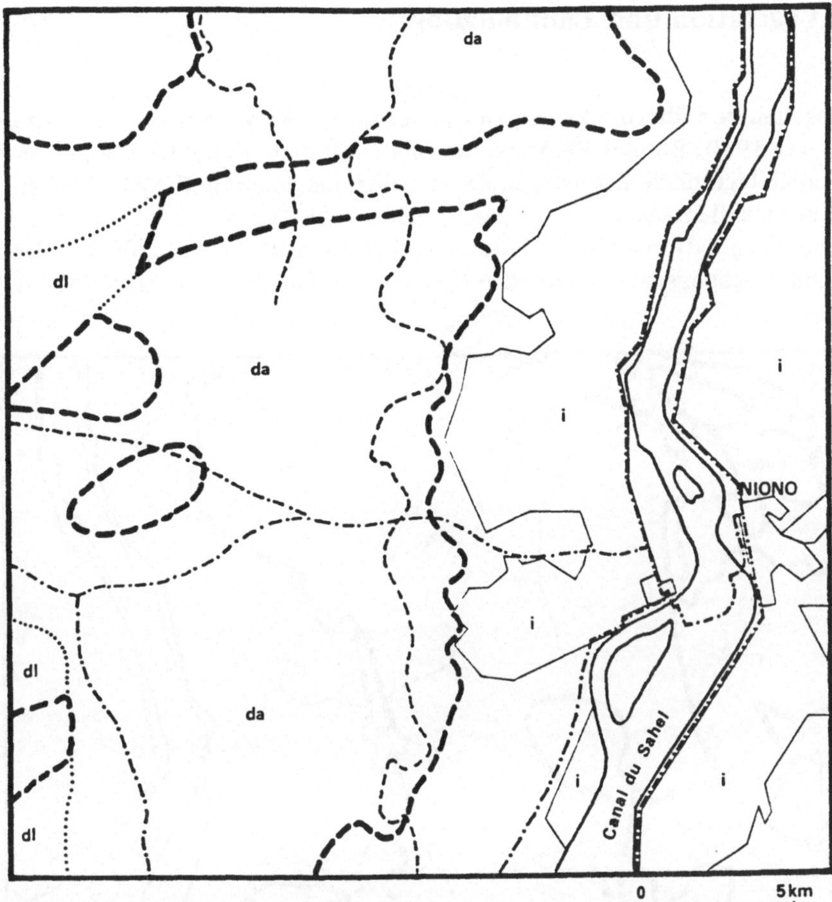

Abb.4.3. Fossile Dünenformationen im Untersuchungsgebiet, da-Dünen des Aklé-Typus, dl-Longitudinaldünen. M = 1:250000

Ein großer Teil der westlich des Office du Niger gelegenen Randareale des toten Deltas weist Texturen stark erodierter transversaler Dünen auf, deren Undulationen (N-S) genau so wie die am westlichen Rand des Gebietes auftretenden nach den vorherrschenden Windrichtungen (WSW-ONO) orientierten und ebenfalls stark erodierten Longitudinaldünen durch Vegetationsmuster nachgezeichnet werden (da - dune aklé, dl - dune longitudinale fantôme).

Die erneuerbaren Grundwasserreserven in den Gebieten westlich des Office werden zu 10000-25000 $m^3km^{-2}a^{-1}$ ($\approx$ 2.3-5.7 $m^3km^{-2}h^{-1}$ für eine Pumpzeit von 12h/d und verrohrte Brunnenbohrung) geschätzt. Die Versorgung von Mensch und Vieh ist theoretisch möglich. Verrohrte Brunnen können Förderleistungen von 0.5-2,0 m^3h^{-1} bringen (USAID 1983).

4.3 Vegetation und Landnutzung

Abgesehen von überblicksartigen Kartierungen des westafrikanischen Raumes (Roberty 1940, Boudet 1975) existieren die gesamte Republik Mali erfassende satellitenbildgestützte Erhebungen der aktuellen Landnutzung (USAID 1983).

Auf visuellen Auswertungen von Landsat MSS-Daten (213-50 vom 5.2.1985) beruhen Vegetations- und Landnutzungskarten im Maßstab 1:200000, die auch den Untersuchungsraum überdecken (List et al. 1986, Kußerow 1988) (Abb.4.4.).

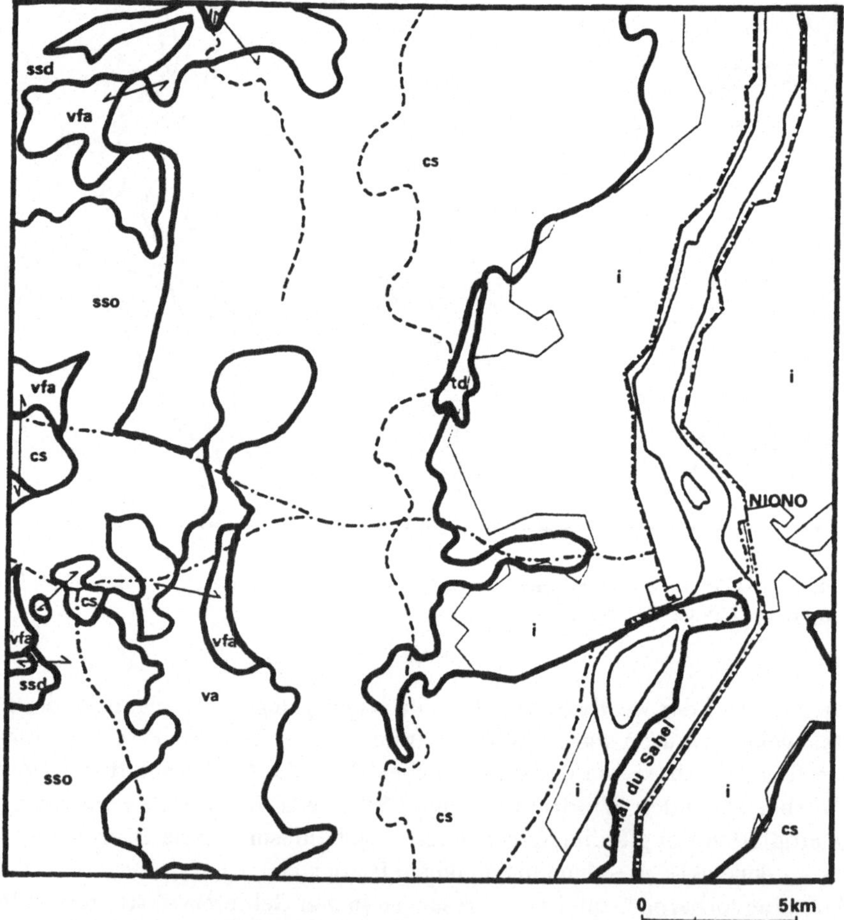

Abb.4.4. Landnutzung des Untersuchungsgebietes, Excerpt aus Kußerow (1988), M = 1:250000, Landsat MSS - 213-50/5.2.1985

Legende Abb.4.4.:

i   - irrigation
cs   - cultures sèches

va	- végétation affectée par l'influence animale et humaine
vfa	- végétation fortement affectée, mêlée de cultures sèches
td	- terrain dégradé
sso	- savane sèche, ouverte (sav.prairie, Anm.)
ssd	- savane sèche, dense, avec arbres dispersés

Die Vegetations- und Landnutzungsinterpretation der Landsat MSS-Daten unterscheidet neben den Reisfeldern des Office (i) die im unmittelbaren Umfeld gelegenen Gebiete mit vorherrschendem Trockenfeldbau (cs) und die im westlichen Teil des Untersuchungsgebietes ausgeprägten mehr oder weniger degradierten Savannen. Hiebei werden einerseits Gebiete nach dem Ausmaß anthropogener Beeinträchtigung der Vegetation (va, vfa), andererseits Reliktsavannen mit stark aufgelockertem Baumbestand (ssd) ausgewiesen. Am Rand der Reisfelder tritt teilweise massive Degradation auf (td).

Die überblickartige Inventur der aktuellen Landnutzung gliedert das Untersuchungsgebiet in drei Räume (USAID 1983) (Abb.4.5.).

Legende Abb.4.5.:

<u>Typus</u>		<u>Lage</u>	<u>Nutzungsmuster</u> (Dichte)
agrarisch		**Delta**	
312c	- künstliche Bewässerung	1.51 - delta mort	1/4 - kontinuierlich (>60%)
agro-pastoral		**Dünen**	
211	- Trockenfeldbau	1.73 - erodiert	3/1 - verstreut (0-10%)

Kulturarten:

M	- Mil(millet)	Ma	- Maraîchage (vegtable gardening)
So	- Sorgho (sorghum)	A	- Arachides (peanuts)
N	- Niébe (cow peas)	Cs	- Canne de sucre (sugar cane)
Ms	- Maïs (maize)	D	- Dah (jamaica sorrel)
Rz	- Riz (rice)	Fo	- Fonio (foxglove)
Pt	- Pois de terre (Bambara peas or groundnuts)		

Vieh:

b	- bovins (Rinder)
o	- ovins (Schafe)
c	- caprins (Ziegen)

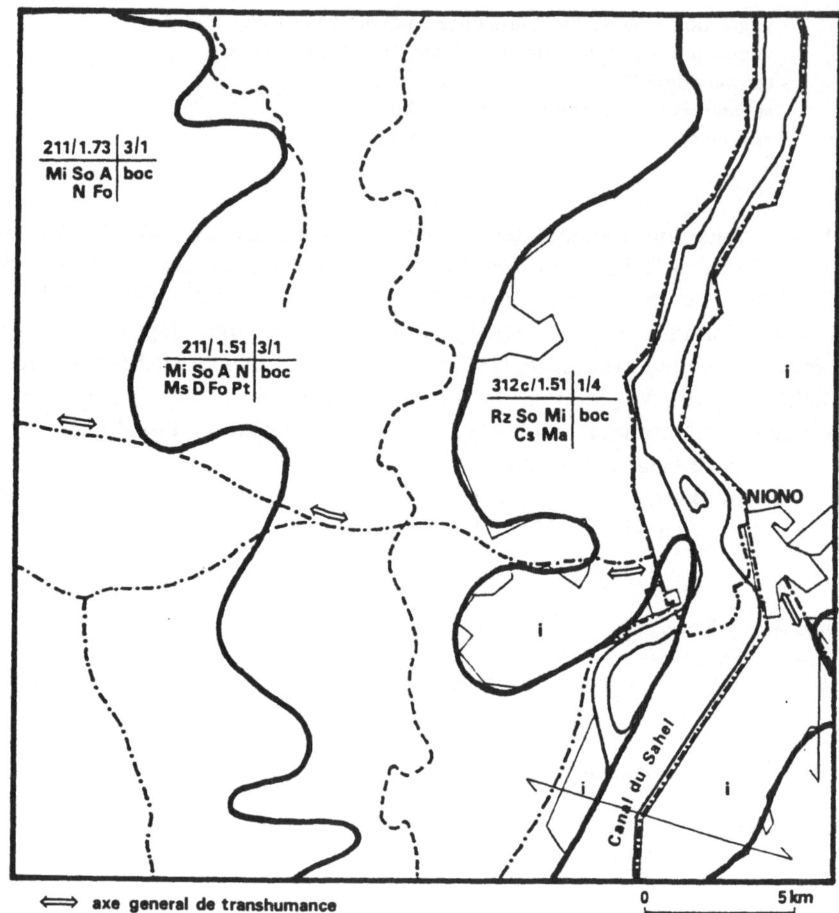

Abb.4.5. Aktuelle Landnutzung im Untersuchungsgebiet, Excerpt aus USAID (1983). M=
=1:250000

Das Land des Office liegt im Bereich des toten Nigerdeltas. Die Landwirtschaft
nutzt mehr als 60% des Bodens hauptsächlich zum Bewässerungsfeldbau von Reis,
Zuckerrohr (Siribala, südlich des Untersuchungsgebietes) sowie außerhalb der
temporär überfluteten Gebiete zum Trockenfeldbau von Kolbenhirse (*Pennisetum
typhoides*) und Sorghum. Kleiner als 10% ist der Anteil der meist rund um Dörfer
angelegten Kolbenhirse-, Sorghum- Mais- und Erdnuß-Felder sowie der Anbauflächen von Fonio (*Digitaria exilis* [Fingerhirse], *Panicum laetum* = wilde Hirsear-
ten), Niébé (*Vigna sinensis* od. *unguiculata*), Dah (*Hibiscus sabdariffa*) u.ä. im
anthropogen stark belasteten westlichen Umfeld des Office, das physiographisch
noch dem toten Nigerdelta zuzuordnen ist, und in den angrenzenden, von stark
erodierten bzw. eingeebneten fossilen Dünenformationen geprägten Ebenen. Im
gesamten Untersuchungsraum wird Viehzucht in Form von Herdenhaltung von
Rindern, Schafen und Ziegen betrieben (USAID 1983).
Vor Etablierung des Office du Niger waren die sudano-sahelischen Grasländer

(Savannen) um den Marigot (Fala) von Molodo in hohem Maße durch seßhafte Bambara-Ackerbauern und transhumante Lebensformen der halbnomadischen Peulh (Fulbe) beeinflußt.

Die teilseßhaften Peulh betreiben Ackerbau, wobei meist die unverheirateten Männer mit den Viehherden zwischen nordsudanesischer (Trockenzeit) und sahelischer Zone(Regenzeit) pendeln (Gallais 1984).

Eine der alten Hauptachsen dieser Transhumanz führt von den Weideplätzen der Regenzeit (Juli-Sept.) um die periodisch wasserführenden "daias" Mare de Tonko und Mare de Kèndara ca.100 km nord-westlich von Niono zu den Warteweiden (pâturages d'attente, Feb./März, Rand des Binnendeltas) und weiter zu den nur lokal verbreiteten wertvollen Bourgou-(*Echinochloa stagnina*-[Hühnerhirse])-Weiden (März-Juni) im Einzugsbereich des Nigerdeltas (Massina) und quert den ehemaligen Fala von Molodo in der Höhe von Niono (vgl.Abb.4.5.).

Die Intensivierung von Bewässerungsfeldbau, resultierende lokal hohe Bevölkerungsdichte und die vermehrte Inanspruchnahme ehemaliger Grasländer für den Trockenfeldbau führen zu massiven Landnutzungskonflikten zwischen Seßhaften und (Agro-)Pastoralisten (Nadio 1984, Cissé 1986, Krings et al. 1988)

Die für den Trockenfeldbau genutzten Flächen haben in den vergangenen 30 Jahren im Sahel Afrikas um ca.2-3 % per annum zugenommen (Haywood 1981, Le Houérou et Gillet 1985).

So hat man in der Republik Niger versucht, den resultierenden Nutzungskonflikt durch ein 1961 formuliertes Verbot agrarischer Nutzung nördlich des 15.Breitengrades (Isohyete 350-400mm/a) zu bereinigen. De facto wird jedoch Trockenfeldbau bis zu dem ca. 100km nördlich gelegenen klimatisch bedingten Limit des Trockenfeldbaus (Isohyete 250mm/a) betrieben (Bernus 1981).

Die seßhaften Ackerbauern praktizieren seit Jahrhunderten kombinierte land- und forstwirtschaftliche Nutzung des Bodens (agroforestry). Bestände von *Acacia albida* (Faidherbie) in einer Dichte von 10-50 Bäumen/ha und Trockenfeldbau von Hirse (*Pennisetum typhoides*) und Erdnüssen (*Arachis hypogeia*) ergänzen sich sowohl in wirtschaftlicher als auch in ökologischer Hinsicht auf optimale Weise. Der Ernteertrag von Hirse liegt um den Faktor 2-2.5 über den Werten für Anbau im offenen sudano-sahelischen Grasland (CTFT 1988, Vandenbelt 1990).

Da *Acacia albida* während der Regenzeit entlaubt ist, werden die Kulturen nicht beschattet. Zusätzlich kann eine Beweidung mit 1 TLU/5-10ha (tropical livestock unit = 1 Zebu-Rind mit einem Gewicht von 250kg) die Bodenproduktivität günstig beeinflussen und längerfristige Nutzung ohne Bracheperioden gewährleisten (agro-sylvo-pastoral systems, 300(500)-1000mm/a) (Le Houérou 1989).

Die Gesamtproduktivität dieses Systems, das bereits Basis der frühen agrarisch organisierten Zivilisationen West- und Ostafrikas war, liegt um den Faktor 3 über jener des ausschließlichen Trockenfeldbaus und bietet bei Bevölkerungsdichten von 30-70/km² durch die Produktion von Futterpflanzen, Milch, Fleisch, Holz und Zaunmaterial zusätzliche Verdienstmöglichkeiten während des ganzen Jahres (Montgolfier-Kouevi et Le Houérou 1980).

So ist der Anbau von Kolbenhirse (*Pennisetum typhoides*) und Sorghum (*Sorghum bicolor*) sowie einer Art von Baumwolle, verbunden mit der Nutzung von Kolabaum und Ölpalme, im Gebiet des oberen Niger seit dem 6.-5.Jahrtausend v.Chr. (Neolithikum, in Westeuropa seit dem 3.Jahrtausend v.Chr.) belegt (Forde-Johnston 1959, Purseclove 1985).

Anthropogener Druck auf diese Landschaften hat in den letzten Jahrzehnten zu einem dramatischen Verfall sowohl agro-(silvo-)pastoraler als auch agro-forstwirtschaftlicher Nutzungsstrukturen geführt. Die Faidherbien-Bestände wurden gefällt, die Fruchtbarkeit der Böden nahm zufolge Vernachlässigung der Brachezyklen kontinuierlich ab und erosive Kräfte förderten den Bodenabtrag.

Im Umland des Office du Niger sind - auch im Untersuchungsgebiet - in Teilbereichen intakte bzw. größtenteils relikthafte Formen agro-silvo-pastoraler Nutzung der Böden anzutreffen. Aufbauend auf diesen Grundlagen und den folgenden terrestrischen, luft- und satellitenbildgestützen Untersuchungen sollen an späterer Stelle Modelle einer Restaurierung der Bodenstabilität und -fruchtbarkeit angedeutet werden.

5 Dokumentation und Analyse von Degradation und Desertifikation im Bereich des Canal du Sahel (Mali) mittels Methoden der Fernerkundung und Bildinterpretation - Einleitung und Grundlagen

5.1 Einleitung

Die Dürrekatastrophen der Jahre 1968-1973 und 1983-1985 haben in Verbindung mit dem generellen pluviometrischen Defizit der letzten zwei Jahrzehnte die sahelischen Landschaften in entscheidendem Maße destabilisiert. Der durchschnittliche jährliche Niederschlag für den Zeitraum 1970-1984 betrug nur 60% des Mittels für die Periode 1900-1969. Bevölkerung und Herden haben sich von 1953 bis 1983 in den Sahel-Ländern um den Faktor 2.3 vervielfacht.

Trockenfeldbau wurde in Mali im Jahre 1953 auf einer Fläche von 19000km², im Jahre 1983 aber bereits auf einer Fläche von 20580 km² betrieben. Dies entspricht einem Zuwachs von 8.3%. Die Bevölkerung Malis ist im gleichen Zeitraum um 66.8% angewachsen (FAO 1950-1983).

Bracheperioden von in der Regel 10 Jahren und mehr waren zufolge des Drucks überbevölkerter Regionen auf das ökologische Nutzungsgefüge des sahelischen Umlandes nicht mehr zu halten und betragen nur mehr 1-3 Jahre bzw. sind in vielen Fällen überhaupt aufgegeben worden. Die Fruchtbarkeit des Bodens nimmt kontinuierlich ab, die Erträge verringern sich und neue Flächen ehemaligen Weidelands werden gleich einem degenerierten System des Wanderhackbaus (shifting cultivation) meist durch Brand gerodet und bebaut. Meist sind jedoch die Böden von geringer Qualität und bieten kaum zufriedenstellende Ernten. Unproduktive Eindringlinge breiten sich in derart degradierten Gebieten aus und gelten als Indikatoren ausgeprägter Degradation und Verarmung des Bodens (*Calotropis procera*).

Übernutzung der Gras- und Baum/Busch-Weiden (browsing) führt einerseits zu einem jährlichen Rückgang der Baum- und Buschbestände des Sahel um ca. 1% und bewirkt andererseits Zerstörung der Grasschicht und die Ausbreitung vegetationsloser Bodenflächen, die erosiven Kräften ungeschützt ausgesetzt sind. In Mali nahmen in einem Testgebiet diese Flächen von 1952-1975 von 4% auf 26% Anteil zu (Le Houérou 1979a, DeWispelaere 1980, Haywood 1981).

Dieses skizzenhafte Szenario definiert nun in gleichem Maße die Situation im Untersuchungsgebiet westlich des Office du Niger, wie sie in ihren Grundlagen in den vorhergehenden Kapiteln angesprochen wurde.

Die letzte große Dürreperiode 1983-1985 war auch im Cercle von Niono in vollem Ausmaß spürbar (Hiernaux 1984).

Die Versorgung großer Teile der Bevölkerung mußte durch Nahrungsmitteltransporte unterstützt werden (USAID 1987).

Im ersten Dezennium pluviometrischer Aufzeichnungen in Niono (1950 -1960) liegt der mittlere jährliche Niederschlag bei 680mm (CIEH 1974).

Die großen Dürrejahre 1972-73 und 1984-85 mit Regenfällen mit nur 40-50% Ergiebigkeit bezogen auf das langjährige Mittel bewirkten ein Absinken des Durchschnittswertes auf ca.550mm/a (Le Houérou et Gillet 1985, Le Houérou 1989).

Im Jahr 1990 blieben die Niederschläge - nach der ergiebigen Regenzeit des Jahres 1989 - erneut weit unter dem langjährigen Mittel (ca.300mm, freundl.Mitt. H.Kuipers, ARPON-Niono).

Aufbauend auf den sowohl für den sahelischen Raum im allgemeinen als auch für das Untersuchungsgebiet am Canal du Sahel im speziellen ausführlich beschriebenen Fakten soll nunmehr auf die Vielfalt der Methoden und die resultierenden Ergebnisse der naturwissenschaftlichen Forschungen am Canal du Sahel eingegangen werden.

Welche Methoden wurden nun adaptiert und entwickelt, um im Untersuchungsgebiet optimale Erhebungen von Vegetation und Landnutzung, von Degradation und Desertifikation durchzuführen und welche Ergebnisse können in Funktion dieser Methoden deduziert werden?

Felderhebungen im Überblick bzw. repräsentativer Flächen (50x50m) en détail geben Aufschluß über die Gliederung der Landschaft, über Typus, Physiognomie und Struktur der Vegetation, über Grade der Bodenbedeckung durch Baum-, Busch- und Grasschichten sowie über deren Artenzusammensetzung.

Darüber hinaus liegen radiometrische Messungen mit einem Landsat MSS-kompatiblen Gerät (Exotech 100 A) vor, die einerseits ein breites Spektrum an Baum- und Buscharten sowie Böden, andererseits atmosphärische Größen wie Globalstrahlung bzw. Sonnenstrahlung insbesondere im Tageslauf (optische Dicke) in ihrem spektralen Verhalten beschreiben.

SW-Luftbilder der IGN-Missionen 1953, 1975 und 1987 (Office du Niger) bieten die Möglichkeit, das Untersuchungsgebiet über einen Zeitraum von 34 Jahren mit Hilfe der Methoden der stereoskopischen Luftbildinterpretation hinsichtlich der Dynamik des Wandels von Typen- und Nutzungsgrenzen, von strukturellen Verschiebungen und anthropogenen, siedlungsspezifischen Faktoren zu analysieren.

Satellitenbilder der Landsat-Generation dokumentieren in einer Zeitreihe beginnend mit dem MSS-Bild vom 16.11.1972 bis zum TM-Bild vom 31.3.1990 Entwicklungstendenzen von Bodennutzung und -bedeckung in multisaisonalem und multitemporalem Sinn. Die radiometrische und in eingeschränktem Sinn atmosphärische Korrektur der Daten ermöglicht Vergleiche innerhalb konkreter Zeitreihen.

Verfahren der digitalen Bildverarbeitung, insbesondere der multispektralen Klassifikation, führen zur Darstellung diskreter Nutzungsklassen, die durch Wahl geeigneter Parameter multitemporale, durch klimatische und anthropogene Faktoren induzierte Prozesse darstellbar und im speziellen flächenbezogen auswertbar machen.

Die Synthese der nach Grundlagen, Methodik und Ergebnisstruktur hierarchisch einstufbaren, einem identen thematischen Ansatz entsprechenden Ergebnisvielfalt soll Möglichkeiten und Grenzen angewandter Bildinterpretation sahelischer Landschaften aufzeigen.

5.2 Grundlagen der Datenaufzeichnung

Fernerkundung ist die (berührungsfreie) quantitative und qualitative Aufzeichnung objektbeschreibender elektromagnetischer Strahlung mittels geeigneter (abbildender oder nicht abbildender) Sensoren (Curran 1985).

Objektspezifische elektromagnetische Strahlung formt in ihrer Wellenlängenabhängigkeit den Begriff der spektralen Signatur.

"La variation rélative de l'énergie réfléchie ou émisé en fonction de la longueur d'onde constitute ce que l'on peut appeler la signature spectrale de l'objet consideré" (Guyot 1989).

Ohne auf die andernorts ausführlich beschriebenen Interaktionsmechanismen elektromagnetischer Strahlung innerhalb der Atmosphäre bzw. an der Erdoberfläche näher einzugehen (z.B.Schanda 1986, aus der Sicht angewandter Bildinterpretation Csaplovics 1991,ined.) ist es dennoch ratsam, an dieser Stelle einige Grundlagen sensorieller Art zu skizzieren.

Nach Streuung und Absorption in der Atmosphäre trifft der an der Erdoberfläche reflektierte Anteil elektromagnetischer Strahlung gemeinsam mit Streulichtanteilen (Luftlicht) und von der Erdoberfläche emittierter Strahlung auf einen Sensor, der Strahlungsgrößen in Funktion der Wellenlänge aufzeichnen kann (Abb. 5.1.).

Eine Vielzahl von Systemen steht zur Verfügung, um spektrale Informationen verschiedenster Wellenlängenbereiche mit unterschiedlicher geometrischer und spektraler Auflösung zu speichern.

Je nach Sensortyp werden photographische, opto-mechanische und -elektronische Zeilenscanner-, Spektroradiometer-, LIDAR-(light detection and ranging), aktive Mikrowellen-(Radar-) und passive Mikrowellen-Systeme unterschieden. Je nach Trägerplattform können diese Systeme gerätespezifisch variabel in situ, in Flugzeugen oder in Raumfahrzeugen (Satelliten) installiert sein.

Verschiedenen Arten von Informationen sind entsprechende Sensortypen zugeordnet (Abb.5.2.).

Im folgenden soll nur auf jene Sensoren, die in direktem thematischen Zusammenhang mit den vorliegenden Untersuchungen stehen, überblicksartig eingegangen werden. Literatur zur großen Palette von Fernerkundungssensoren steht in Überfülle zur Auswahl (Ulaby et al. 1981, 1982 et 1986, Colwell 1983 Chen 1985, Hord 1986, Trevett 1986, Cassanet 1988, Hovanessian 1988).

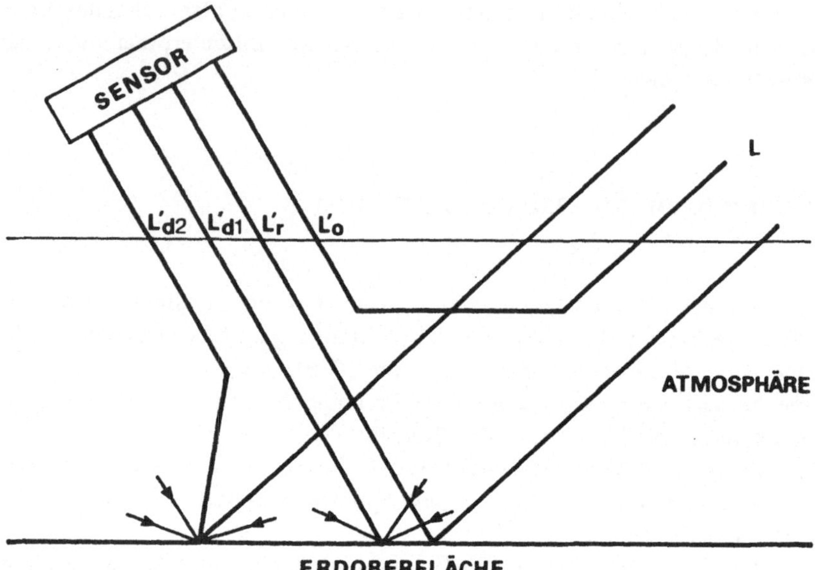

Abb.5.1. Schematische Darstellung der vom Sensor aufgezeichneten Strahlungskomponenten (nach Asrar 1989)

$L_o{}'$ = Strahlungsanteil zufolge atmosphärischer Streuung
$L_r{}'$ = Strahlungsanteil zufolge Reflexion
$L_{d1}{}'$ = Strahlungsanteil zufolge Reflexion atmosphärisch gestreuten Lichtes
$L_{d2}{}'$ = Strahlungsanteil zufolge Reflexion und anschließender atmosphärischer Streuung

$L' = L_o{}' + L_r{}' + L_{d1}{}' + L_{d2}{}'$ (L' = refl.Strahldichte $[Wm^{-2}sr^{-1}]$)

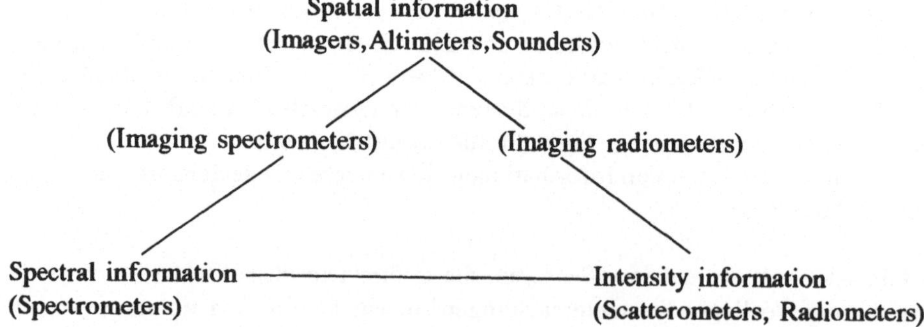

Abb.5.2. Arten von Information und relevante Sensoren (aus Elachi 1987)

5.2.1 Spektroradiometer

Spektrophotometer mit geräteinterner Lichtquelle messen Reflexionswerte mit einer Auflösung von bis zu 1nm und kommen bei Laboruntersuchungen zur Anwendung. Spektroradiometer dienen der Analyse spektraler Reflexion externer Strahlung und unterscheiden sich von Radiometern durch den Einsatz von spektral hoch auflösenden Beugungsgittern oder Dispersionsprismen anstatt der herkömmlichen Filter.

Bei Dispersion mittels Beugungsgitter erfolgt Reflexion von Strahlung mit ganzzahlig vielfachen Frequenzen in eine Richtung. Filter splitten die Strahlung (order-sorting). Dispersion mittels Prismen bedarf keines order-sorting, ist jedoch räumlich begrenzter zu konstruieren und schafft daher Probleme bei der Anordnung der Detektoren. Die spektrale Auflösung ist geringer, die Meßgeschwindigkeit und Handhabung im Gelände besser als bei Spektroradiometern mit Beugungsgitter-Dispersion (Abb.5.3.).

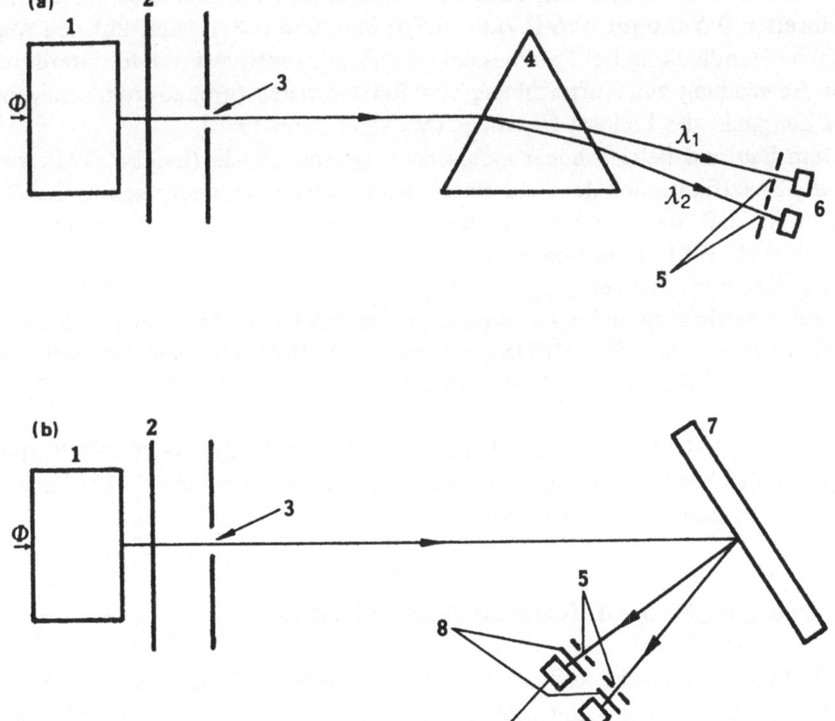

Abb.5.3. Dispersionselemente von Prismen-Spektroradiometer (a) und Beugungsgitter-Spektroradiometer (b) (nach Swain et Davis 1978)
1 - Optik, 2 - Chopper, 3 - 1.Schlitzblende, 4 - bewegliches Prisma, 5 - 2.Schlitzblende, 6 - - Detektoren, 7 - bewegliches reflektierendes Gitter, 8 - Filter (order-sorting)

54

Weiters gibt es auch Spektroradiometer, die Interferenzfilter als Dispersionselemente verwenden.

Der Strahlungsmessung dienen entweder Thermal- oder Photonendetektoren. Ein Thermaldetektor ändert seine Temperatur in Abhängigkeit der einfallenden Strahlung, ein Photonendetektor beruht auf dem Prinzip der Induktion von Elektronenübergängen durch die auf den Detektor auftreffenden Photonen ($Q = h.\nu$). Thermaldetektoren arbeiten unabhängig von der Wellenlänge der zu messenden Strahlung, Photonendetektoren sind durch die Relation $h.\nu \geq Q_g$, mit Q_g = Differenz zweier Elektronenenergieniveaus, im Sinne von

$$\lambda_c = h.c/Q_g$$

nur bis zu detektorspezifischen "cutoff"-Wellenlängen funktionsfähig (Boyd 1983).

Die Entwicklung von Fernerkundungs-Satelliten mit Rotationsscannern, die Strahlung in diskreten spektralen Bändern aufzeichnen (Landsat MSS, 1972) führte zur Konstruktion von transportablen Radiometern mit analoger spektraler Auflösung. Ein kommerzielles "Landsat-Radiometer", das Exotech-100, kam 1972, zur Zeit des Starts von Landsat 1, ausgerüstet mit Sensoren für die MSS-Bandbreiten 0.5-$0.6\mu m$, 0.6-$0.7\mu m$, 0.7-$0.8\mu m$ und 0.8-$1.1\mu m$, auf den Markt. Einfache Handhabung bei Feldmessungen führte zu weitverbreiteter interdisziplinärer Anwendung zur Aufzeichnung von Referenzdaten (ground-truth) zum jeweiligen Zeitpunkt des Landsat-Überflugs (Marsh et Lyon 1980).

Dem Bau und Betrieb höher auflösender Systeme gemäß (Landsat TM), paßten sich die Spezifikationen der Feld-Radiometer laufend den neuen spektralen Bandbreiten an, z.B. das achtkanalige Barnes MMR ($0.4\mu m$-$2.5\mu m$, $10\mu m$-$15\mu m$), (Tucker et al. 1981, Robinson et al. 1981).

Die rezenten Anstrengungen, Satelliten mit Sensoren wesentlich größerer spektraler Auflösung und entsprechend größerer Anzahl von schmalen Wellenlängen-Bändern einzusetzen (HIRIS), bewirkten ab 1980 den Bau hochauflösender rechnerkompatibler Feld-Spektroradiometer, z.B. des Barnes 12-550 (0.4-$2.5\mu m$), (Asrar 1989).

Vorliegende Untersuchungen beinhalten Messungen der spektralen Reflexion charakteristischer Vegetations- und Bodentypen sowie atmosphärischer Parameter mit Hilfe des Exotech-100 (Kap.6.3.).

5.2.2 Photographische Aufnahmesysteme und Filme

Die photogrammetrische Reihenmeßkammer besteht aus Kammerkörper, Kassette und Kammeraufhängung und nimmt Senkrechtaufnahmen der Erdoberfläche mit wählbarer Längs- und Querüberdeckung auf, die zufolge ihrer Geometrie und ihres Bildinhaltes sowohl für photogrammetrische als auch interpretatorische Auswertungen prädestiniert sind (Finsterwalder et Hofmann 1968, Schwidefsky 1976, Kraus 1990).

Mittlerweile sind photogrammetrische Meßkammern auch bei Raumflügen zum Einsatz gekommen (MC, LFC).

Multispektralkammern bestehen aus mehreren synchron geschalteten Aufnahme-Einheiten und werden sowohl vom Flugzeug als auch vom Raumschiff aus genutzt (z.B.MKF-6).

Schräg- oder Senkrechtaufnahmen mit Präzisionskameras (z.B. Hasselblad) vom Raumschiff, Flugzeug oder terrestrischen Aufnahmeort aus stehen als Einzelaufnahmen oder als gekoppelte multispektrale Bildkonvolute verbunden mit einfachen Auswertealgorithmen bereits seit langem in weitverbreiteter Anwendung (Williams 1969, Wenderoth 1974).

Aktuelle Bedeutung haben die sowjetischen KFA-1000-Photographien, die von unbemannten Satelliten aus aufgenommen und in Kassetten ausgeklinkt und zur Erde zurücktransportiert werden. Das photographische System hat eine Brennweite von 1000mm, die Aufnahmen liegen auf Zweischichtfilm (570-670nm, 670-800nm) im Format 30x30cm² vor und bieten eine geometrische Auflösung von ca.5m (Krämer et Illhardt 1990).

Filmmaterialien zeichnen Strahlungsinformationen des panchromatischen und n-IR-Spektralbereichs (S/W), der drei Wellenlängenbereiche der additiven Grundfarben blau, grün und rot (Dreischicht-Farbfilm) bzw. der Grundfarben grün und rot und eines Bereichs des n-IR (Farbinfrarotfilm) auf. Bei einem Test-Objekt-Kontrast (TOC) von 1000:1 lösen der Kodak High-Definition Aerial B/W Film No.3414 630 Linien/mm bei einer spektralen Empfindlichkeit bis $0.7\mu m$, und der Infrared Aerial B/W Film No.2424 80 Linien/mm bis $0.9\mu m$ auf. Die Farbfilme besitzen eine Auflösung von 200Linien/mm (Aerial Color No.SO-242) bzw. 160 Linien/mm (Aerochrome Infrared No.SO-131) resp. der bekannte Aerochrome Infrared No.2443 von 63 Linien/mm (Slater 1983).

Die Anwendung von UV-Filtern (minus blue-Filtern) bzw. im speziellen von Gelb-Filtern (Wratten 12, 15) mit einer Kante bei ca. $0.5\mu m$ bei Photographie mit Farbinfrarotfilm garantiert die Elimination des hohen Streulichtanteils der Strahlung des blauen Spektralbereichs.

Der detaillierten Erläuterung photographischer Prozesse einschließlich der Filmparameter, im speziellen des Farbinfrarotfilms, ist in der Literatur sowohl im allgemeinen als auch en détail breiter Raum gewidmet (Kodak 1976, Sievers 1976, Wolfe et Zissis 1978, Slater 1983).

5.2.3 Multispektrale Linienabtaster (-scanner)

Optisch-elektromechanische Rotations- und Oszillationsscanner tasten die Erdoberfläche senkrecht zur Flugrichtung zeilenweise (scans) und in Bildelemente (pixels) aufgelöst ab. In Abhängigkeit des Öffnungswinkels des Abtasters ($\Delta\alpha$ = Durchmesser des Detektors/Brennweite der Abtastoptik) gilt die Beziehung $V/h = \Delta\alpha \cdot v$, mit V = Geschwindigkeit der Plattform, h = Flughöhe und v = Abtastfrequenz. Der auf den Detektor auftreffende Strahlungsfluß Φ ist (Swain et Davis 1978:80)

$$\Phi = \tau_a \cdot L_\lambda \cdot A_p \cdot \beta^2 \cdot \Delta\lambda \quad [W]$$

mit τ_a = atmosphärischer Transmissionsgrad
L = Strahldichte des Bodenelements in $[Wm^{-2}\mu m^{-1}sr^{-1}]$
A_p = Scanner-Blende (collecting mirror area)
ß = IFOV des Scanners,
$\Delta\lambda$ = Wellenlängenintervall

wobei

$L_\lambda = (1/\pi).E_\lambda .R.\cos\Theta$

mit E_λ = spektr.Bestrahlungsstärke des Bodenelements $[Wm^{-2}\mu m^{-1}]$
Θ = Zenitdistanz der Sonne
R = bidirectionaler Reflexionsfaktor

Funktionsweise und geometrische bzw.physikalische Fakten sind in der Literatur ausführlich behandelt (z.B. Swain et Davis 1978, Kraus et Schneider 1988).

Entweder in Flugzeugen oder in Satelliten installiert, bietet der Rotations- bzw. Oszillationsscanner vor allem den Vorteil hoher spektraler Auflösung einschließlich der Erfassung des thermischen Infrarots. Ohne auf die flugzeuggebundenen und Satelliten-Sensoren wie den Multispectral Scanner des Skylab oder den Nimbus-CZCS einzugehen, werden die in bezug zu vorliegender Untersuchung stehenden multispektralen Fernerkundungssysteme der Landsat-Generation zu skizzieren sein (Tabelle 5.1.).

Während der Landsat-MSS in vier Kanälen die Spektralbereiche $0.5\mu m$-$0.6\mu m$, $0.6\mu m$-$0.7\mu m$, $0.7\mu m$-$0.8\mu m$ und $0.8\mu m$-$1.1\mu m$ auflöst, sind die sieben Kanäle des Landsat-TM individuelleren thematisch relevanten Bandbreiten angepaßt (Tabelle 5.2.).

Die Kenntnis der Kalibrierungsparameter von MSS und TM Sensoren ist wichtige Voraussetzung für radiometrische und atmosphärische Korrektur und anschließende Analyse multisaisonaler und -sensorieller Satellitenbilddaten (Markham et Parker 1985, Price 1989).

Tabelle 5.1. Vergleich einiger MSS und TM Spezifikationen (aus Curran 1985)

	MSS	TM
Anzahl der Kanäle	4	7
geometrische Auflösung [m]	79	30 (7:120)
Größe der pixel für CCT [m]	56x79	30x30
FOV °	11	17
Graustufen	64	256
CCT/Szene	1	7
relative Kosten/Szene	1	5
Datenrate [Mbit/sec]	15	85

Tabelle 5.2. Spektrale und Sensor-Charakteristika des Landsat-TM

Kanal		Spektralbereich [μm]	NE $\Delta\rho$ [%]*
1	blau/grün	0.45-0.52	0.8
2	grün	0.52-0.60	0.5
3	rot	0.63-0.69	0.5
4	n-IR	0.76-0.90	0.5
5	nahes mittleres IR	1.55-1.75	1.0
6	thermales IR	10.4-12.5	0.5°C
			NE ΔT[°]*
7	mittleres IR	2.08-2.35	2.4

* NE $\Delta\rho$ und NE ΔT, die rauschäquivalente Reflexionsgrad- bzw. Temperaturänderung, geben jene Änderung des Reflexionsgrades (der Temperatur) an, für die das Signal-Rausch-Verhältnis S/N = 1 ist.

Ihrem Spektralbereich zufolge sind die Kanäle des TM für folgende thematische Nutzungen prädestiniert (NASA 1982, Szekielda 1988):

1-Durchdringung der oberen Wasserschichten (Küsten- und Uferkartierungen), starke Absorption durch Vegetation (Nadel-,Laubbaum-Differenzierung).
2-starke Reflexion durch Vegetation (Interpretation intakter Vegetation)
3-sehr starke Absorption durch Vegetation (Chlorophyll-Absorption von Pflanzen)
4-sehr starke Reflexion durch Vegetation (Biomasse-Kartierungen), große Land/ Wasser-Kontraste (Abgrenzung von Wasserkörpern)
5-sehr feuchtigkeitsempfindlich (Feuchtigkeitsgehalt von Vegetation, Schnee/ Wolken-Differenzierung)
6-sehr starke thermale Sensibilität (Hitzebeinträchtigung von Pflanzen, thermale Kartierungen von Wasserflächen usw.)
7-wärme- und feuchtigkeitsempfindlich (hydro-thermale Kartierungen).

Opto-elektronische Scanner, wie der bei Shuttle-Flügen im Juni 1983 und Februar 1984 eingesetzte MOMS (modular optoelectronic multispectral scanner) und die HRV-Sensoren (haute résolution visible) der beiden SPOT-Satelliten, registrieren mit Hilfe von in einer Zeile angeordneten Detektoren (CCD-Technologie) spektrale Informationen schubweise (push-broom, Kehrbesen) und damit pro Streifen zeitgleich. Höhere geometrische Auflösung bei Beschränkung auf den durch optische Linsen aufzeichenbaren Wellenlängenbereich des sichtbaren Spektrums und des n-IR kann erzielt werden (Wharton et al. 1981, Bodechtel 1986, Brachet 1986). Die beiden Systeme der SPOT-Satelliten gestatten zufolge schwenkbarer Spiegeleinrichtungen (max.27°) die Beobachtung eines Streifens von 950km, eine Aufnahme-Frequenz von nur 5 Tagen und die Aufzeichnung stereoskopisch auswertbarer Bilder (Basis/Höhenverhältnis ca.1:1, Höhengenauigkeit ca.10m) (Rodriguez et al. 1988).

58

Einige überblicksartige Parameter im Vergleich zeigt Tabelle 5.3.:

Tabelle 5.3. Einige Parameter der Landsat-TM und SPOT-Fernerkundungssysteme

	Landsat TM	SPOT
Flughöhe [km]	713	832
Streifenbreite [km]	185	60 (117)
Überflugintervall [d]	16	26
Kanäle	7	4 (3XS+1P)
räumliche Auflösung [m]	30	20(XS),10(P)
Daten-Übertragungsrate[MBit/sec]	85	50

Nunmehr sind auch Parameter der sowjetischen Satellitenscanner MSU-SK und MSU-E bekannt (Tabelle 5.4.):

Tabelle 5.4. Einige Parameter der auf KOSMOS 1939 eingesetzten Scannersysteme (aus Legg 1990)

	MSU-SK	MSU-E
Flughöhe [km]	618-660	618-660
Streifenbreite [km]	600	45
Kanäle [μm]	0.5-0.6	0.5-0.6
	0.6-0.7	0.6-0.7
	0.7-0.8	0.8-0.9
	0.8-1.1	
	10.4-12.6	
räumliche Auflösung [m]	170	45
	Kan.5 - 500	

In meteorologischen Satelliten installierte und thematisch relevante Rotationsabtaster (Radiometer) sind das HCMR (heat capacity mapping radiometer) mit 2 Kanälen (0.5μm-1.1μm, 10.5μm-12.5μm), die die simultane Aufzeichnung von reflektierter solarer und emittierter thermaler Strahlung mit einer Auflösung von 500mx500m erlaubten - die Mission dauerte von 1978-1980 - und das AVHRR (advanced high resolution radiometer), das zur Zeit auf zwei Satelliten der NOAA-Serie im Einsatz ist und in 4 Kanälen (0.55μm-0.7μm, 0.7μm-1.1μm, 3.5μm-3.9μm, 10.3μm-11.3μm, 11.5μm-12.5μm nur in NOAA-9) mit einer Auflösung von 1.1km (LAC) bzw.4km (GAC) arbeitet.

Eine Streifenbreite von 3000km und die um 12 Stunden versetzten Bahnen der beiden Satelliten erlauben die Erfassung jedes Punktes der Erdoberfläche in eben diesem Rhythmus. AVHRR-Daten des roten und n-IR-Spektralbereichs (Vegetationsindex VI und NDVI) werden zur Beobachtung globaler Vegetationsdynamismen insbesondere in den ariden Problemzonen der Erde verwendet (Prince 1988).

Die wichtigsten Satellitensysteme für Zwecke der Fernerkundung (GOES, NOAA, Landsat, SPOT) ermöglichen hinsichtlich zeitlicher, spektraler und räumlicher Auflösung multivariante Datenermittlung (Abb.5.4.).

Ein Blick in die Zukunft - SPOT 4 und 5 werden einen zusätzlichen Kanal im blauen Wellenlängenbereich (0.43μm-0.47μm) und im mittleren IR (1.58m-1.70μm) einsetzen. Dem HRV-Sensor wird ein System hinzugefügt werden, das bei gleicher spektraler Konfiguration eine Auflösung von 1.1km bzw. 4km bei einer Streifenbreite von 2200km haben wird und für globale Vegetationsanalysen konzipiert ist (Guyot 1989).

In den U.S.A. wird der Einsatz von HIRIS (high resolution imaging spectrometer) auf der ersten NASA Polar Platform EOS-A für Ende der Neunziger-Jahre lanciert (IEEE 1989).

Bei einer Streifenbreite von 30km und einer Auflösung von 30m sollen 192 spektrale Bänder ($=10$nm) zwischen 0.4μm und 2.5μm zur Verfügung stehen (Vane et Goetz 1988).

Simulationsstudien mit abbildenden Spektrometern ähnlicher Konfiguration (z.B. AVIRIS - airborne visible/infrared imaging spectrometer, 209 Spektralbänder, 20m räumliche Auflösung) werden seit 1986/87 durchgeführt (Vane 1987, Kaufmann et Bodechtel 1990).

Weitere Sensoren, deren Betrieb auf der Polar Platform geplant wird, sind MODIS (moderate resolution imaging spectrometer) und MISR (multi-angle imaging spectroradiometer) (NASA 1986, Diner 1988).

Die altbewährte Landsat-Serie wird mit adaptierten Sensoren, die einerseits einen panchromatischen Kanal (Landsat-6, Auflösung 15m), andererseits eine Splittung des Thermalkanals in vier Bänder (Landsat-7, Auflösung 60m) und mit drei CCD-Einheiten aufgenommene überlappende Bildbereiche bieten sollen, fortgesetzt werden.

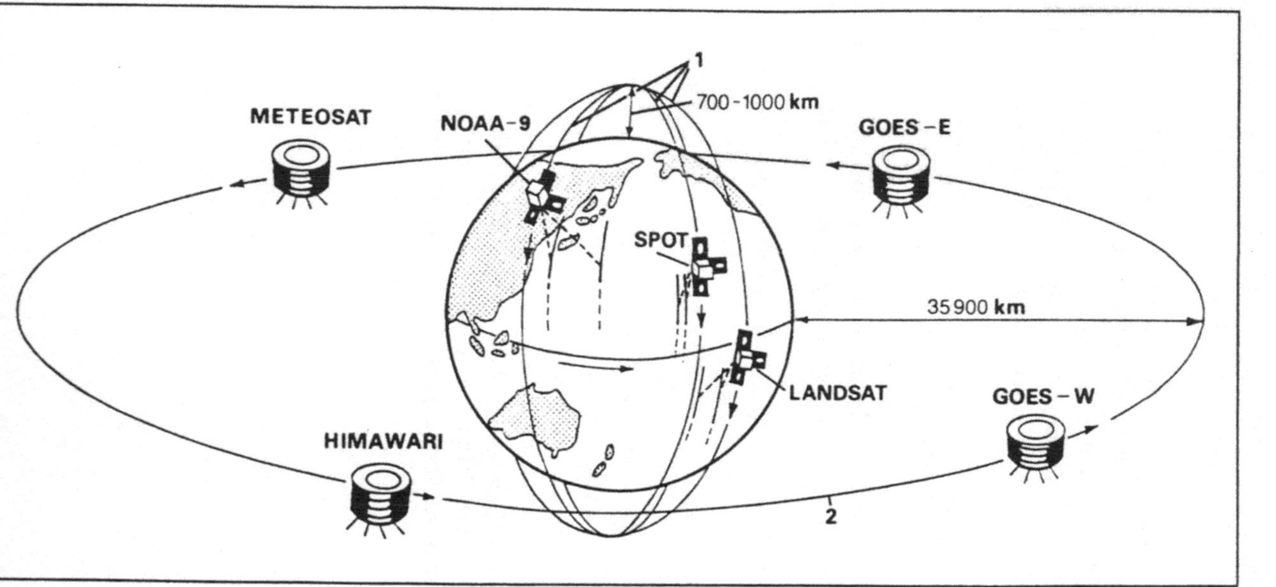

Abb.5.4. Zusammenspiel der wichtigsten operationellen sonnensynchronen (1) und geostationären (2) Fernerkundungssatelliten (aus Goßmann 1989)

5.3 Vegetations- und Landnutzungsanalysen mit Luft- und Satellitenbildern - allgemeine Überlegungen

5.3.1 Grundlagen

Vegetation ist die Gesamtheit der Pflanzengemeinschaften (Phytozönosen) eines Gebietes (Walter 1973).

Landbedeckung (landcover) beschreibt natürliche und künstliche Oberflächen, während Landnutzung (landuse) den Bezug zu anthropogener Einflußnahme unmittelbar herstellt (Clawson et Stewart 1965).

Die regionale Geographie in den Vereinigten Staaten formulierte bereits um 1930 das Bestreben, Landnutzung und Besiedlung (occupance) in ihren Variationen und ihrem Gefüge (occupance pattern) zu erfassen (Troll 1939).

Die Summe der edaphischen Standortmerkmale (sites) und die Arten der natürlichen und künstlichen Bodenbedeckung (cover forms) bilden sogenannte Landschaftsformationen (landscape formations) (James 1929).

Das Bestreben, diese Größen mit Hilfe der praktischen Luftbildinterpretation zu erfassen, führte zur Entwicklung landschaftsbeschreibender Begriffe. Die kleinste Landschaftseinheit ist jene Fläche, welche in ihrer ganzen Ausdehnung ähnliche lokale Bedingungen in bezug auf Klima, Physiographie, Geologie und edaphische Faktoren aufweist (site). In einem Gebiet kommen Einheiten desselben Typus immer wieder vor und bilden charakteristische Vergesellschaftungen (Assoziationen).

Regionen (regions) sind nun Räume, in denen bestimmte "sites" einheitlich assoziiert sind (Bourne 1931).

Im Zuge der Landschaftskartierung nutzte man in den Vereinigten Staaten ab 1925 die Anwendung von Ziffern- und Buchstabencodes zur Beschreibung komplexer Standortsfaktoren. Bodennutzung und Standortsbedingungen des Bodens wurden als Zähler und Nenner eines Bruches formuliert (fractional code method) (Jones et Finch 1925).

Luftbildpläne gestatteten eine kostengünstige Kombination von kleinräumiger quantitativer Datenerhebung durch Geländebegehungen und weiträumiger Kartierung großer Flächen. Diese Methode der Landnutzungsanalyse baute auf der Erhebung kleinster Landschaftseinheiten mit gleichartiger Standortsbeschaffenheit (vgl.sites) auf, erfaßte jedoch nur quantitative Informationen zu Bodennutzung und -zustand der Gebiete (unit area method) (Hudson 1936).

Daß die Verknüpfung von Luftbildinterpretation und kleinsträumiger Untersuchung bodenkundlicher, pflanzensoziologischer und geographischer Faktoren vor Ort (Probeflächen, vgl.Kap.5.3.2.) auch qualitativ ansprechbare ökologische Aussagen ermöglichen, wurde jedoch sehr bald erkannt (Troll 1939).

Dem Begriff der Region wird in der aktuellen Terminologie die Bezeichnung Landeinheit (land unit) gegenübergestellt, die dem Ökotopenkomplex (Troll 1966) bzw. Ökotopengefüge (Neef 1964) vergleichbar ist.

Landeinheiten setzen sich aus verschiedenen Landelementen zusammen, besitzen aber relativ homogene Struktur. Die Synthese charakteristischer Landeinheiten formt Landsysteme (land systems), das sind Gebiete mit sich wiederholendem Gefüge von Topographie, Böden und Vegetation (CSIRO-Australia, Commonwealth Scientific & Industrial Research Council) (Christian et Stewart 1968).

Die Verknüpfung terrestrischer und/oder aquatischer ökologischer Einheiten führt zur Bildung von Vegetations-, Landformen-, Boden- und Wassersystemen (US Dep.Agr.Forest Service) (Buttery 1978).

Durch visuelle Bildinterpretation erstellte Landsystemkarten in Verbindung mit Geländeuntersuchungen erlauben Abschätzungen landwirtschaftlicher Ressourcen und Potentiale vor allem in wenig erschlossenen Gebieten (Löffler 1982).

Die nach physiographischer Terminologie hierarchisch gegliederten Ergebnisebenen visueller Bildinterpretation stehen in vielfältiger Beziehung zu den klassifizierbaren Typen von Regionen (Regionalisierung).
Regionalisierung durch Bildinterpretation schafft funktionale Einheiten, die durch die verschiedenen Oberflächencharakteristika vernetzt sind. Dadurch können nicht nur Beziehungen zwischen direkt, sondern auch zwischen nicht direkt interpretierbaren Größen analysiert werden und in weiterer Folge vor allem Grundlagen für gezielte Feldbegehungen und Bodenmessungen geschaffen werden (Tabelle 5.5.).

5.3.2 Analyse des Terrains

Regionalisierung der Bildinhalte kleinmaßstäbiger Satellitenbilder erlaubt die Abgrenzung von Landeinheiten, die durch Auswahl größermaßstäbiger Luftbildpaare, die repräsentative Probeflächen je Landeinheit überdecken, beschrieben werden können. In jedem Luftbildpaar sind konkrete Punkte (Probekreise u.ä.) auszuwählen, die nun gezielt anzusprechen und zu untersuchen sind (Abb.5.5.).

Geländeerhebungen dienen der Ermittlung des spektralen Strahlungsverhaltens der Oberfläche, der biophysikalischen Eigenschaften, die das Strahlungsverhalten beeinflussen und der direkt kartierbaren Oberflächencharakteristika.

Mit (Spektro)Radiometermessungen werden spektrale Signaturen des Geländes erhoben. Atmosphärische Einflüsse können deduziert und Aussagen über die Korrelation spezifischer Oberflächenformen und der spektralen Charakteristik können getroffen werden (vgl.Kap.6.3.).

Die wichtigsten strahlungsbeeinflussenden Parameter im allgemeinen Sinn sind Topographie des Geländes, Azimuth und Zenitdistanz der Strahlungsquelle, atmosphärische Parameter, Beobachtungsrichtung und Sensorcharakteristika.

Für den Spektralbereich sichtbarer und NIR-Strahlung lassen sich für Vegetationsflächen vor allem   -Zellstruktur (Vitalität,Alter)

                    -Blattorientierung und Blattflächenindex (LAI)

                    -Pigmentation (Chlorophyll) und

                    -Feuchtigkeitsgehalt der Blätter,

für Böden vor allem   -Textur des Bodens

                    -Bodenfeuchtigkeit

                    -Humusanteil, Eisenoxide

                    -mineralogische Zusammensetzung

-Mikrorelief und
-Verwitterungsprodukte

als wichtige biophysikalische Faktoren angeben.

Während der Begehung ausgewählter Probeflächen werden Parameter der Oberflächenform, der Zusammensetzung des Bodens und der Landbedeckung direkt aufgenommen.

Tabelle 5.5. Beziehungen zwischen den Interpretationsebenen visueller Bildanalyse und den klassifizierbaren Typen von Regionen (nach Townshend 1981a, 1981b)

Interpretationsebenen	Regionen
direkt interpretierbare Größen -Farbe oder Grauton -stereoskopisches Modell des Reliefs	**photomorphische Regionen** (photomorphic regions)
primär interpretierbare Größen -Landbedeckung -Oberflächenbeschaffenheit -Gewässer	**Einzelthemenregionen** (single property regions) -geomorphologische Regionen -Landbedeckungsregionen
sekundär interpretierbare Größen -Landnutzung -Hydromorphologie -Oberflächenbeschaffenheit (incl. Vegetationsdifferenzierung)	**multithematische Regionen** (multiple property regions) - morpho-strukturelle Regionen
tertiär interpretierbare Größen -Geologie des Untergrundes -Hydrologie des Untergrundes	**physiographische Regionen** (physiographic regions)
quartär interpretierbare Größen -Landeignungen	**Landeignungsregionen** (land suitability regions)

Legende Abb.5.5.: 1-Regionalisierung im Satellitenbild
2-Auswahl repräsentativer Luftbildpaare pro Landeinheit
3-Festlegung von Untersuchungsflächen nach stereoskopischer Analyse
der Luftbildmodelle (nach Townshend 1981b).

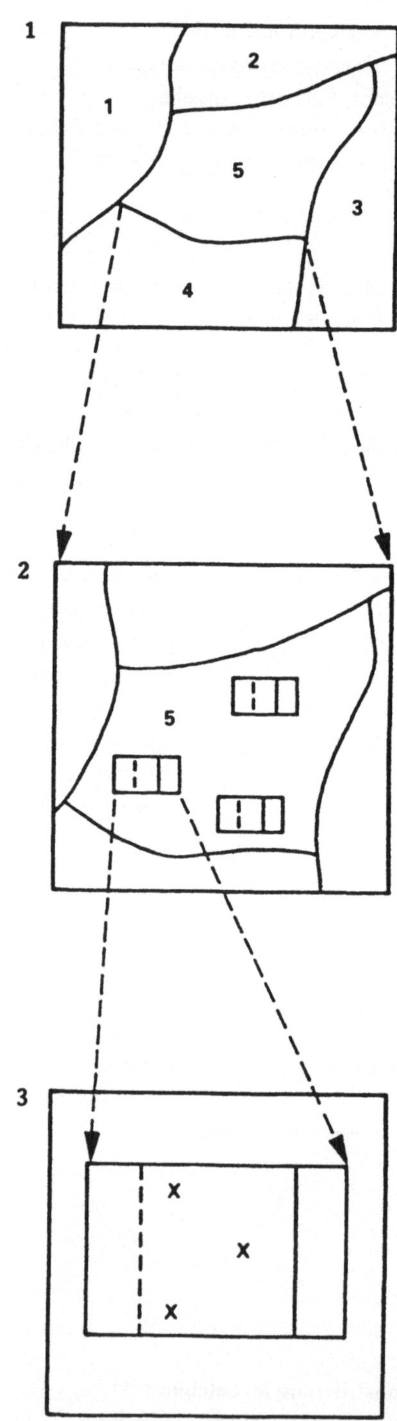

Abb.5.5. Ebenen der Flächenauswahl für die Geländebegehung, ausgehend von Satellitenbildern

Die Beziehungen zwischen Stand der Sonne (Θ, Φ) und Hangneigung (α) bzw. -orientierung (ß) (Schattenaspekt) können einerseits durch Angabe eines Einfallswertes (incidence value nach Monteith 1973)

$$i = \cos\alpha + \sin\alpha.\tan\Theta.\cos\delta$$

mit α = Hangneigung, Θ = Sonnenzenitdistanz, δ = ß - Φ,

andererseits in umfassenderem Sinn durch Datenanalyse eines digitalen Geländemodells beschrieben werden (Hochstöger 1990).

Neben der Klassifikation der Böden (FAO/UNESCO 1974, USDA 1975) besitzt die genaue Erhebung der Vegetationsstrukturen besondere Bedeutung. Hiebei unterscheidet man zwischen (Fosberg 1967)
-physiognomischen (großräumige Kategorisierung, z.B.Wald,Grasland usw.),
-strukturellen (räumliche Gliederung - Höhe, Stamm- und Kronendurchmesser, Bewuchsdichte),
-funktionalen (standortrelevante Größen wie xero- und halophile Faktoren, Feuerresistenz usw.) und
-artenspezifischen Kriterien (Vegetationsarten und ihre Anteile).

Strukturelle Vegegationsklassen im besonderen definieren nach Wuchshöhen gegliedert z.B. eine   -Gras- und Krautschicht ($<$1.3m),
                                  -Strauchschicht (1.3m - 3m)   und eine
                                  -Baumschicht ($>$3m).

Die Einbeziehung physiognomischer Kriterien, insbesondere der Lebensformen (Müller-Dombois et Ellenberg 1974), ist Grundlage einer hierarchischen Vegetationsgliederung in
-Vegetationstypus (z.B.Wälder)
-Formationsklasse (z.B.Nadelwälder)
-Formationsgruppe (z.B.dunkle Nadelwälder = Fichte, Tanne)
-Formation (z.B.Fichtenwälder, Piceeta)
-Assoziationsgruppe (z.B.Piceeta hylocominosa, Moose) und
-Assoziation (z.B.Piceetum myrtillosum, Fichte + Myrtenblütler) (Walter 1979).

Die Kartierung standortbedingter Vegetationseinheiten sowie die flächenhafte Abgrenzung der Pflanzengemeinschaften sind Grundlagen zur Erfassung der Bodenbedingungen und der Vegetationsdynamik. Großräumige Kartierungen auf theoretischer Basis nutzen Satelliten- und Luftbildklassifikationen, können jedoch im Regelfall nicht auf repräsentative Flächen erfassende Geländeaufnahmen verzichten (Knapp 1971) (vgl.auch Abb.5.6.).
Verifikation durch Erhebungen (sampling) vor Ort, aber auch mit Hilfe grössermaßstäbiger Bildunterlagen, basiert auf gezielter Auswahl und Dimensionierung von Probenahmeflächen (Cochran 1977, Dozier et Strahler 1983).
Rechteckige oder quadratische Flächen parallel zu den Scan-Streifen werden

bei Vorliegen von Satellitenbildern, kreisförmige Flächen bei Luftbildern bevorzugt. Je heterogener die Landschaft, je größer die angestrebte Genauigkeit der Klassifikation, desto größer muß die Anzahl der auszuwählenden Flächen sein.

Im Falle von Satellitenbildern kann die minimale Seitenlänge s in Funktion der Bildelementgröße p und der Lokalisierungsgenauigkeit l [Anzahl der Bildelemente] zu s = p(1 + 2l) angegeben werden (Justice et Townshend 1981).

Die Anordnung der Flächen im Untersuchungsgebiet dient dem Ziel optimaler Charakterisierung der Regionen (land units). Man unterscheidet
-gezielte Auswahl (purposive sampling - subjektiv, expertenabhängig),
-systematische Auswahl (systematic sampling - z.B. Rasterschnittpunkte),
-zufällige Auswahl (random sampling)
-cluster-Auswahl (cluster sampling)

Bei Auswahl der Flächen nach dem Zufall sind mehrere Variationen zu unterscheiden (Abb.5.6.).

Im einfachsten Fall werden Ziffernpaare gelost und den Schnittstellen eines Rasters zugeordnet, die als Meßpunkte oder Probeflächen bestimmt werden (random point bzw. areal sample) (Ellenberg 1956, Bagwell et al. 1976).

Die auf die Schnittstellen eines Rasters bezogene Anordnung kann um einen Zufallsparameter, z.B. die Ausrichtung des Rasters, ergänzt werden (randomly aligned systematic sampling) (Bauer 1977).

Eine effektivere Kombination dieser Rastermethode mit Zufallsparametern besteht in der Auswahl je einer Probefläche pro Rasterquadrat (unaligned systematic random sampling).

Regional differenzierte Bestimmung einer variablen Anzahl von Flächen berücksichtigt die unterschiedliche Heterogenität der Landeinheiten (stratified random sample).

Ein mehrstufiges Schema wählt innerhalb zufällig bestimmter Flächen jeweils kleinere Flächen aus (random nested sample, Lyon 1977) und dient demzufolge vor allem einer Kosten-Effizienz-Optimierung der Geländearbeit.

Im Zuge der cluster-Auswahl werden zufällig verteilte cluster durch eine jeweils systematisch erhobenen Anzahl von Probeflächen charakterisiert (Howard et Mitchell 1985).

Innerhalb einer quadratischen Probefläche, deren Dimension den Parametern der Bildgrundlagen angepaßt ist, können nach vegetationskundlichen Richtlinien folgende Größen beschrieben werden (Kreeb 1983):
-Dichte (Zahl der Individuen)
-Frequenz (Auswahl kleinerer Probeflächen)
-Bestimmung der Bodendeckung (Kronen- und Stammquerschnitt)
-Strukturgrößen (Höhe, Biomassevolumen, Blattflächenindex)
-physiologische Größen (Transpirationsrate, Wasserpotential, Nettoassimilationsrate
Die Dichte wird durch Auszählen der Individuen bestimmt. Bei größeren Erhebungsflächen bedient man sich der bereits beschriebenen Varianten der systemati-

schen oder zufälligen Auswahl kleinerer Probeflächen. Auch die Soziabilität kann als Zahl angegeben werden (Kreeb 1983, nach Braun-Blanquet 1928):
1 (einzeln wachsend)
2 (Vorkommen in Gruppen , als Horst)
3 (Trupps, Flecken , Polster)
4 (kleine Kolonien, größere Teppiche)
5 (großflächige Vorkommen)

Frequenzen werden ebenfalls auf Basis kleiner, nach systematischen und/oder zufälligen Gesichtspunkten über das zu untersuchende Gebiet verteilten Probeflächen (Quadrate) nach der Häufigkeit des Auftretens der Arten erhoben.

Die Größe der Probequadrate soll für die Baumschicht 10x10m, für die Strauchschicht 4x4m und für die Grasschicht 1x1m betragen. Je nach Anzahl und Charakteristik der Arten gestatten bestimmte Verfahren individuelle Angaben zu Größe und Form der Probeflächen (Müller-Dombois et Ellenberg 1974).

Die Deckungsfläche wird generaliter der vertikalen Projektion der Baumkronen auf den Boden gleichgesetzt und nach Messung zweier Durchmesser ($d_1 \perp d_2$) zu $D = \pi.((d_1 + d_2)/4)^2$ bestimmt (Müller-Dombois et Ellenberg 1974).

Im allgemeinen unterscheidet man Deckungsgrade nach geschlossenem (>80%), dichtem (40%-80%), offenem (10%-40%), verstreutem (2%- 10%) und spärlichem bzw. keinem Bewuchs (0%-2%) (Howard et Mitchell 1985).

Eine quantitative Methode der Aufnahme von Baum- und Strauchschichten, die keiner vorgegebenen Untersuchungsfläche bedarf ("plotless"-Verfahren), beruht auf der Messung von Distanzen von zufällig oder systematisch bestimmten Untersuchungspunkten zu den nächstgelegenen Bäumen in vier durch den jeweiligen Untersuchungspunkt als Achsenkreuz definierten Quadranten. Hiemit sind Informationen über das Artenspektrum, die Artdichte, die Dominanz (Durchmesser, Deckungsgrad) und die Frequenz zu gewinnen (Cottam et Curtis 1956).

Die ökophysiologisch entscheidende Größe zur Untersuchung der Produktivität ist der Blattflächenindex (LAI, leaf area index), der der Verhältniszahl der Gesamtsumme der Blattflächen eines Bestandes zur überdeckten Bodenfläche bzw. dem Wert für eine Bodenfläche von $1m^2$ $[m^2/m^2]$ entspricht. Die Nettoprimärproduktion NPP (Bruttoprimärproduktion BPP minus Atmungsverluste, Respiration), die sich aus der Produktion pflanzlicher Zuwachsmasse PP_g, der Produktion durch Fortpflanzung PP_r und der Menge abgeschiedener Stoffe B (z.B. Laubfall), die in der Nahrungskette weiterverarbeitet werden, zusammensetzt (NPP = PP_g + PP_r + B), steht in direkter Korrelation mit dem jeweiligen Blattflächenindex (Busch et al. 1989, Kreeb 1990).

Der Wert für diesen Quotienten liegt bei einheitlicher Bodenbedeckung zwischen 1:1 (schattige Standorte) und 8:1 (einige europäische Buchenwälder) bis 12:1 (tropische Regenwälder). Optimale Blattflächenindices, die maximale Energieumsetzung repräsentieren, werden z.B. für Eiche mit 3.0, für Buche mit 5.5 und für Wiesen mit 7-11 angegeben (Hoffmann 1987).

Blattflächenindices von 4-8 symbolisieren im allgemeinen eine ideale Energieumsetzung im Sinne hoher Nettoassimilationsrate (hohe Absorption, Assimilation/Respiration) bzw. maximaler Photosynthese (Abb.5.7.,5.8.).

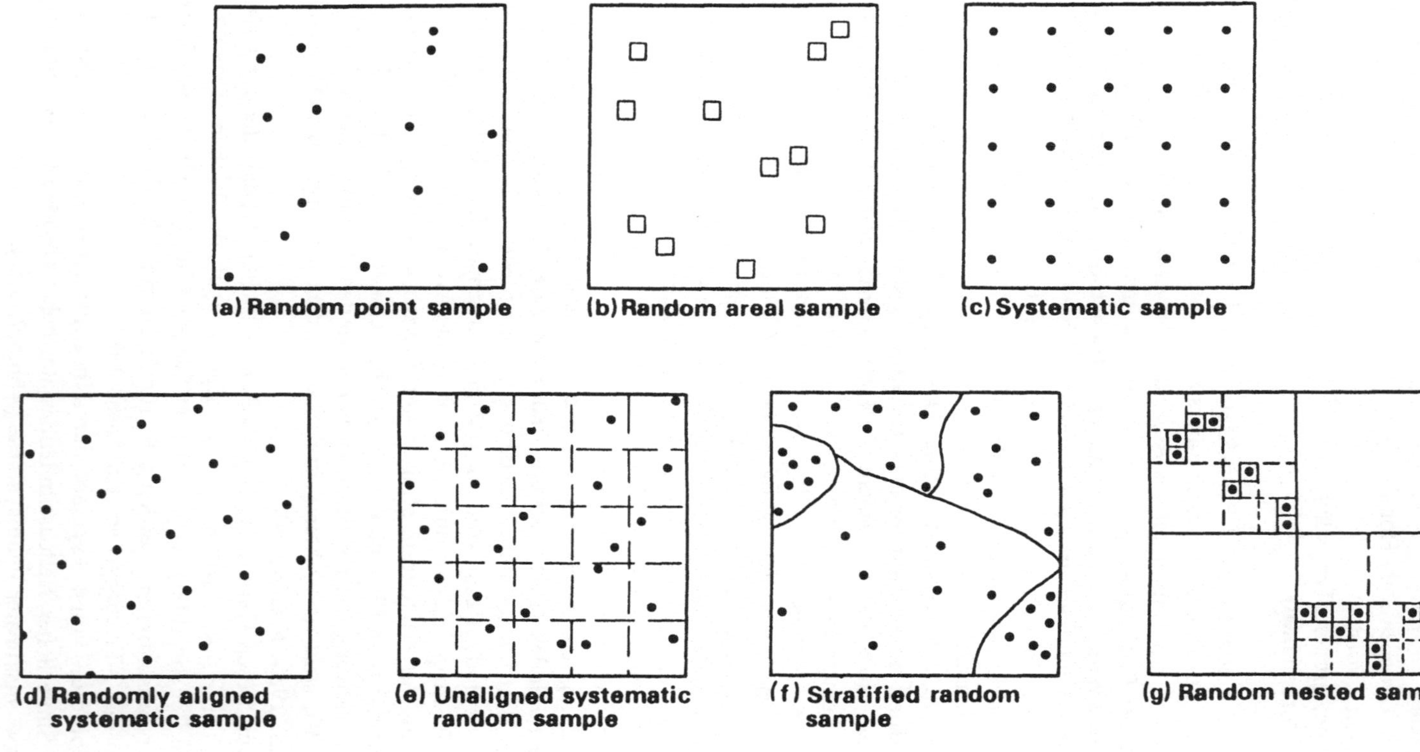

Abb.5.6. Möglichkeiten zur Auswahl von Probeflächen nach Zufallsparametern (aus Justice et Townshend 1981)

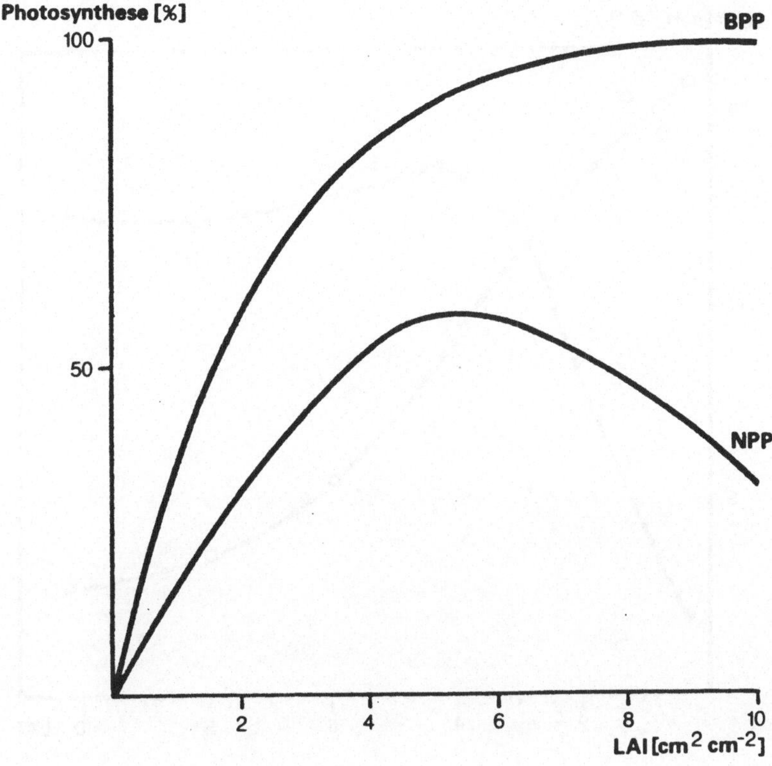

Abb.5.7. Beziehung zwischen Brutto- und Nettoprimärproduktion (nach Odum 1980)

Die jeweilige Bio- oder Phytomasse (standing crop) von Wäldern weist zufolge des einzubeziehenden Holzanteiles keine Korrelation mit der Nettoprimärproduktion auf (Kreeb 1983).

Zwischen den aus Satellitendaten (NOAA-AVHRR, TM, SPOT) berechneten NDVI-Werten und der Biomasse von Grasländern besteht jedoch eine lineare Beziehung, die Grundlage großräumiger multitemporaler Inventuren sein kann (z.B. Sahel, Tucker 1980, Hielkema 1990).

Ebenso sind Vegetationsindices (VI, NDVI und PVI = perpendicular vegetation index) mit Blattflächenindices korreliert (Curran 1983) (Abb.5.9.).

Aus Landsat-Daten berechnete multisaisonale LAI-Werte von Weizen schwanken nur in geringen Bandbreiten in bezug auf entsprechende Bodenmessungen (Abb. 5.10.)

Indes zeigt sich aber, daß das die geometrische Struktur der Pflanzendecke in stark idealisierender Weise beschreibende Modell des LAI nur für einfache, nicht aber für heterogene Pflanzengesellschaften repräsentativ sein kann (Clevers 1988).

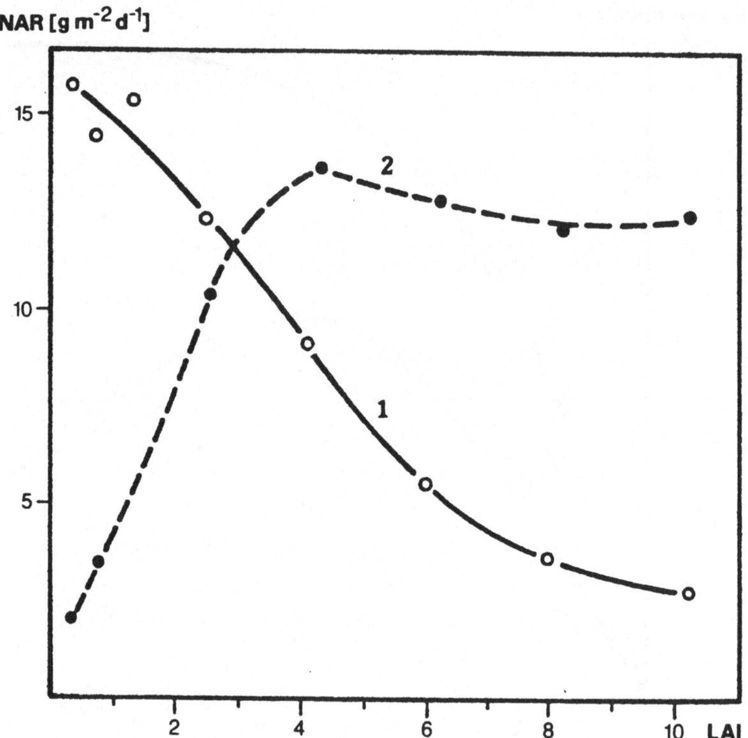

Abb.5.8. Nettoassimilationsrate von Mais solitär (1) bzw. im Bestand (2) in Funktion des Blattflächenindex (nach Larcher 1984, Neumeister 1988).

Feldmessungen werden simultan zum Überflug des Satelliten in Maßstäben, die der räumlichen Auflösung des Sensorsystems und dem Heterogenitätsgrad der Vegetationsdecke entsprechen sollen, durchgeführt. Die Anzahl der Felderhebungen n in Funktion der Standardabweichung σ_s der spezifischen Messungen (VI, GLAI) kann mit

$$n = (\sigma_s \cdot t/e)^2$$

geschätzt werden, wobei t dem Wert der t-Verteilung mit n-1 Freiheitsgraden und e dem maximal zugelassenen Fehler in Einheiten von σ_s entsprechen (Curran et Williamson 1986).

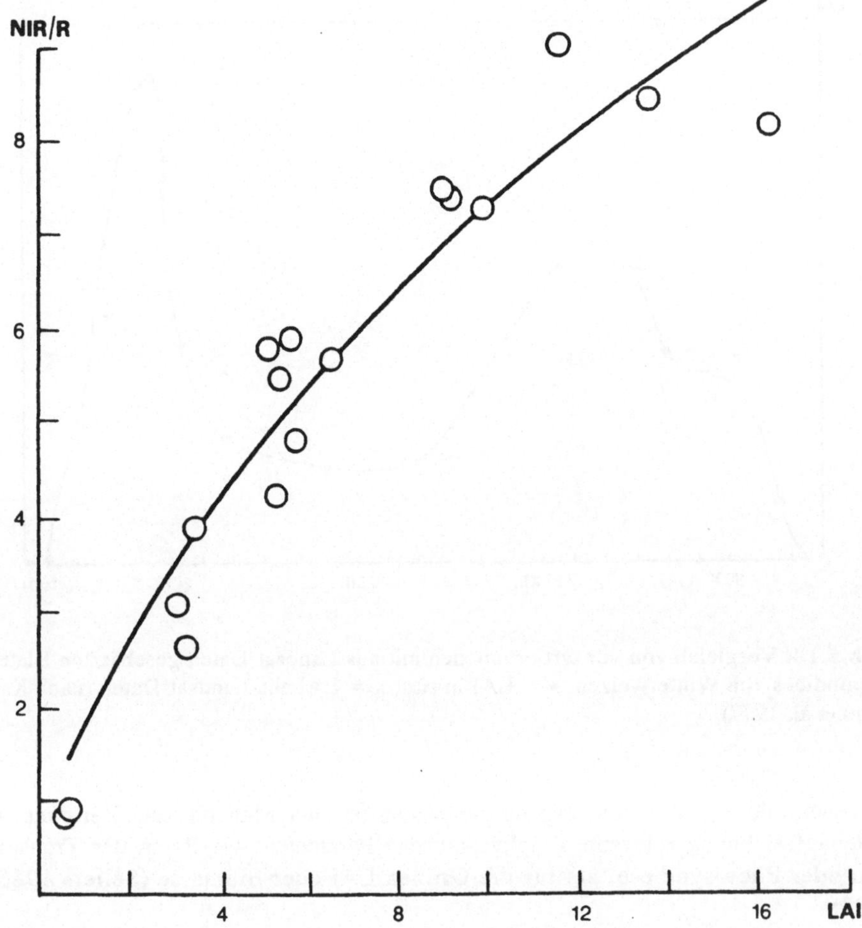

Abb.5.9. Korrelation von VI aus Landsat TM 4/3 und LAI für Nadelwald in Oregon, y = $1.92x^{0.583}$, $\sigma = 0.77$ (aus Running 1990 nach Peterson et al. 1987).

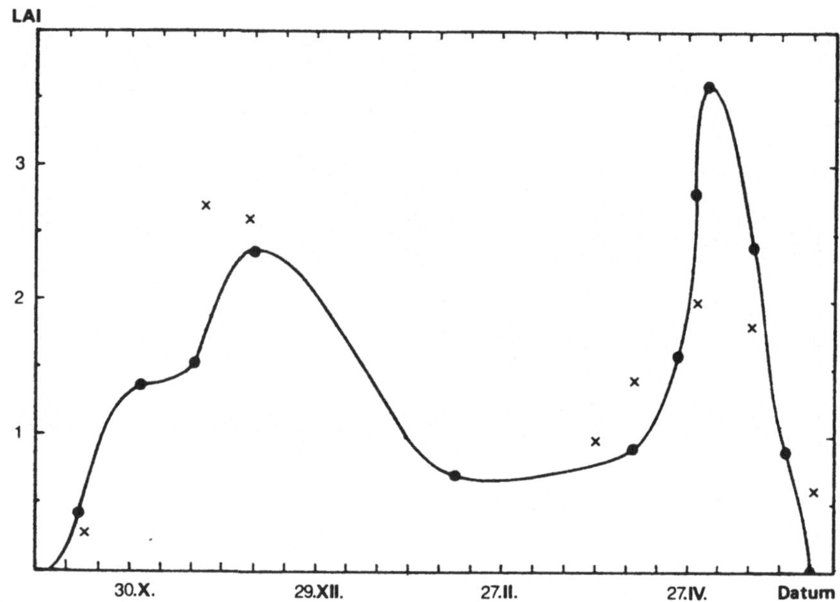

Abb.5.10. Vergleich von vor Ort erhobenen mit aus Landsat-Daten geschätzten Blattflächenindices von Winterweizen, ● = LAI in situ, x = LAI aus Landsat-Daten (nach Kanemasu et al. 1977).

Die spektrale Signatur von Vegetationsflächen ist eher Maß für zum Zeitpunkt der Datenaufzeichnung relevante biophysikalische Parameter, wie Raten der Transpiration oder Photosynthese, als für die Größen LAI oder Biomasse (Sellers 1985 et 1987).

In Verbindung mit der Aufzeichnung von Temperatur, Luftfeuchtigkeit und der Messung von Aerosolprofilen soll die Korrelation von Satelliten-Rohdaten und biophysikalischen Parametern effizient beschrieben werden (z.B. International Satellite Land Surface Climatology Project, ISLSCP-Field Experiment). Der Prozeß der Überführung von Satellitendaten in biophysikalische Größen kann in vier Stufen gegliedert werden (Sellers et al. 1990):

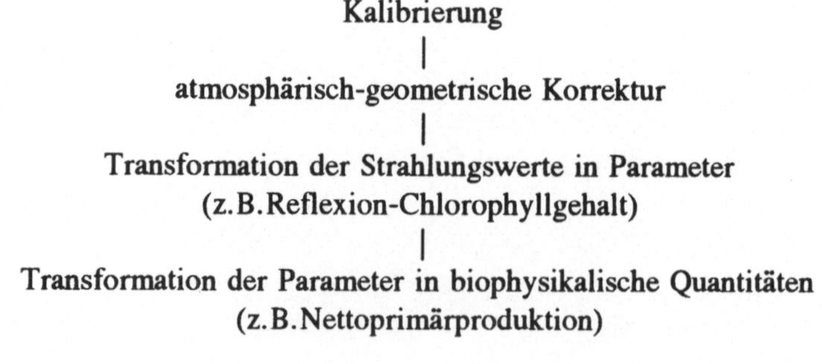

Kalibrierung

|

atmosphärisch-geometrische Korrektur

|

Transformation der Strahlungswerte in Parameter
(z.B.Reflexion-Chlorophyllgehalt)

|

Transformation der Parameter in biophysikalische Quantitäten
(z.B.Nettoprimärproduktion)

5.3.3 Ausgewählte Beispiele

Das USGS (US Geological Survey) setzt seit 1975 ein System zur Klassifikation der Landnutzung (landcover/landuse) auf Basis von Fernerkundungsdaten ein. Interpretationsebene 1 entspricht der Nutzung von Landsat-Satellitenbildern, während mit fortschreitender Detailanalyse für die folgenden Informationsebenen klein-, mittel- bzw. großmaßstäbige Luftbilder ($M_2 \approx 1:80000$, $M_3 \leq 1:20000$, $M_4 \geq 1:20000$) herangezogen werden. Die Ergebnisse einer Vielzahl von Testprojekten haben gezeigt, daß für die umfassende Analyse (vor allem städtischer Bereiche) in Ebene 2 eine räumliche Auflösung von 2-3m, für Ebene 3 von 1m und für Ebene 4 von 0.4m vonnöten ist (Jensen 1983).

Die hohe räumliche Auflösung der Landsat TM Daten kann sicherlich einige Interpretationserfolge im Bereich der Ebene 2 ermöglichen. Problematisch ist die Überführung der durch automatische Klassifikation ermittelten in die im USGS-System vorgegebenen Klassen.

Ebene 1 dieses umfassenden Klassifikationssystems gliedert in folgende Einheiten (Anderson et al. 1976):

> 1 - städtischer bzw. verbauter Bereich
> 2 - landwirtschaftliche Flächen
> 3 - Grasland
> 4 - Wald
> 5 - Wasserflächen
> 6 - Feuchtgebiete
> 7 - Ödland (unfruchtbares Land)
> 8 - Tundra
> 9 - perennierende Schnee- und Eisflächen

Ebene 2 detailliert nun die Basisinformation, z.B. für landwirtschaftliche Flächen (2):

> 21 - Felder und Weiden
> 22 - Wein- und Obstgärten, Baumschulen
> 23 - umzäuntes großflächiges Weideland
> 24 - andere landwirtschaftliche Flächen

Das USGS bietet auf Basis des skizzierten Klassifikationssystems produzierte Karten der Landnutzung und Landbedeckung in den Maßstäben 1:250000 und 1:100000 an, die in Kombination mit den Grundkarten identen Maßstabs genutzt werden können. Gleichzeitig liegen CCTapes mit den digitalisierten Karteninhalten und Zusatzinformationen, wie hydrologische Einheiten u.ä., auf. Statistiken der Landnutzung pro politischer Einheit, hydrologischer Einheit oder für ausgewählte Bereiche wie Flußeinzugsgebiete stehen zur Verfügung (Anderson 1982).

Bemühungen gingen in die Richtung, durch adäquate Klassifikationsverfahren von multitemporalen Landsat-Satellitendaten (principle components oder pixelweises Differenzieren), (Jensen 1981, auch Fung et LeDrew 1987), eine standardisierte Dokumentation der Landnutzungsänderungen mit Genauigkeiten von 90% ± 5% in den USGS-Ebenen 1 und 2 zu installieren,wurden doch bereits in den Jahren nach 1960 in den Vereinigten Staaten jährlich ca. 295000ha Land durch Bebauung und 55000ha durch Straßenbau zerstört (Estes et al. 1982).

Wichtige Projekte, die konkrete Klassen der Ebene 1 des USGS-Systems detaillierter analysierten, sind vor allem in den thematischen Bereichen der Klassifikation von Feuchtgebieten (Carter et al. 1979), von Grasland (Carneggie et al. 1983), Waldgebieten (Heller et Ulliman 1983) und landwirtschaftlichen Flächen (z.B. LACIE, large area crop inventory experiment, NASA 1978) zu finden.

Visuelle und/oder digitale Methoden der Interpretation von Landsat MSS Daten erlaubten die Klassifikation in Ebene 2 des USGS -Systems, d.h. im Falle der Analyse von Grasland die Differenzierung von drei Klassen (reines Grasland, Sträucher und Büsche dominant bzw. vereinzelt) und bei umfassender Einbeziehung kollateraler Informationen bzw. multisaisonaler Auswahl von Daten zu phänologisch charakteristischen Zeitpunkten sogar teilweise noch detailliertere Aussagen (Carneggie et al. 1983, Seger et Mandl 1986).

Die Kombination multispektraler Bildverarbeitung von Landsat MSS Daten mit einem DTM sowie begleitender CIR-Luftbildinterpretation und Geländeerhebungen führte zur Dokumentation von neun Klassen der Ebene 2 nach dem USGS-System in einem teils wüstenähnlichen Baum-und Buschland von ca. 1 Mill. Hektar, wobei eine Klassifikationsgenauigkeit von 73% erreicht werden konnte (Bonner et al. 1981).

Hochauflösende Satellitensensoren (TM, SPOT) bieten seit 1984 bzw. 1986 effizientere Datengrundlagen für großflächige Landnutzungserhebungen.

Nutzungsklassen der Ebene 2 des USGS-Systems können aus TM Daten unter Anwendung digitaler Klassifikationsverfahren der ursprünglichen oder durch Hauptkomponententransformation umgeformten (1.,2.Komponente) Kanäle gewonnen und als wichtiger Bestandteil in geographische Informationssysteme implementiert werden (Schulz 1988, Star et Estes 1990).

Die Klassifikation multispektraler SPOT-Daten gestattet in manchen thematischen Bereichen eines auf Basis von Anderson et al. (1976) entwickelten Interpretationsschlüssels (land use, cover and forms classification system, State of Florida) sogar Detaillierung bis zu Ebene 4, z.B. 6154 (wetland - forested wetland - bottomland - hardwoods) (ASPRS 1988).

Multitemporale Aspekte im Sinne der Analyse (landcover bis zu Ebene 3) von MSS und TM Daten sowie des Einbaus in ein geographisches Informationssystem schaffen gute Möglichkeiten zur Dokumentation von weiträumigen Veränderungen in Waldgebieten z.B. nach Bränden (Hopkins et al. 1988, Jakubauskas 1990).

Die Waldinventur, die sich der traditionellen und effektiven visuellen stereoskopischen CIR-Luftbildinterpretation bedient (vgl. Seger 1985), muß - bei ausgedehnten Gebieten - die Möglichkeiten der Anwendung von Satellitendaten in Betracht ziehen. Überwachte Klassifikationsverfahren zeigen ansprechende Ergebnisse bei der Trennung von Laub- und Nadelwald bzw. einzelner Nadelbaumarten (≥ 85%), Schatteneinflüsse können durch Adaption eines DTM minimiert werden (Hildebrandt 1990).

Schwieriger gestaltet sich die multitemporale Inventur von Waldschäden mit

Landsat MSS und TM Daten.

Die Vielfalt der Schadsymptome (Blattverlust, Chlorose, Veränderungen der Kronenstruktur) in Mischwäldern kann nur durch expertengestützte Analyse vor Ort und im großmaßstäbigen CIR-Luftbild bewertet werden.

Erfolgversprechende Ergebnisse sind bei Untersuchungen großflächiger reiner (Koniferen-)Bestände und durchschnittlich hohem Schädigungsgrad (z.B.Erzgebirge) erzielt worden (Kadro 1989).

Die auf SPOT Daten basierende digitale Synthese von multispektraler Klassifikation von Informationen zu Topographie, Hangneigung und Besonnung (Stereoskopie) sowie zur Lage der Schutzzonen ermöglicht eine Klassifizierung der Landnutzung bis zu Ebene 3 bzw. 4 (Baumartendominanz) und in weiterer Folge den Aufbau umweltrelevanter geographischer Informationssysteme (SODETEG-TAI 1989, Chamignon et Manière 1990).

Die Auswertung von SPOT Daten kann des weiteren auch im thematischen Bereich bodenkundlicher und geomorphologischer Kartierung in Maßstäben kleiner 1:50000 Klassen der Ebene 3 nach Anderson et al. (1976) dokumentieren. Insbesondere die visuelle stereoskopische Interpretation von SPOT XS und P Satellitenbildern auf photographischer Basis ermöglicht die Einbeziehung wichtiger Texturparameter und erzielt Ergebnisse vergleichbar der Analyse von SW-IR-Luftbildern 1:50000 (Gastellu-Etchegorry et al. 1990).

Die Kombination der Kartierung semi-natürlicher Vegetation ausgegewählter Geländeflächen mit Hilfe photographisch reproduzierter TM-Satellitenbilder mit den Ergebnissen einer unüberwachten multispektralen Klassifizierung der TM Daten im Sinne der Zusammenfassung relevanter spektraler und terrestrisch kartierter Klassen schlüsselt Vegetationseinheiten mit einer Genauigkeit von > 92% bis zu Ebene 3 nach Anderson et al. (1976) auf (Belward et al. 1990). Generell weisen Entwicklungen auf dem Gebiet satellitengestützter Kartierung von Landnutzung und -bedeckung (landuse/landcover) in Richtungen, die durch verstärkte Bemühungen einer Synthese mit multithematischen Informationen auf Raster- und/ oder Vektorbasis (GIS) und den Trend zur Nutzung bestehender (SPOT) und zur Planung neuer spektral und/oder räumlich hochauflösender (EOS-HIRIS), insbesondere stereoskopische Auswertungen ermöglichender Sensorsysteme (z.B.Landsat 7) gekennzeichnet sind (Colvocoresses 1990).

Feldexperimente (ISLSCP) dienen der gezielten Planung von Konfigurationen für diese Vorhaben (EOS, earth observing system). Die Ergebnisse untermauern die Forderung nach dem Einsatz von schwenkbaren Sensorensystemen mit hoher zeitlicher und einem gewissen Spektrum räumlicher Auflösung (Sellers et al. 1990).

Aus der Sicht des Landnutzungsinterpreten muß an dieser Stelle auf das des öfteren auftretende Phänomen geringerer Klassifizierungsgenauigkeit bei größer werdender räumlicher Auflösung der Satellitendaten hingewiesen werden. So kann es vorkommen, daß z.B. relativ kleinräumige Bodenanteile degradierter Anbauflächen bzw. Gärten im Gegensatz zum Landsat MSS Bild im TM Bild angesprochen und möglicherweise der identen spektralen Klasse zugeordnet werden (Markham et Townshend 1981).

Nicht zu vernachlässigen sind die in vielen thematischen Bereichen unverzichtbaren visuell und stereoskopisch auswertbaren groß- und mittelmaßstäbigen CIR-Luftbildkonvolute, die vor allem durch Texturparameter geprägte Nutzungsklassen höherer Ebenen nach Anderson et al. (1976) umfassend dokumentieren (Pollanschütz 1968, Hildebrandt 1990).

Bei Landnutzungsanalysen heterogener Regionen in mittleren Maßstäben ($\leq$ 1:50000) können visuelle stereoskopische Interpretationen von SPOT XS und P Satellitenbildern effektiver als die multispektrale Klassfizierung von SPOT XS Daten sein (Gastellu-Etchegorry 1990).

Zwischenwort

Die großen naturwissenschaftlich-ökologischen Probleme unserer Zeit werden durch anthropogene Einflüsse induziert. Die Beobachtung der bedrohlichen Veränderungen im Gefüge der Erdatmosphäre und -oberfläche ist Grundlage einer umfassenden Strategie zur Wiederherstellung, Bewahrung oder Schaffung ethischen Grundsätzen entsprechender Existenzbedingungen für Natur und Mensch. Angewandte ökologische Forschung kann auf die spektralen, räumlichen und zeitlichen Dimensionen der Fernerkundung regionaler und/oder globaler Dynamismen zugreifen und Technik und Methodik angewandter Bildinterpretation nutzen. Vorsicht ist dann geboten, wenn absoluter technischer Fortschrittsglaube auch bei diesen so bedeutenden Fragestellungen von der, wie die Geschichte lehrt, verderblichen Annahme ausgeht, daß alles, das technisch machbar ist, auch zum "Wohle der Menschheit" anzuwenden ist.

"The science of global ecology should not be overwhelmed by the technology of remote sensing. Science, unlike technology, is still driven by fundamental questions, which, because they are basic, can be simply expressed. The questions for global ecology, as for any other problem, are: what do I want to know and how well do I want to know it" (Graetz 1990).

6 Feldarbeiten

Die Feldarbeiten wurden vom Verfasser im Februar/März 1990 durchgeführt. Ergebnisse eines Geländeaufenthaltes im Juni/Juli 1991 sind im Falle thematischer Relevanz berücksichtigt.

6.1 Baum-und Buschvegetation im Untersuchungsgebiet

Als Grundlage für die Vegetationskartierungen der Testflächen und Profile bot die Vielzahl der Erkundungen im Untersuchungsgebiet die Möglichkeit, einen repräsentativen Querschnitt an Baum- und Buscharten zu bestimmen, Blätter und Samen zu sammeln, radiometrische Messungen durchzuführen und ein improvisiertes Herbarium (dato beim Verfasser) anzulegen (Bartha 1970, Geerling 1982, Maydell 1983, Boudet et Lebrun 1986, Akobundu et Agyakwa 1987, Ghazanfar 1989).

Die zur Mitte der Trockenzeit dürren und nur schwer bestimmbaren Gräser fanden hiebei keine Berücksichtigung - vielmehr erfolgte eine Beschränkung auf Angaben zum Deckungsgrad der Grasschicht innerhalb der Kartierungsflächen.

Natürlich kann auch das Spektrum der Baum- und Strauchschicht nur bruchstückhaft sein, aber dennoch einen Eindruck von der Diversität der Arten vermitteln (H = Probe im Herbar, R = Radiometrie):

Bereich des Office:

(H,R)	*Albizia lebbeck* (L.) BENTH.
(H,R)	*Azadirachta indica* A.JUSS.
	Borassus aethiopium MART.
(H,R)	*Ficus gnaphalocarpa* (MIQ.) A.RICH.
(R)	*Ficus platyphylla* DEL.
(H,R)	*Ficus thonningii* BLUME
	Hyphaene thebaica MART.
(H,R)	*Khaya senegalensis* (DESR.) A.JUSS.
(R)	*Mangifera indica* L.

80

Umfeld des Office:	(R)	*Calotropis procera* (AIT.) AIT.f.
(ausschließlich)	(H,R)	*Eucalyptus camaldulensis* DENHARDT
	(H,R)	*Parkinsonia aculeata* L.
	(H,R)	*Tamarindus indica* L.

Gebiete des Trockenfeldbaus und des Graslands:

	(H,R)	*Acacia albida* DEL. = *Faidherbia albida* (DEL.) A.CHEV.(Boudet et Lebrun 1986)
	(H,R)	*Acacia ataxacantha* DC.
	(H)	*Acacia ehrenbergiana* HAYNE
	(H,R)	*Acacia nilotica* (var.*adansonii*) (GUILL.et PERR.) O.KTZE.
		Acacia raddiana SAVI
	(H,R)	*Acacia senegal* (L.) WILLD.
	(H,R)	*Acacia seyal* DEL.
	(H,R)	*Adansonia digitata* L.
	(H,R)	*Anogeissus leiocarpus* (DC.) GUILL.et PERR.
	(H,R)	*Balanites aegyptiaca* (L.) DEL.
	(H,R)	*Bauhinia rufescens* LAM.
	(H,R)	*Capparis coryombosa* LAM.
	(H,R)	*Ceropegia linophyllum* H.HUBER var. (Bartha 1970)
	(H,R)	*Combretum aculeatum* VENT.
	(H,R)	*Combretum fragrans* F.HOFFM.
	(H)	*Combretum glutinosum* PERR.ex DC.
	(H,R)	*Combretum micranthum* G.DON
	(H,R)	*Combretum nigricans* LEPR.ex GUILL.et PERR.
		Commiphora africana (A.RICH.) ENGL.
		Grewia flavescens JUSS.
	(H)	*Grewia tenax* (FORSSK.) FIORI
	(H,R)	*Leptadenia hastata* (PERS.) DECNE.
	(H,R)	*Guiera senegalensis* J.F.GMELIN
	(H,R)	*Piliostigma reticulatum* (DC.) HOCHST.
		Prosopis africana (GUILL.et PERR.) TAUB.
	(H,R)	*Pterocarpus lucens* LEPR.ex GUILL.et PERR.
	(H,R)	*Sclerocarya birrea* (A.RICH.) HOCHST.
	(R)	*Ziziphus mauritiana* LAM.

Auf den ersten Blick ist im sahelischen Grasland des Untersuchungsgebietes die Dominanz von Mimosaceae (*Acacia* spp.,[7]) und Combretaceae (*Combretum* spp., *Anogeissus leiocarpus, Guiera senegalensis*,[7]) auffallend.

Die Asclepiadaceae *Leptadenia hastata* und *Ceropegia linophyllum* schlingen vornehmlich an Bäumen und Büschen im Umkreis periodisch wasserführender daias oder falas, während die derselben Familie zugehörige *Calotropis procera* ein signifikanter Zeiger für stark degradierte Böden ehemaligen oder noch aktuellen Trockenfeldbaus im Umfeld des Office ist.

6.2 Vegetationskartierung der Testflächen und -profile

Nach mehreren Befahrungen/Begehungen des Untersuchungsgebietes und der begleitenden Analyse von Luft- und Satellitenbildunterlagen (vgl.Townshend 1981b) konnten insgesamt 8 Testflächen (50x50m) in jeweils unterschiedlichen physiognomischen Einheiten (**stratified random sample** nach Justice et Townshend 1981) festgelegt und bearbeitet werden. Die vegetationskundliche Aufnahme war mit radiometrischen Messungen des artenspezifischen Rückstrahlungsverhaltens ausgewählter Blattproben des gesamten Gebietes bzw. der Testflächen in den Spektralbändern des Landsat MSS (Exotech 100-A) verbunden. Die Kartierung zweier Profile (l=50m) in kleinflächig bis linear (falas) dichten Baum/Busch-Beständen sollte die Artenzusammensetzung und Struktur dieser Bereiche dokumentieren (Abb.6.1).

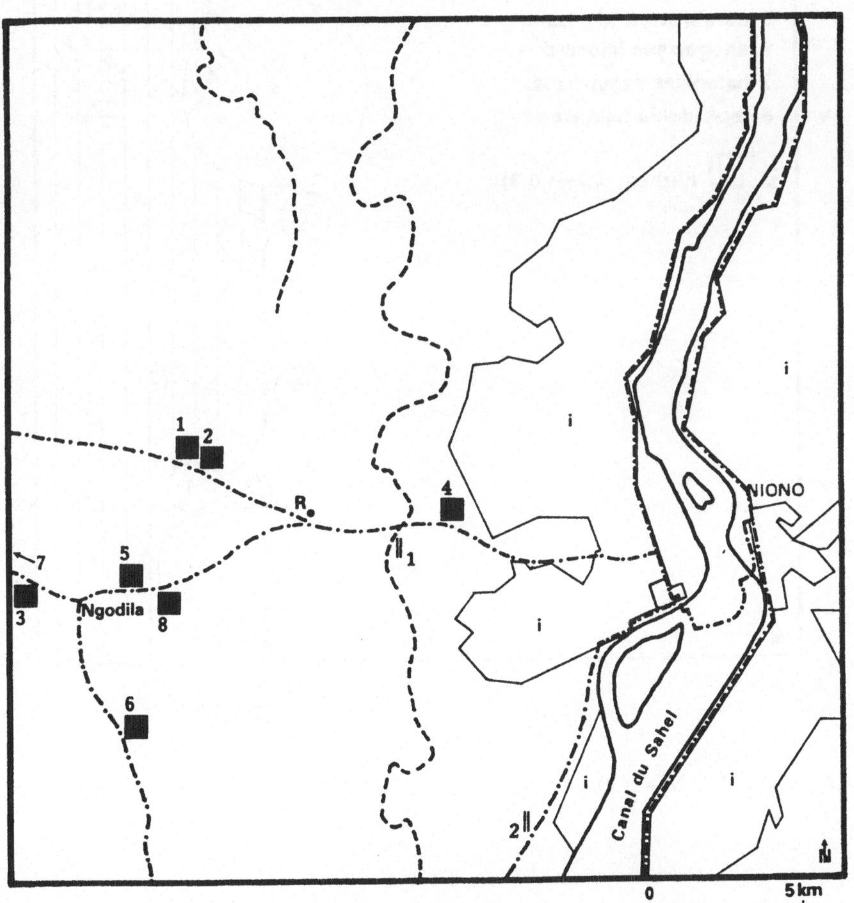

Abb.6.1. Zur Lage der kartierten Flächen und Profile, M = 1:250000
■ - Flächen, ‖ - Profile

6.2.1 Profile

Profil 1 liegt am Rand einer periodisch wasserführenden quasi-linearen Depression (fala, marigot), einem alten, im Gelände kaum wahrnehmbaren Wasserlauf, in dessen Umkreis ausgeprägte Desertifikationsprozesse zu lokalisieren sind. Die Nähe zum Office und die während gewisser Zeit mögliche Tränke der Viehherden haben Gras- und Baumschichten stark angegriffen. Nur der ausreichend mit Wasser versorgte "Galeriewald" kann dem anthropogenen Druck widerstehen (Abb.6.2.).

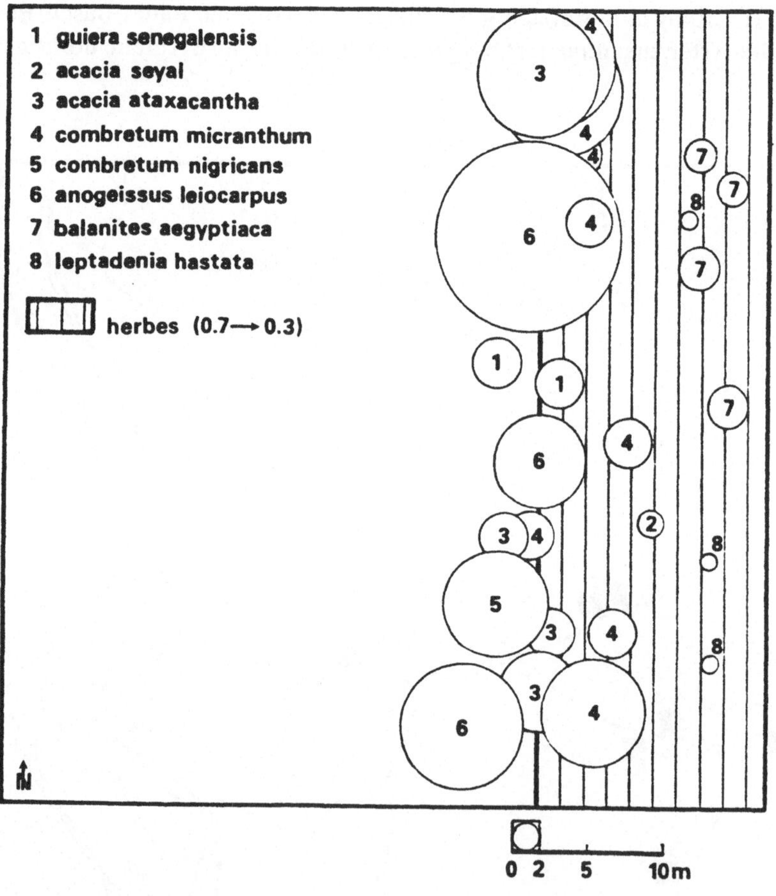

Abb.6.2a. Profil 1, M = 1:500

Abb.6.2b. Photographie des Aspekts Profil 1 (Feb.1990, E.Csaplovics)

Den relativ dichten Beständen sind Baumarten vorgelagert, die dem Übergang von sandigen (sableux) zu schlammig-lehmigen (limoneux) Böden entsprechen, nämlich einerseits *Balanites aegyptiaca*, andererseits *Acacia seyal, Ziziphus mauritiana* und der während der Trockenzeit grüne Bodenkriecher *Leptadenia hastata*. Im direkten Einzugsbereich der temporär überfluteten Senke (sols hydromorphes à gley) steht als Zeiger *Anogeissus leiocarpus*, umgeben von *Combretum* spp. und der ebenfalls signifikanten *Acacia ataxacantha*. Am häufigsten (relative Dichte) sind *Combretum micranthum* (30%) und *Acacia ataxacantha* bzw. *Balanites aegyptiaca* (je 15%). Der Deckungsgrad als vertikale Projektion der Baumkronen auf die Geländeoberfläche (Müller-Dombois et Ellenberg 1974) beträgt für den dichten Saum um 65% und wenige Meter entfernt nur mehr ca.6% des untersuchten Gebietes.

Die Wuchsdichte der Gräser nimmt von ca. 0.7 direkt um die Baumgruppen auf 0.3 am östlichen Rand der kartierten Fläche ab.

Das Profildiagramm des dichten Vegetationsstreifens zeigt eine von *Anogeissus leiocarpus* geprägte Baumschicht (h = 10-15m) und zwei von strauchartig wachsenden *Combretum* spp. und *Acacia* spp. gebildete Stockwerke mit Wuchshöhen von 4-6m bzw. 1-3m (Abb.6.3.)

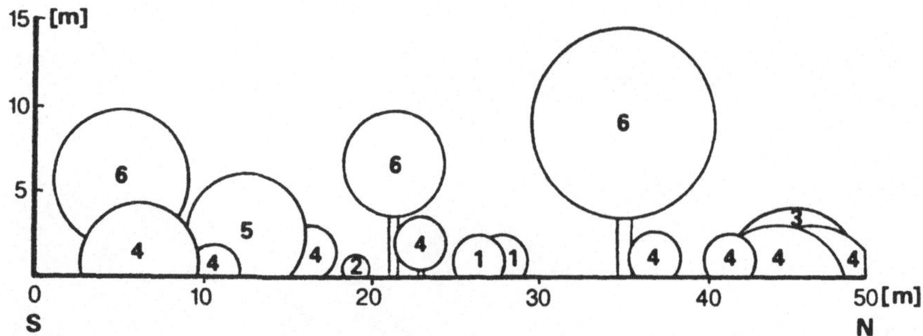

Abb.6.3. Profildiagramm (Süd-Nord) aus Profil 1 (Legende wie Abb. 6.2.), $M_h = M_v =$
$= 1:500$

Der zweite Profilstreifen liegt in einem dicht bewachsenen Baum-Busch-Gebiet
westlich des Canal du Sahel, ca.10km südwestlich von Niono. Böden mit sandig-
lehmiger Konsistenz tragen der Mischform gemäß ein breites Spektrum an Baumarten.

Die häufigsten Baumarten sind *Piliostigma reticulatum*, der Leguminosen-
Familie der Johannisbrotgewächse (Caesalpiniaceae) zugehörig, und *Combretum
micranthum*, auf lehmig-(sandig)-flachgründigen Böden signifikant. Der Dek-
kungsgrad der Baum- und Strauchschicht beträgt 57%.

Vegetationslose Bodenflächen nehmen einen Anteil von 23% des Profilstrei-
fens ein. Die Grasschicht in den übrigen Bereichen weist eine Bodendeckung von
ca.0.8 auf (Abb.6.4.).

Einfache statistische Parameter beschreiben einerseits die Dichte der Baum- und
Buscharten in Funktion der Gesamtzahl der Individuen (Abundanz-a, relative
Dichte-D_a [%]) oder der Aufnahmefläche (D_f [a/100m²]), andererseits die Frequenz (F[%]) als von Kronendurchmessern abhängige Häufigkeit des Vorkommens
der Arten in systematisch oder zufällig angeordneten Probeflächen (Quadrate
oder Kreise) bzw. den Deckungsgrad für Baumkronen und Sträucher (Müller-
Dombois et Ellenberg 1974, Kreeb 1983).

Überblicksartige Angaben der Anzahl der Individuen in zu wählenden Interval-
len der Wuchshöhe ermöglichen Aussagen zur vertikalen Gliederung der Gehölze.
Hiebei wird der Grobgliederung für Gehölze der sudano-sahelischen Zone, die
eine von Sträuchern (h ≤ 3m) und eine von Bäumen dominierte Schicht (h > 3m)
unterscheidet (Piot 1969, Le Houérou 1989), gegenüber mehr oder weniger detaillierten Strukturierungen auf Basis eines Grenzwertes von 2m (Letouzey 1969-
1972, De Wispelaere 1980), 4m (Panzer 1981) oder 5m (Loth et Prins 1986,
Neumeister 1988) der Vorzug gegeben.

Im folgenden werden diese Kenngrößen in Verbindung mit den spezifischen
Artenlisten für Profil 2 und des weiteren jeweils im Zuge der Beschreibungen der
8 Testfelder angegeben (Tabelle 6.1.).

Tabelle 6.1. Strukturelle Parameter der Gehölze in Profil 2

	a	D_a	D_f	h≤3m	h>3m
Piliostigma reticulatum	10	35.7	2.7	5	5
Combretum micranthum	6	21.4	1.6	6	-
Guiera senegalensis	4	14.3	1.1	4	-
Combretum nigricans	3	10.7	0.8	2	1
Combretum aculeatum	2	7.1	0.5	2	-
Acacia senegal	1	3.6	0.3	1	-
Pterocarpus lucens	1	3.6	0.3	1	-
Ziziphus mauritiana	1	3.6	0.3	1	-

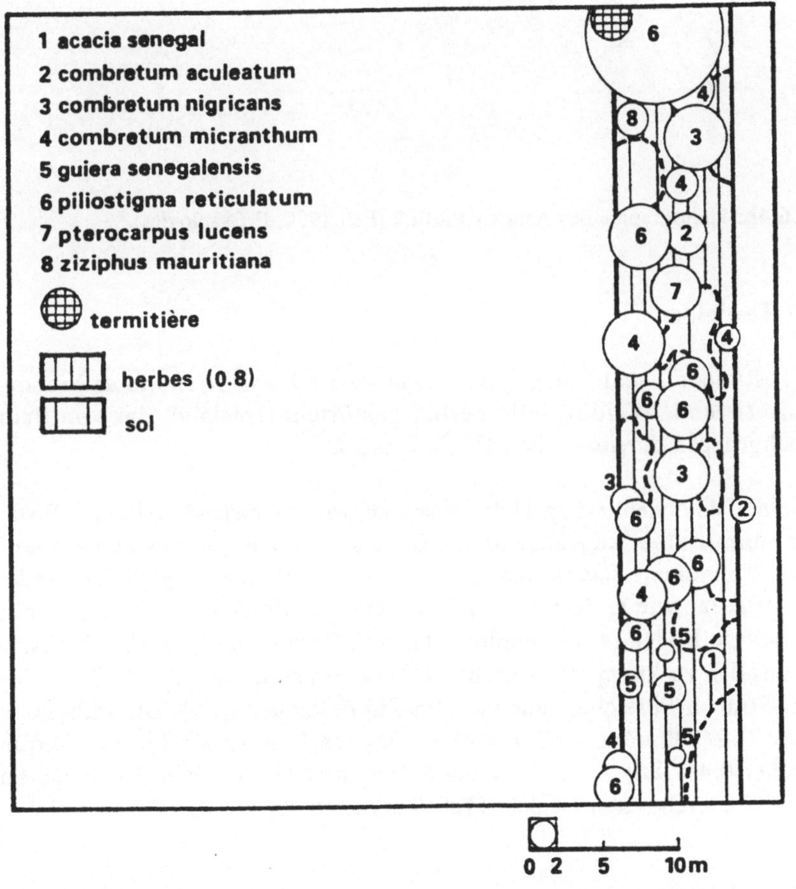

Abb.6.4a. Profil 2, M=1:500

Abb.6.4b. Photographie des Aspekts Profil 2 (Feb.1990, E.Csaplovics)

6.2.2 Testfelder

Die Testfelder 1 und 2 liegen ca. 20km westlich von Niono in anthropogen teils massiv (Brand, Weide), teils gering gestörtem Grasland, das von Baum- und Strauchgruppen durchsetzt ist (Abb.6.5.,6.6.).

Testfeld 1 dokumentiert an Holzgewächsen armes Grasland, während Testfeld 2 in einem unmittelbar angrenzenden relativ kleinflächigen Bestand aufgenommen wurde. Dominante Baumarten sind einerseits *Balanites aegyptiaca*, andererseits Combretaceae wie *Guiera senegalensis* und *Combretum nigricans*. Der sandige, eisenhaltige Boden (aridic haplustalfs, sols ferrugineux peu lessivés) ist im Aufnahmefall 1 zu knapp 30% dicht (0.9), ansonsten, so wie die Grasschicht des Baum-Strauch-Bereiches, nur mittelmäßig bestanden (0.5). Die Individuendichte beträgt $0.2/100m^2$ bzw. $2.1/100m^2$, der Deckungsgrad der Baumkronen und Sträucher 0.4% bzw. 15.3%, wobei *Sclerocarya birrea* bis zu 8m Wuchshöhe und 7m Kronendurchmesser erreicht (Tabellen 6.2.,6.3.).

Tabelle 6.2. Strukturelle Parameter der Gehölze in Testfeld 1

Testfeld 1	a	D_a	D_f	F	$h \leq 3m$	$h > 3m$
Balanites aegyptiaca	5	83.0	0.20	12	5	-
Guiera senegalensis	1	17.0	0.04	4	1	-
abgestorbene Bäume	1	-	-	4	1	-

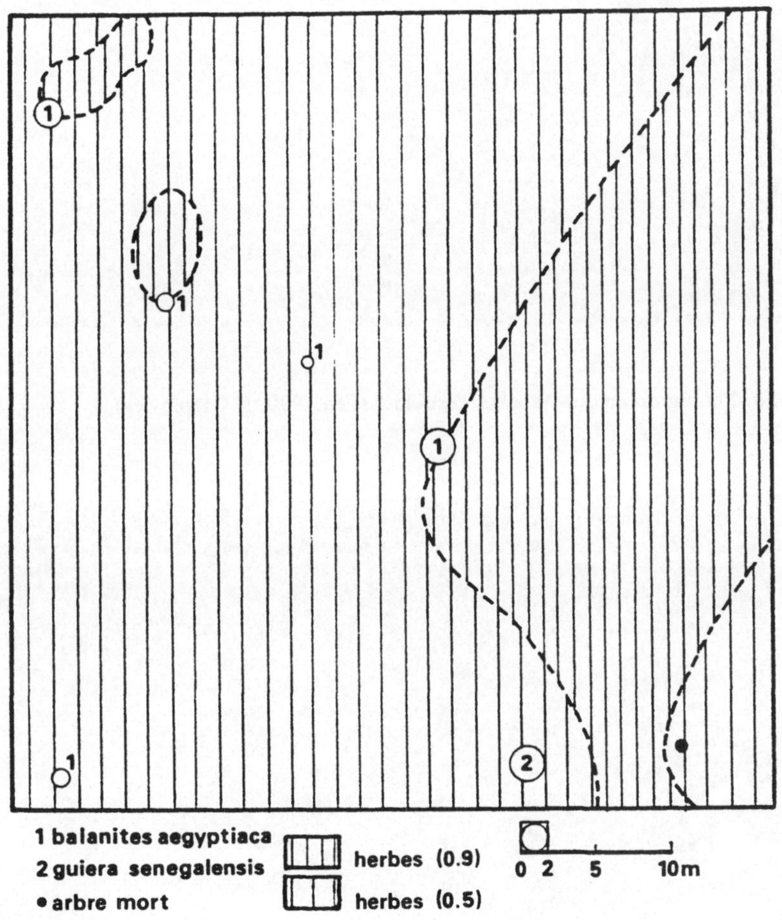

Abb.6.5a. Testfeld 1, M=1:500

Abb.6.5b. Photographie des Aspekts Testfeld 1 (Feb.1990, E.Csaplovics)

Abb.6.6b. Photographie des Aspekts Testfeld 2 (Feb.1990, E.Csaplovics)

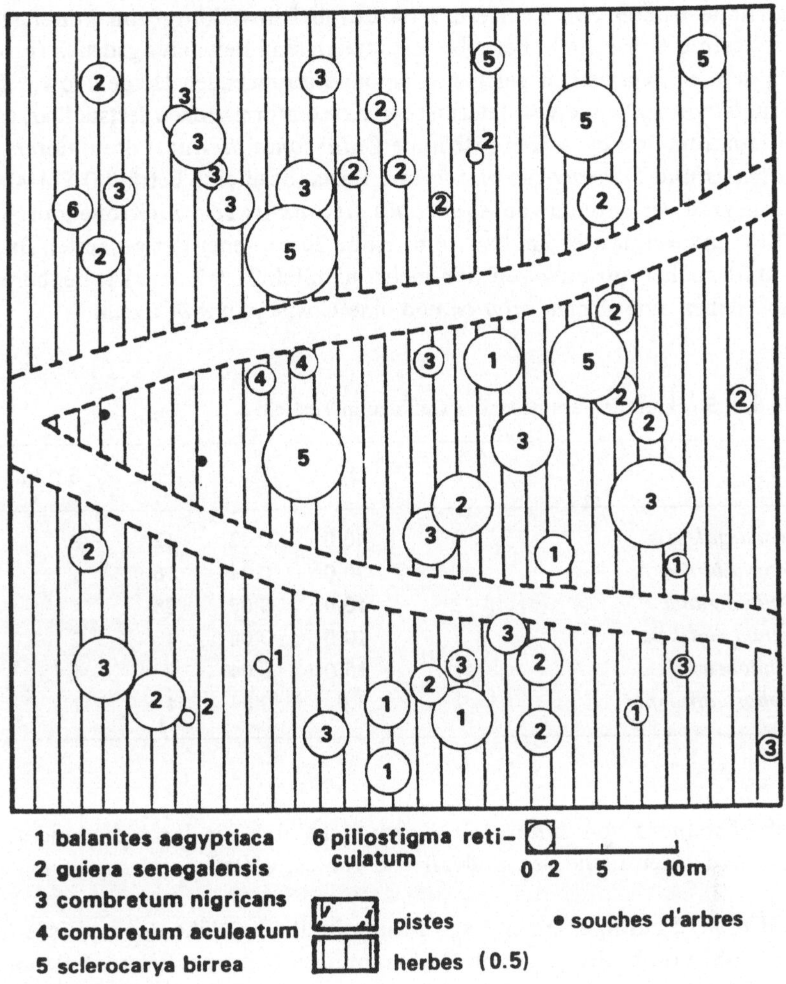

Abb.6.6a. Testfeld 2, M = 1:500

Tabelle 6.3. Strukturelle Parameter der Gehölze in Testfeld 2

Testfeld 2	a	D_a	D_f	F	h ≤ 3m	h > 3m
Guiera senegalensis	19	35.8	0.76	32	17	2
Combretum nigricans	17	32.1	0.68	28	8	9
Balanites aegyptiaca	8	15.1	0.32	16	8	-
Sclerocarya birrea	6	11.3	0.24	20	1	5
Combretum aculeatum	2	3.8	0.08	4	2	-
Piliostigma reticulatum	1	1.9	0.04	4	-	1
Baumstrünke	2	3.8	0.08	4	-	-

Der rötliche Boden von Testfeld 3 ist durch Einwirkung von Feuer (feux de brousse) seiner Grasschicht beraubt. Zusätzlich sind Beweidungsdruck (browsing) der aus dem ca.2km östlich gelegenen Ngodila stammenden Herden sowie Tendenzen denudativer Exhumierung lateritischer Krustenformationen feststellbar.

Im Umkreis zweier Affenbrotbäume (*Adansonia digitata*) dominieren *Guiera senegalensis* und *Sclerocarya birrea*, die Bestandesdichte beträgt 0.8/100m², der Deckungsgrad der Kronen von *Adansonia digitata* ist 18.1% (Kronendurchmesser 24m, Stammdurchmesser 2m bzw. 4m, Höhe 20m), jener der gesamten Baumkronen und Sträucher nur unwesentlich mehr, nämlich 21.9%. Im Kronenbereich der Baobabs stehen eine *Acacia nilotica* und eine *Commiphora africana*.

Tabelle 6.4. Strukturelle Parameter der Gehölze in Testfeld 3

Testfeld 3	a	D_a	D_f	F	h ≤ 3m	h > 3m
Guiera senegalensis	8	40.0	0.32	12	8	-
Sclerocarya birrea	6	30.0	0.24	16	1	5
Adansonia digitata	2	10.0	0.08	28	-	2
Combretum nigricans	2	10.0	0.08	4	2	-
Acacia nilotica	1	15.0	0.04	0	1	-
Commiphora africana	1	5.0	0.04	4	1	-

Die hohe Frequenz von *Adansonia digitata* ist Folge der durch die beiden Baumkronen überdeckten immensen Bodenfläche von ca. 450m².

Testfeld 4 wird zufolge seiner Lage in unmittelbarer Nähe der bewässerten Gebiete sowohl von hydromorphen Bodenanteilen (*Acacia nilotica*) als auch von tonigen Komponenten (materiaux argileux, *Acacia seyal*) beeinflußt.

Die Nähe zu den Siedlungen des Office du Niger bewirkt des weiteren ausgeprägte anthropogen induzierte Schäden an Baum-, Strauch- und Grasschicht, die hauptsächlich durch die intensive Nutzung als Weide für Ziegenherden (Baum- und Strauchbeweidung - browsing) verursacht werden. Die Grasschicht zeigt zwar Kontinuität, weist aber nur Bewuchsdichten um den Faktor 0.3 auf. Weit verbreitet ist die Unsitte, bei Futtermangel während der Trockenzeit vor allem die Kronen von *Acacia seyal*, deren Blätter hohen Futterwert besitzen, zu kappen, um die Ziegenherden zu versorgen (Abb.6.7.).

Bei einer Individuendichte von 1.1/100m² bilden *Acacia nilotica* (var.*adansonii*) und *Acacia seyal* den überwiegenden Teil der Baum- und Strauchschicht. Hiebei erreichen Individuen von *Acacia nilotica* Kronendurchmesser bzw. Wuchshöhen von bis zu 8m. Verstreut stehende Bäume der Art *Piliostigma reticulatum* ragen über diese Akazien hinaus (h ≈ d ≈ 10m). Der Deckungsgrad beträgt 22.7% (Tabelle 6.5.).

Abb.6.7. Gekappte *Acacia seyal* in Testfeld 4. Photographie Feb.1990 (E.Csaplovics)

Tabelle 6.5. Strukturelle Parameter der Gehölze in Testfeld 4

Testfeld 4	a	D_a	D_f	F	h$\leq$3m	h$>$3m
Acacia nilotica	17	60.7	0.68	56	4	13
Acacia seyal	7	25.0	0.28	12	7	-
Piliostigma reticulatum	2	7.1	0.08	8	-	2
Acacia ehrenbergiana	1	3.6	0.04	0	1	-
Combretum micranthum	1	3.6	0.04	0	1	-

Testfeld 5 liegt ca. 2km östlich von Ngodila - ein relativ gering degradierter savannenähnlicher Bereich in einiger Entfernung zu einem der hier doch sporadisch stehenden Baobabs (Abb.6.8.).

Das der mächtigen Baumkrone näherliegende Grasstück ist weniger dicht bewachsen als die umgebenden Flächen (0.4 vs. 0.8). Die Artenvielfalt ist verhältnismässig groß (8), es überwiegen *Guiera senegalensis* und andere Combretaceae sowie *Acacia* spp.. Die strauchig wachsende *Guiera senegalensis* wird bei Durchmessern von 5m bis zu 4m hoch. Der Deckungsgrad der Baum- und Strauchschicht beträgt nur 8.7% (Tabelle 6.6.).

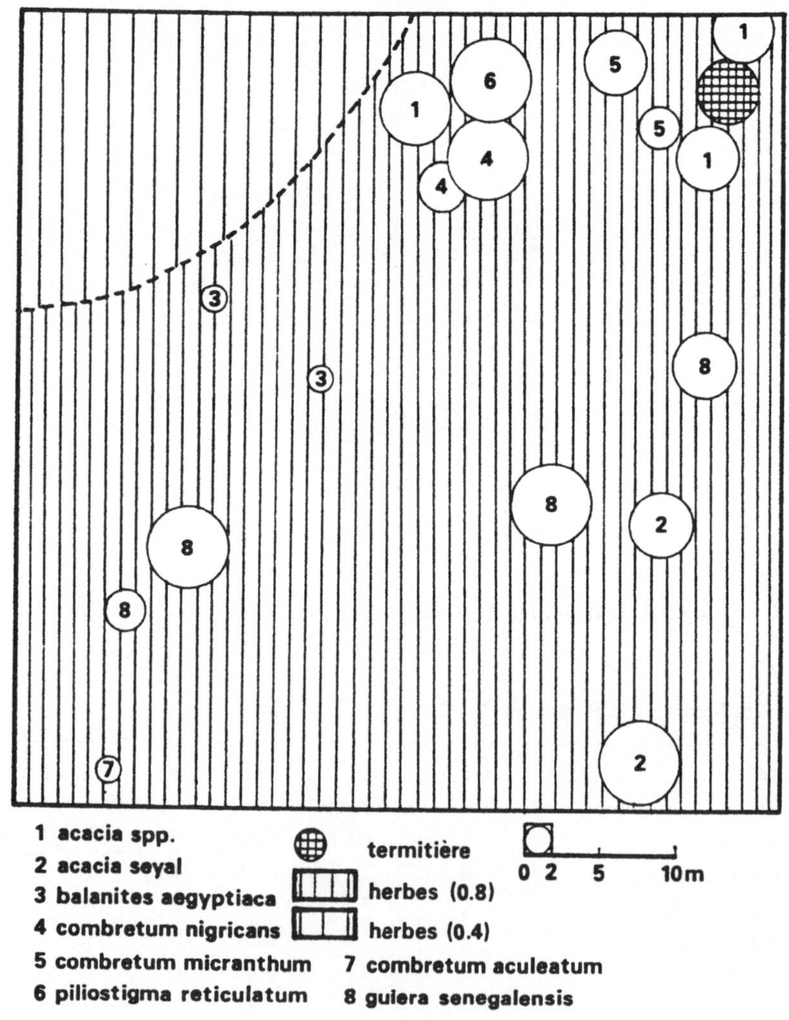

Abb.6.8a. Testfeld 5, M=1:500

Abb.6.8b. Photographie des Aspekts Testfeld 5 (Feb.1990, E.Csaplovics)

Tabelle 6.6. Strukturelle Parameter der Gehölze in Testfeld 5

Testfeld 5	a	D_a	D_f	F	h≤3m	h>3m
Guiera senegalensis	4	23.4	0.16	16	3	1
Acacia spp.	3	17.6	0.12	8	2	1
Acacia seyal	2	11.8	0.08	4	2	-
Balanites aegyptiaca	2	11.8	0.08	0	2	-
Combretum micranthum	2	11.8	0.08	8	2	-
Combretum nigricans	2	11.8	0.08	0	2	-
Combretum aculeatum	1	5.9	0.04	4	1	-
Piliostigma reticulatum	1	5.9	0.04	4	-	1

Südlich von Ngodila breiten sich ausgedehnte, durch Feuer beeinflußte Landschaften aus, die einer signifikanten Artendegradation unterliegen. Testfeld 6, ca. 5km südlich des Dorfes, dokumentiert einen derartigen Bereich (Abb.6.9.).

Auf rötlichem, eisenhaltigem Boden, der zum Zeitpunkt der Aufnahme ohne Grasbewuchs war und der teilweise laterisiert wirkte, ist die Vielfalt auf drei Arten reduziert. Der hohen Anzahl von Individuen ($2.8\%/100m^2$) steht eine Dezimierung auf ausschließlich der Familie der Combretaceae zugehörigen Arten wie *Guiera senegalensis*, *Combretum glutinosum* und *nigricans*, sporadisch auch *Combretum fragrans* gegenüber. Die Struktur der Sträucher ist durch geringe Wuchshöhe (ca.2.5m) und geringen Durchmesser (ca.2.0m) geprägt. Demzufolge ist auch der Deckungsgrad trotz hoher Individuenzahl gering (11.3%) (Tabelle 6.7.).

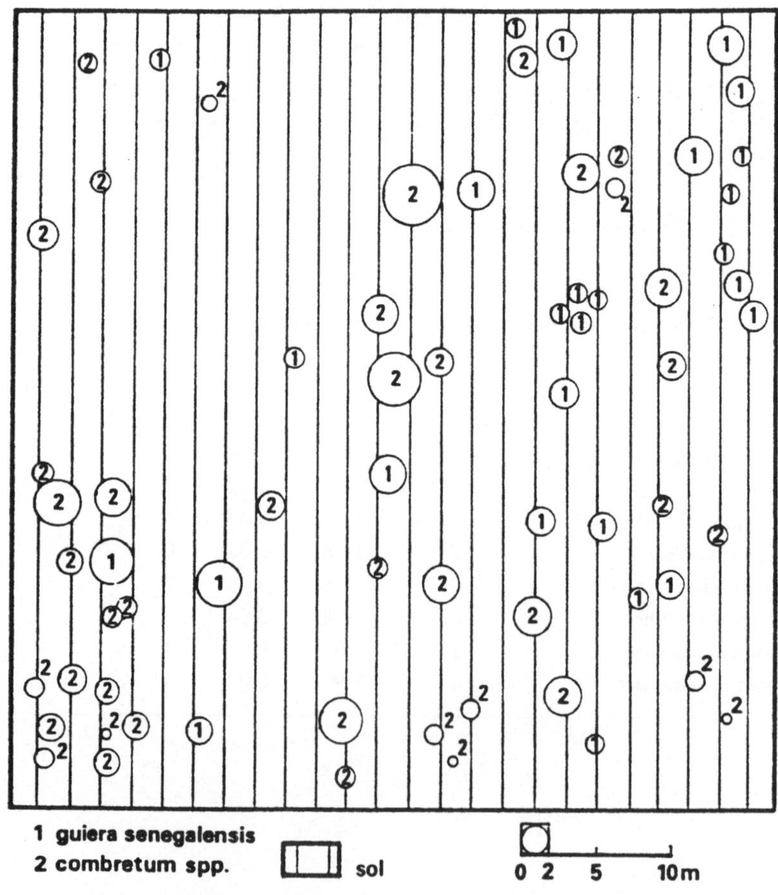

Abb.6.9a. Testfeld 6, M = 1:500

Abb.6.9b. Photographie des Aspekts Testfeld 6 (März 1990, E.Csaplovics)

Tabelle 6.7. Strukturelle Parameter der Gehölze in Testfeld 6

Testfeld 6	a	D_a	D_f	F	h ≤ 3m	h > 3m
Combretum spp. (*glutinosum,*						
fragrans, nigricans)	42	60.9	1.68	56	42	-
Guiera senegalensis	27	39.1	1.08	44	26	-

Außerhalb des Untersuchungsgebietes, und zwar ca. 20km westlich von Ngodila, sollte Testfeld 7 einen ungestörteren Bereich der ehemaligen sahelischen Savannen erfassen.

Doch auch hier, mehr als 30 km vom Office du Niger entfernt, haben sich ausgedehnte Flächen bloßliegenden Bodens und stark degradierte Vegetationsverteilungen gebildet. Testfeld 7 weist zu 75% einjähriges Grasland mit einer Wuchsdichte von 0.5 auf. Dominantes Holzgewächs ist einmal mehr *Guiera senegalensis*, umgeben von *Combretum nigricans*. Die weiten Ebenen werden in vielen Fällen nahezu ausschließlich von Combretaceae besiedelt. Die Individuendichte im Testfeld beträgt 0.6/100m², der Deckungsgrad gar nur 2.2% Tabelle 6.8.).

Tabelle 6.8. Strukturelle Parameter der Gehölze in Testfeld 7

Testfeld 7	a	D_a	D_f	F	$h \leq 3m$	$h > 3m$
Guiera senegalensis	10	66.6	0.40	24	10	-
Combretum nigricans	4	26.7	0.16	4	4	-
Acacia senegal	1	6.7	0.04	4	-	1

Nur einige hundert Meter südlich von Testfeld 5 spiegelt Testfeld 8 einen ähnlich artenreichen, ein wenig dichter bestandenen (0.8/ 100m²), und durch das zusätzliche Auftreten toter Bäume und vereinzelter Flecken blanken, sandig-lehmigen Bodens charakterisierbaren Bereich wider (Abb.6.10.).

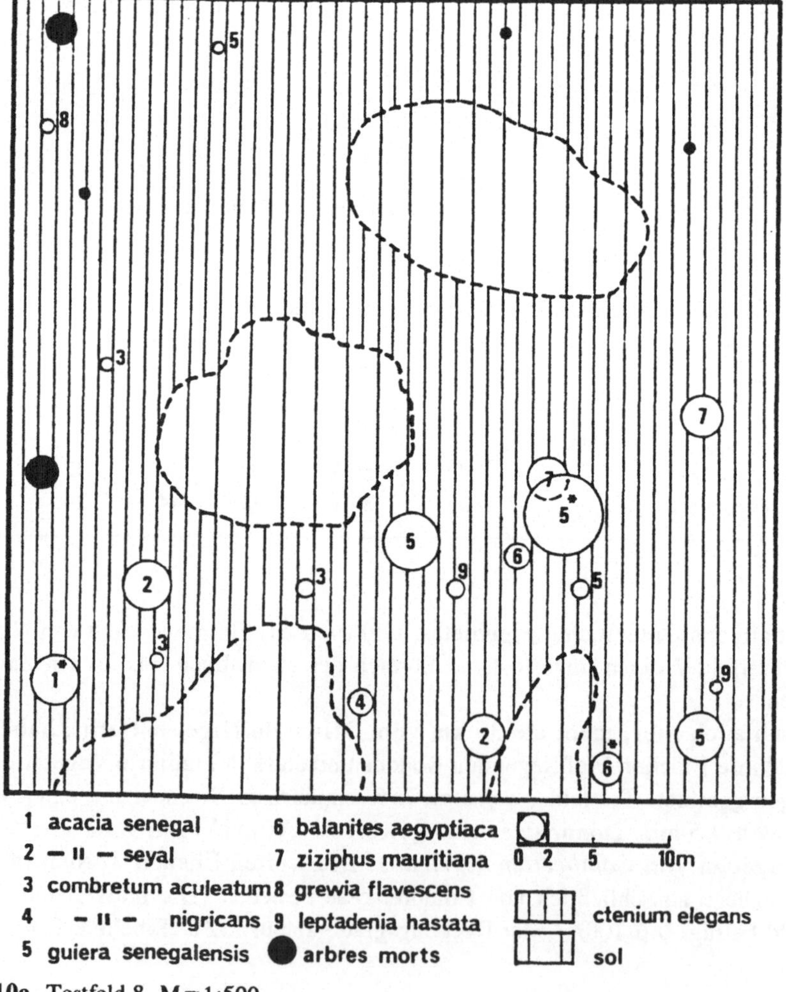

Abb.6.10a. Testfeld 8, M = 1:500

Abb.6.10b. Photographie des Aspekts Testfeld 8 (März 1990, E.Csaplovics)

20% der untersuchten Fläche sind ohne Vegetation und demzufolge vor allem nach Einsetzen des Harmattan ab März der äolischen Erosion in hohem Maße ausgesetzt. Einjähriges Gras (*Ctenium elegans*) wächst auf den restlichen Flächen mit großer Dichte (0.9). Bäume und Sträucher sind von niedrigem Wuchs und bedecken nur 3.0% des Bodens. Einzig die wiederum dominante *Guiera senegalensis* weist bis zu 5m Durchmesser und bis 3m Wuchshöhe auf. Auffallend ist der hohe Anteil an abgestorbenen Bäumen, die vornehmlich als Skelette mit einer Häufigkeit von 0,2/100m² prägendes Element des Landschaftsgefüges sind (Tabelle 6.9.).

Tabelle 6.9. Strukturelle Parameter der Gehölze in Testfeld 8

Testfeld 8	a	D_a	D_f	F	$h \leq 3m$	$h > 3m$
Guiera senegalensis	5	20.8	0.20	16	5	-
Combretum aculeatum	3	12.6	0.12	4	3	-
Acacia seyal	2	8.3	0.08	4	2	-
Balanites aegyptiaca	2	8.3	0.08	4	2	-
Leptadenia hastata	2	8.3	0.08	4	2	-
Ziziphus mauritiana	2	8.3	0.08	4	2	-
Acacia senegal	1	4.2	0.04	4	-	1
Combretum nigricans	1	4.2	0.04	4	1	-
Grewia flavescens	1	4.2	0.04	0	1	-
abgestorbene Bäume	5	20.8	0.20	8	5	-

6.2.3 Diskussion

Die überblicksartige Diskussion der Vegetationsaufnahmen berücksichtigt nur einen Teil des vor Ort erhobenen Datenkonvolutes. Ausführlichere Analysen struktureller, aber auch physiognomischer Parameter müssen zukünftigen Arbeiten vorbehalten bleiben.

Zusammenfassend ergeben sich nun die folgenden generalisierten Aussagen in bezug auf Artenvielfalt und -dominanz sowie auf die Dichte der Baum- und Strauchschicht. Das Kriterium der Frequenz berücksichtigt nicht nur die artenspezifischen Bestandesdichten (D_f), sondern auch die Deckungsgrade der Sträucher und Baumkronen (Tabellen 6.10.,6.11.).

Die Artenvielfalt pro Erhebungsfläche (Diversität), die Dichte der Baum- und Strauchschicht in summa D_f (Abundanz a pro Flächeneinheit), die maximale Wuchshöhe H_{max} und die durch Sträucher und/oder Baumkronen überschirmte Bodenfläche (Deckung) beschreibt Tabelle 6.12..

Tabelle 6.10. Dominanz von Gehölzarten in den untersuchten Gebieten nach dem Kriterium der Frequenz F [%]

	P1	P2	T1	T2	T3	T4	T5	T6	T7	T8
Guiera senegalensis		·		+	·		·	+	+	·
Balanites aegyptiaca	·	·	·	·						
Combretum nigricans		·		+				+		
Combretum micranthum	+	+ +								
Sclerocarya birrea				·	·					
Acacia nilotica						+ +				
Piliostigma reticulatum		+ +								
Acacia ataxacantha	+									
Adansonia digitata					+					
Anogeissus leiocarpus	+									
Combretum glutinosum								+		
Acacia seyal						·				
Combretum aculeatum		·								
Leptadenia hastata	·									
Ziziphus mauritiana		·								

· = 10 < F ≤ 20, + = 20 < F ≤ 50, + + = F > 50

Tabelle 6.11. Dominanz von Gehölzarten in den untersuchten Gebieten nach dem Kriterium der Individuendichte D_f pro ha

	P1	P2	T1	T2	T3	T4	T5	T6	T7	T8
Guiera senegalensis	·	+ +		+	·			+	·	·
Combretum nigricans		+		+				+	·	
Balanites aegyptiaca	+		·	·						
Combretum micranthum	+ +	+ +								
Sclerocarya birrea				·	·					
Piliostigma reticulatum		+ +								
Acacia ataxacantha	+									
Acacia nilotica						+				
Anogeissus leiocarpus	+									
Combretum glutinosum								+		
Leptadenia hastata	+									
Acacia senegalensis		·								
Acacia seyal						·				
Combretum aculeatum		·								
Pterocarpus lucens		·								
Ziziphus mauritiana		·								
abgestorbene Bäume										·

· = 20 $\leq D_f <$ 50, + = 50 $\leq D_f <$ 100, + + = $D_f \geq$ 100

Tabelle 6.12. Strukturelle Parameter der Gehölzschicht im Überblick

	P1	P2	T1	T2	T3	T4	T5	T6	T7	T8
Diversität	8	8	2	6	5	5	8	3	3	9
D_f [a/100m²]	3.4° 2.8°°	7.5	0.2	2.1	0.8	1.1	0.7	2.8	0.6	0.8
H_{max} [m]	15	8	2	8	20	10	6	3	4	4
Deckung [%]	69° 48°°	58	0	15	22	23	9	11	2	3

° = nur "Galeriewald"
°° = ° + vorgelagerter Bestandesstreifen

Eine kartographische Umsetzung dieser Parameter vermittelt einen ersten, punktuellen Einblick in die aktuelle (Feb./März 1990) Zusammensetzung der Baum- und Strauchschichten des sahelischen Umlandes des Office du Niger (Abb.6.11.).

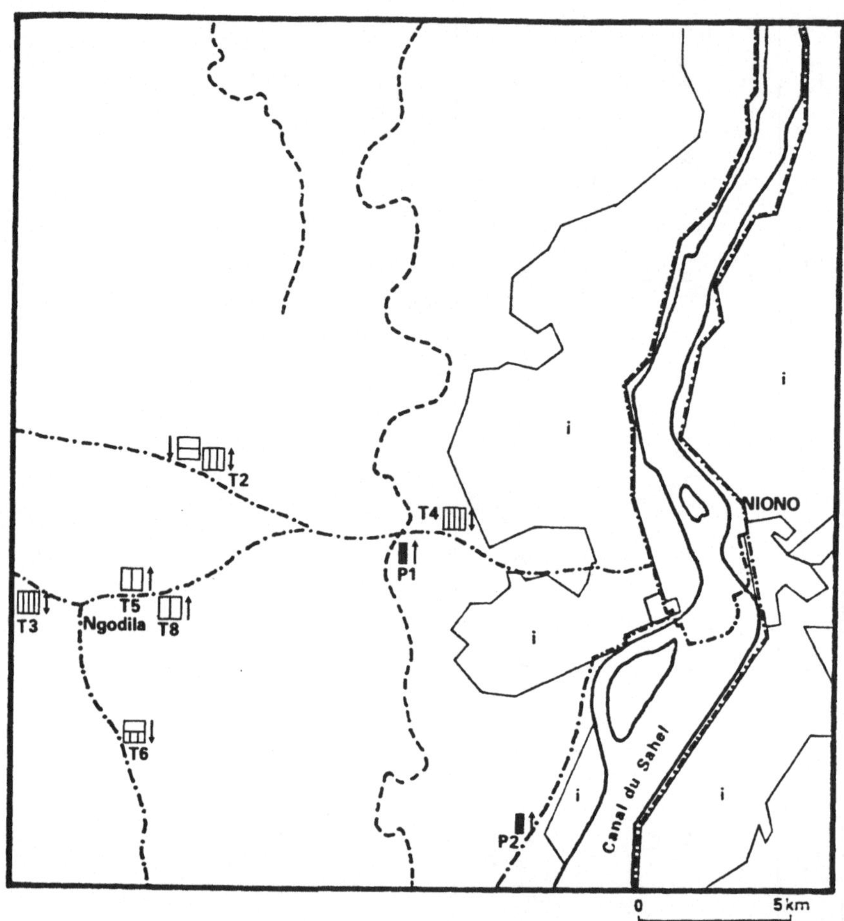

Abb.6.11. Grobgliederung von Struktur (Wuchshöhe), Deckung und Diversität der Baum- und Buscharten für Profile und Testfelder im Untersuchungsgebiet, Vegetationsaufnahmen im Feb./März 1990, M = 1:250000

Legende Abb.6.11.:	Wuchshöhe H_{max}[m]	Deckung [%]	Diversität
(Profile)	> 3m	> 60%	> 8
	> 3m	20 < D ≤ 30	4 - 7
	> 3m	10 < D ≤ 20	4 - 7
	< 3m	10 < D ≤ 20	2 - 3
	> 3m	0 < D ≤ 10	> 8
	< 3m	0 < D ≤ 10	2 - 3

Die nunmehr anstehende Analyse der Gehölze nach ihrer Zusammensetzung und der Versuch, die Abhängigkeit des zu deduzierenden Vergesellschaftungstyps von aktuellen anthropogen induziertenEntwicklungen zu beschreiben, kann im Rahmen dieser Arbeit nur angedeutet werden.

Assoziationen von Baum,- Strauch und Grasarten in ihren topographisch spezifischen Ausformungen sind für Afrika einerseits, für den Untersuchungsraum andererseits, nach vielfältigen und differierenden Ansätzen beschrieben worden (Roberty 1940 et 1946, Knapp 1973, Le Houérou 1989).

Profil 1 mit galerieähnlichem Bestand von *Anogeissus leiocarpus* ähnelt der in Roberty (1946) beschriebenen Assoziation Dumosaeptum falaense ("pseudogaleries à n'galama"), die in einer Beobachtung am Fala von Molodo beschrieben wird. Zusätzlich sind sowohl *Combretum micranthum* als auch *Acacia ataxacantha* dokumentiert.

Profil 2 mit hohem Anteil an Combretaceae und *Piliostigma reticulatum* liegt in einem *Combretum*-Trockengehölz nach Knapp (1973). Diese Gehölze sind gegenüber degradierenden Einflüssen (Feuer) resistenter und scheinen teils aus Trockenwäldern hervorgegangen zu sein oder Regenerationsstadien von Brachland darzustellen.

Die Testfelder 1-3 und 5-8 liegen mehr oder weniger im offenen Pseudosavannenbereich westlich des Office du Niger, jenseits des Randes des "delta mort" des Niger. Vielerorts von fossilen, erodierten Dünen geprägt, haben sich von *Guiera senegalensis* und anderen Combretaceae dominierte Assoziationen gebildet, die von Relikten der Savannen-Trockenwälder durchsetzt sind (*Adansonia digitata*). Die von Roberty (1940) angedeutete Sukzession von Sclerocaryetum Birrhoeae nach Guieretum senegalensis mit zunehmendem Grad der Xerophilie läßt sich vor allem in den Testfeldern 2 und 3 nachvollziehen. Testfeld 6, das ausschließlich mit Combretaceae bestanden ist, stellt den Bezug zu der bereits angeführten Ausformung von Ersatzgesellschaften in degradierten Bereichen dar (vgl. "savanegarrigue anthropozoogène" in Kußerow 1988, nach Trochain 1940).

Testfeld 4, nahe des Inondationsgebietes des Office und periodisch von diesem beeinflußt, wird von *Acacia nilotica* dominiert. Dies stimmt mit der nach Le Houérou (1989) auf Gebiete in der Nähe von Wasserstellen (mare) oder Niederungen der sudano-sahelischen Subzone getroffenen Charakterisierung überein.

Generell kann daher im Gegensatz zu der von Mimosaceae und *Balanites aegyptiaca* geprägten sahelischen Subzone sensu stricto die für die sudano-sahelische Subzone typische Dominanz von Combretaceae ("Mimosaceae thornscrub" und "Combretaceae savanna" nach Le Houérou 1989) bei annueller Grasschicht bestätigt werden.

Die von Gehölzen überschirmten Flächen liegen jedoch mit Ausnahme der Testfelder 3 und 4 ausschließlich weit unter den von Le Houérou (1989) proponierten Zahlen (20-35%).

Testfeld 1 weist durch das nahezu vollkommene Fehlen einer Baum-Strauch-Schicht bei geringem Bestand von *Balanites aegyptiaca* und annuellem Graswuchs von *Ctenium elegans* auf zunehmende Tendenz der Sukzession in Richtung sahelischer Assoziationen sensu stricto hin.

6.3 Radiometrie

Die sowohl in den Bereichen der Testfelder und Profile als auch an anderen Punkten des Untersuchungsgebietes ausgeführten Strahlungsmessungen beruhen auf der Anwendung des Exotech Radiometers 100-A. Je nach Auswahl der Optik waren die Ermittlung gerichteter Reflexionsgrade von Böden und Vegetation mit einem FOV von 15°, der Global- und Himmelstrahlung aus dem Halbraum und der Sonnenstrahlung mit einem Öffnungswinkel von 1° möglich. Das Radiometer zeichnet Strahlungsinformationen in den vier Wellenlängenintervallen des Landsat MSS (0.5-0.6μm, 0.6-0.7μm, 0.7-0.8μm, 0.8-1.1μm) auf. Parameter wie Global-, Sonnen- und Himmelsstrahlung beschreiben einerseits das aktuelle Verhalten der atmosphärischen Streuung im allgemeinen und erlauben andererseits die Kalkulation abgeleiteter Größen wie der optischen Dicke der Atmosphäre. Diese simultan zum Überflug des Satelliten ermittelten Größen können Bestandteile der atmosphärischen Korrektur von Fernerkundungsdaten sein.

6.3.1 Globalstrahlung

Die Globalstrahlung E_g als Summe von Sonnenstrahlung E_s und Himmelsstrahlung E_d wurde zu mehreren Zeitpunkten unter Verwendung eines Diffusorvorsatzes ermittelt. Gleichzeitig war es möglich, durch Abschatten der Sensoren den gestreuten Anteil (Himmelsstrahlung) getrennt zu erfassen.

Quotienten aus Himmels- und Globalstrahlung E_d/E_g für einen Zeitpunkt vor und einen Zeitpunkt zu Beginn des von Starkwinden aus NO (Harmattan) und deren äolischer Erosionskraft geprägten Abschnittes der Trockenzeit dokumentieren die signifikant unterschiedlichen atmosphärischen Bedingungen (Abb.6.12.).

Der Tagesgang der Global- und Himmelsstrahlung zeichnet das unter dem Einfluß der Sandwinde stark variierende Streuverhalten der Atmosphäre nach (Abb.6.13.).

Sandkörner mit großen Durchmessern im Vergleich zur Wellenlänge des Lichts bewirken einen hohen Anteil nichtselektiver Streuung, die a priori wellenlängenunabhängig ist. Die Auswirkungen sind daher auch im nahen Infrarot des Sensors MSS 7 beträchtlich.

6.3.2 Optische Dicke der Atmosphäre

Die Messung spektraler Bestrahlungsstärken einer zur einfallenden Sonnenstrahlung senkrechten Fläche im Tagesverlauf, d.h. in Funktion des Zenitwinkels der Sonne Θ_s, ermöglicht die von der Kalibrierung des Radiometers unabhängige Berechnung der optischen Dicke $\tau_{ext}(\lambda,0)$ nach

$$E_{s,\lambda} = E_{so,\lambda} \cdot e^{-(\tau_{ext}(\lambda,0)/\cos\Theta_s)}$$

bzw. $\ln(E_{s,\lambda}) = \ln(E_{so,\lambda}) - (\tau_{ext}(\lambda,0)/\cos\Theta_s)$.

Im Sinne der allgemein formulierten Geradengleichung $y = kx + d$ ergeben sich

$$k = \tau_{ext}(\lambda,0) \quad \text{und} \quad d = \ln(E_{so,\lambda}),$$

wenn auf der Ordinate die Werte $\ln(E_{s,\lambda})$ in Funktion der Abszisse $1/\cos\Theta_s$ aufgetragen werden (Langley-Plot-Methode, Jackson et Slater 1986).

Die aus den mehr oder weniger streuenden Koordinatenpaaren der Radiometermessungen zu bestimmende ausgleichende Gerade definiert die optische Dicke $\tau_{ext}(\lambda,0)$ unter Voraussetzung relativ konstanter atmosphärischer Parameter. Die zum Zeitpunkt des Überfluges des Fernerkundungssatelliten ermittelte Größe $\tau_{ext}(\lambda,0)$ ist ein wichtiger Parameter bei der Berechnung atmosphärischer Korrekturen von Bilddaten (vgl.Kap.8.). Im konkreten Anwendungsfall erfolgte die Ermittlung der Sonnenstrahlung im Tagesverlauf mit anschließender Auswahl jener ungestörten Meßpaare, die im Zuge einer linearen Regression die Berechnung des aktuellen Wertes für $\tau_{ext}(\lambda,0)$ gestatteten (Abb.6.14.).

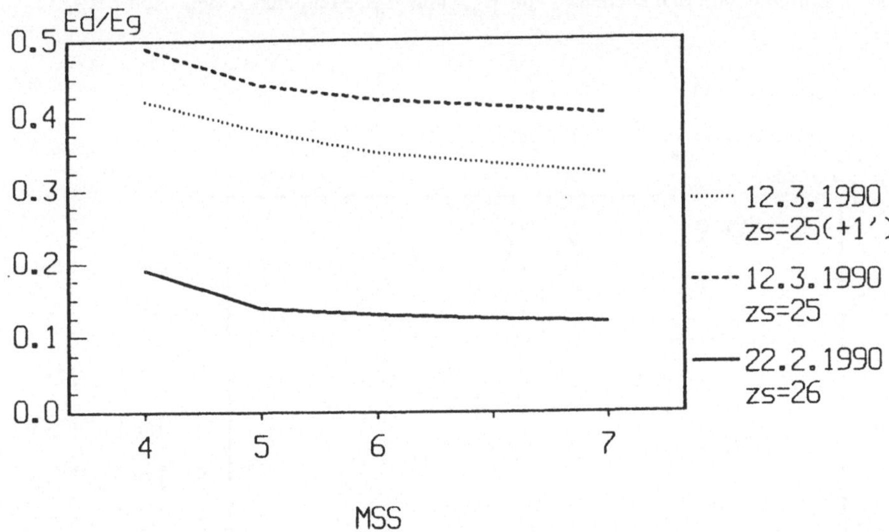

Abb.6.12. Ratio E_d/E_g für vier Spektralbereiche (MSS) und zu zwei Zeitpunkten (22.2.1990, $\Theta_s = 26°$; 12.3.1990, $\Theta_s = 25°$), Exotech-Messung am Punkt R (vgl.Abb.6.1.) des Untersuchungsgebietes

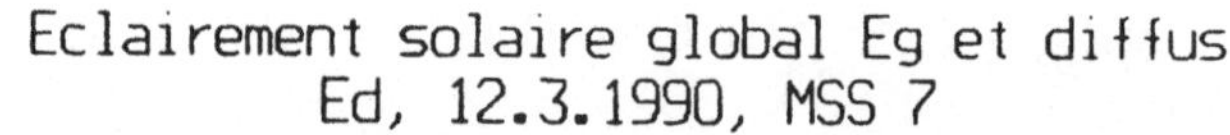
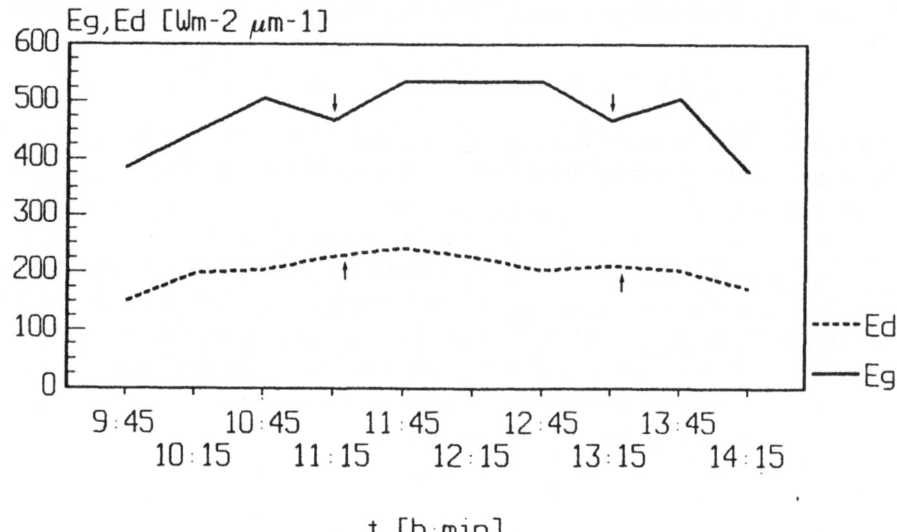

Abb.6.13. Tagesgang von E_g und E_d [Wm^{-2}µm^{-1}] für den 12.3.1991, Spektralbereich MSS 7, Einflüsse von Sandwellen (↓ für E_g, ↑ für E_d), Meßpunkt R (vgl. Abb.6.1.)

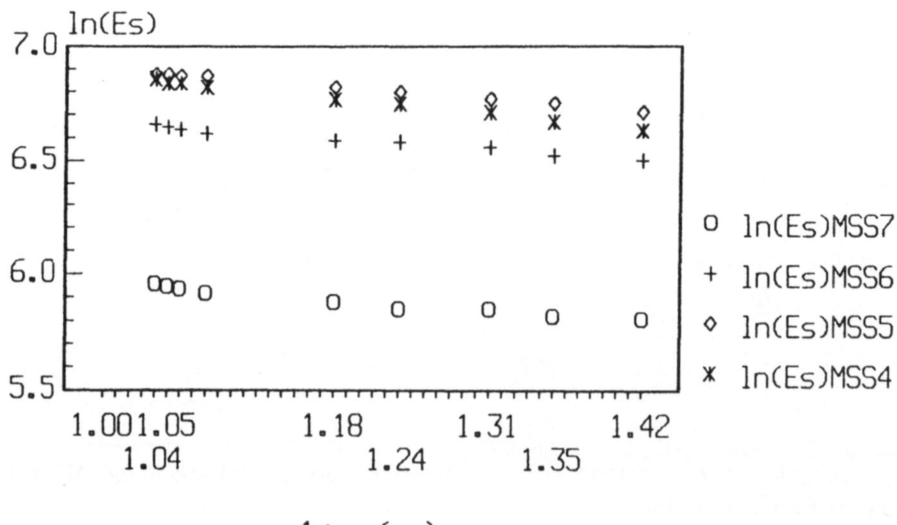

Abb.6.14. Optische Dicke der Atmosphäre im Untersuchungsgebiet am 12.3.1990, Meßpunkt R (Abb.6.1.), Langley-Plot-Methode

Die relevanten Parameter der ausgleichenden Geraden erlauben daher die Berechnung der spektralen optischen Dicke $\tau_{ext}(\lambda,0)$ bzw. des spektralen Transmissionsgrades der Atmosphäre $\tau(\lambda)$ und der spektralen Bestrahlungsstärke der Sonnenstrahlung außerhalb der Erdatmosphäre $E_{so,\lambda}$:

$k(MSS4) = -\tau_{ext}(\lambda,0) = -0.575$ bzw. $\tau(\lambda) = e^{-\tau ext(\lambda,0)} = 56\%$
$k(MSS5) = -0.458$ bzw. $\tau(\lambda) = 63\%$
$k(MSS6) = -0.409$ bzw. $\tau(\lambda) = 66\%$
$k(MSS7) = -0.382$ bzw. $\tau(\lambda) = 68\%$

$E_{so}(MSS4) = 1702 \ [Wm^{-2}\mu m^{-1}]$
$E_{so}(MSS5) = 1556$
$E_{so}(MSS6) = 1174$
$E_{so}(MSS7) = \ \ 562$

Trotz Auswahl der Meßdaten unter Eliminierung der durch Sandwehen extrem gestörten Zeitpunkte (vgl. Abb. 6.13.) ergibt sich eine zufolge konstanter Beeinträchtigung der höheren Luftschichten erwartungsgemäß große optische Dicke und vice versa ein niedriger Transmissionsgrad $\tau(\lambda)$ auch in Spektralbereichen des nahen Infrarot. Diese Fakten haben vor allem bei der Diskussion der atmosphärischen Korrektur von Satellitendaten entsprechenden Aufnahmedatums Berücksichtigung zu finden.

Ein Vergleich der Strahlungswerte $E_{so,\lambda}$ mit tabellierten Größen (Thekaekara 1973, Wyszecki 1982) zeigt relativ gute Übereinstimmung im Sinne ausreichend genauer Kalibrierung des Radiometers.

6.3.3 Spektrale Signaturen

Die von der Kalibrierung des Radiometers unabhängige Berechnung des gerichteten Reflexionsgrades von Böden und Vegetation des Untersuchungsgebietes folgte aus der Messung von reflektierten Strahldichten der Objekte bzw eines Reflexionsstandards nach der Gleichung

$$\rho(\lambda) = \rho_0(\lambda) \cdot (L_{r,\lambda} / L_{ro,\lambda}).$$

Die Geometrie der Messungen war durch die Installation des Radiometers mit $\Theta_s = var., \Phi_s = 0°$ und $\Theta_r = 0°, \Phi_r = 180°$ festgelegt. Die applizierte Optik ermöglichte die Erfassung spektraler Informationen innerhalb eines kegelförmigen FOV von $15°$. Bei Berücksichtigung der konstanten Stativhöhe folgt ein auf der Geländeoberfläche erfaßter kreisförmiger Querschnitt von ca. $0.01 m^2$.

Die vorliegenden spektralen Signaturen beschreiben die Vielfalt der Vegetations- und Bodenarten der Testfelder und Profile anhand radiometrischer Messungen von Blatt- und Bodenproben. Nach Berücksichtigung modellhafter Abschätzungen der Relationen Blattreflexion-Kronenreflexion war es aber auch möglich, die Reflexionscharakteristika von Vegetation und Böden in umfassenderem Sinne

108

zu beleuchten.

Durch Verknüpfung artenspezifischer spektraler Reflexionsgrade mit den jeweiligen gewichteten Flächenanteilen (Überschirmungsgrade, Gras- und Bodenanteile) kann pro Testfeld (50x50m) ein durchschnittlicher Reflexionsgrad berechnet werden. Da im Rahmen der atmosphärischen Korrektur von Satellitendaten In situ-Reflexionsfaktoren bzw. nach Skalierung atmosphärisch korrigierte Grauwerte berechnet werden, ergibt sich die Möglichkeit, die Effizienz des Atmosphärenmodells durch Vergleich von Vegetationstypen (Testfelder) beschreibenden Reflexionsparametern aus Satellitendaten (ρ") mit radiometrischen Messungen vor Ort (ρ_i) zu überprüfen (vgl. Kap. 8.). Diese Fakten sollen im Rahmen dieser Arbeit nur angedeutet werden.

Als Beispiel möge eine Kalkulation dieses durchschnittlichen, nach Flächenanteilen gewichteten spektralen Reflexionsgrades für Testfeld 8 dienen. Nach Ermittlung der Flächenanteile von Boden, Grasflächen sowie Baum- und Strauchbeständen folgt für $\Theta_s = 26°$:

   (MSS4,T8) = 0.25
   (MSS5,T8) = 0.26
   (MSS6,T8) = 0.36
   (MSS7,T8) = 0.37.

Die Dominanz von blanken und mit Gras bedeckten Böden bewirkt eine spektrale Signatur mit hohem Reflexionsanteil im roten Spektralbereich. Baumkronen mit einem Überschirmungsgrad von nur 3.6%, verbunden mit teilweise geringer und/oder knapp vor dem Abfall stehender Belaubung sowie stark reflektierendes trockenes Gras lassen die Rückstrahlung im nahen Infrarot auf Vegetationssignaturen ähnliche Ausmaße ansteigen. Die Problematik der Charakterisierung heterogener sahelischer Graslandschaften durch Landsat TM (30x30m) und MSS-Daten (80x80m) ist erkennbar - artenreiche, aber stark aufgelockerte sahelische Gehölzfluren werden durch Boden- und Grasflächen in ihrer spektralen Signatur überlagert und können nur durch vergleichende Analysen von Luftbildern und gut organisierte Geländearbeit extrahiert und angesprochen werden.

In späterer Folge soll noch versucht werden, die exemplarisch ermittelten Reflexionswerte für T8(50x50m) mit den im Umfeld von Testfeld 8 im TM-Satellitenbild März 1990 aus atmosphärisch korrigierten Größen berechneten NDVI-Werten in Kenntnis der durch unterschiedliche Aufnahme- und Sensorparameter bewirkten Einschränkungen zu vergleichen.

Die Vielfalt spektraler Signaturen von Böden und Vegetation des Untersuchungsgebietes ist in Form repräsentativer Diagramme gesammelt. Auszugsweise soll die exemplarische Diskussion des Reflexionsverhaltens der in Profilen und einigen Testfeldern genauer untersuchten Boden- und Gehölzarten (Blattproben) an dieser Stelle geführt werden.

Boden und Vegetationsarten des Profils 1 wurden bereits eingehend beschrieben (vgl. Abb. 6.2.). Die Artenvielfalt ist groß - dies folgt aus der Lage des Pseudo-Galerie-Bestandes entlang einer temporär wasserführenden linearen Depression (marigot). Das Absorptionsmaximum im roten Spektralbereich ist für

Blattproben von *Combretum nigricans* markant ausgeprägt. Prozesse der Photosynthese scheinen in bestimmtem Ausmaß abzulaufen. Die dem Blattmesophyll zuordbare maximale Reflexion im nahen Infrarot weisen jedoch *Acacia ataxacantha, Ziziphus mauritiana* und der Schlinger *Leptadenia hastata* auf (Abb. 6.15.).

Profil 2 gibt die im nahen Infrarot signifikanten spektralen Signaturen von *Tamarindus indica* und *Pterocarpus lucens* wieder, die in Einklang mit dem von diesen Arten in Funktion der Nähe zum Bewässerungsgebiet zu diesem Zeitpunkt der Trockenzeit noch bedeutenden Angebot an grüner Biomasse stehen (Abb. 6.16).

Für Testfeld 7, das westlich des Untersuchungsgebietes liegt und von Combretaceae dominiert wird, weisen die spektralen Signaturen auf ausreichend grünes Blattwerk bei *Combretum nigricans* und *Acacia senegal* hin, während sich der bevorstehende Laubabfall von *Guiera senegalensis* in leichter Beeinträchtigung der Blattstruktur und resultierendem Rückgang reflektierter Strahlung im nahen Infrarot äußert. Rötliche Böden mit gewissem Eisengehalt (ferric luvisols) besitzen annähernd lineare Signaturen mit Ausbildung der bekannten Maxima in Funktion zunehmender Grasauflage (Abb.6.17.).

Testfeld 8 mit stark aufgelockerter Gehölzflur bei gleichzeitig für das Untersuchungsgebiet überdurchschnittlicher Artenvielfalt weist einerseits mit der in diesem Fall in *Guiera senegalensis* windenden, während der Trockenzeit grünen und blattreichen *Ceropegia linophyllum* und dem Blattbestand von *Acacia senegal* ausgeprägte Photosynthese-Aktivität, andererseits mit der bereits vor dem Laubfall stehenden *Guiera senegalensis* und dem kleinblättrigen, mit hohem Anteil langer grüner Dornen, den xeromorphen Bedingungen folgend, die Blattfläche und damit die effektive Transpirationsfläche verkleinernden (ca.1.2 mg/min ohne Berücksichtigung des Dornanteils vs. realiter 0.5mg/min, freundl. Mitt. H.Kußerow 1991) *Balanites aegyptiaca* wesentlich geringere Reflexionswerte im nahen Infrarot und geringere Absorption im Rot auf. Der sandige Boden reflektiert in sämtlichen Spektralbereichen relativ einheitlich - Grasauflage bewirkt durchwegs leichte Zunahme der Reflexion (Abb.6.18.).

Aus der Vielzahl spezieller radiometrischer Untersuchungen stammt die Darstellung des Reflexionsverhaltens von frisch gepflückten und bei direkter Sonneneinstrahlung getrockneten Blättern von *Khaya senegalensis*. Innerhalb der ersten drei Stunden bewirkt die zunehmende Austrocknung des Blattwerkes keinerlei Reflexionsverlust im grünen und nur leichten Absorptionsverlust im roten Spektralbereich bzw. etwas ausgeprägteren Rückgang der Reflexion im nahen Infrarot. Nach 3.5 Stunden zeigt sich ein signifikanter Einbruch im Chlorophyll-Haushalt der Blätter, während die Blattstruktur vorläufig keinen weiteren Veränderungen unterliegt (Abb. 6.19.).

Den Zielen vorliegender Arbeit gemäß ist eine Einschränkung der Präsentation und Diskussion angewandter radiometrischer Analysen im Untersuchungsgebiet auf ausgewählte Beispiele legitim. Die Auswertung der Fülle des dabei unberücksichtigt gebliebenen Datenmaterials soll in verstärktem Maße geometrisch-optische Modelle der Gehölz-Gras-Fluren und radiometrische Feldforschung in gerätespezifischem, thematischem und multitemporalem Sinn berücksichtigen.

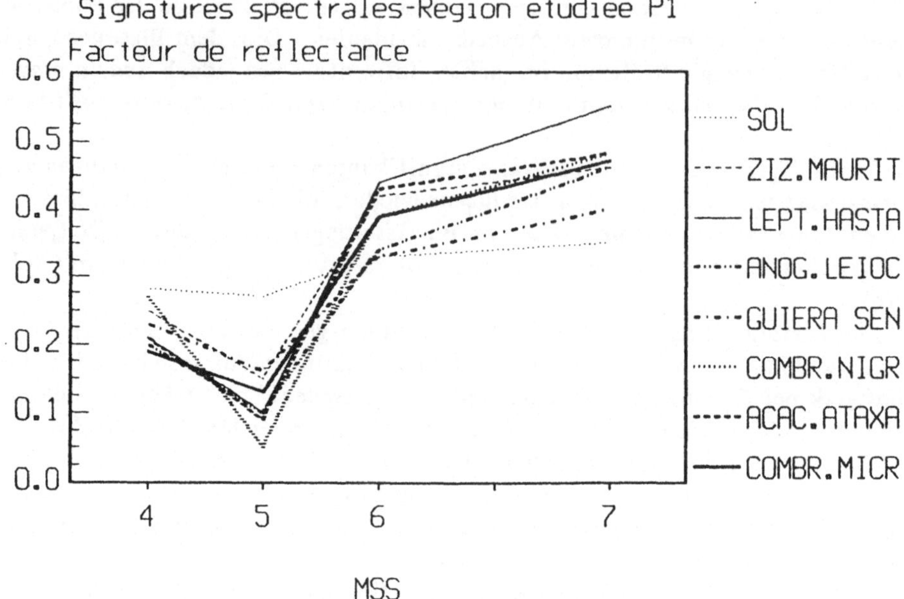

Abb.6.15. Ausgewählte spektrale Signaturen in Profil 1 (vgl.Abb.6.2.), Radiometermessung vom 2.3.1990

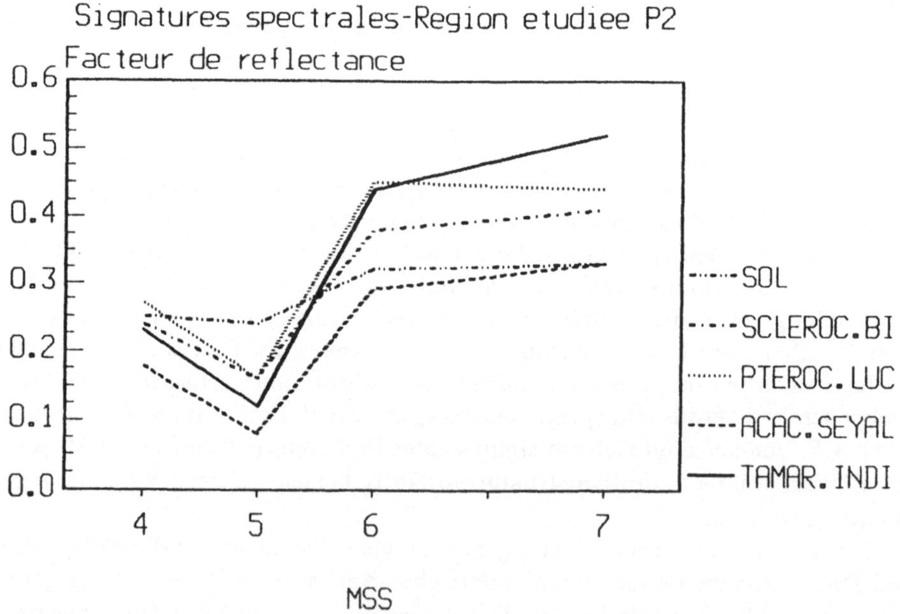

Abb.6.16. Ausgewählte spektrale Signaturen in Profil 2 (vgl.Abb.6.4.), Radiometermessung vom 4.3.1990

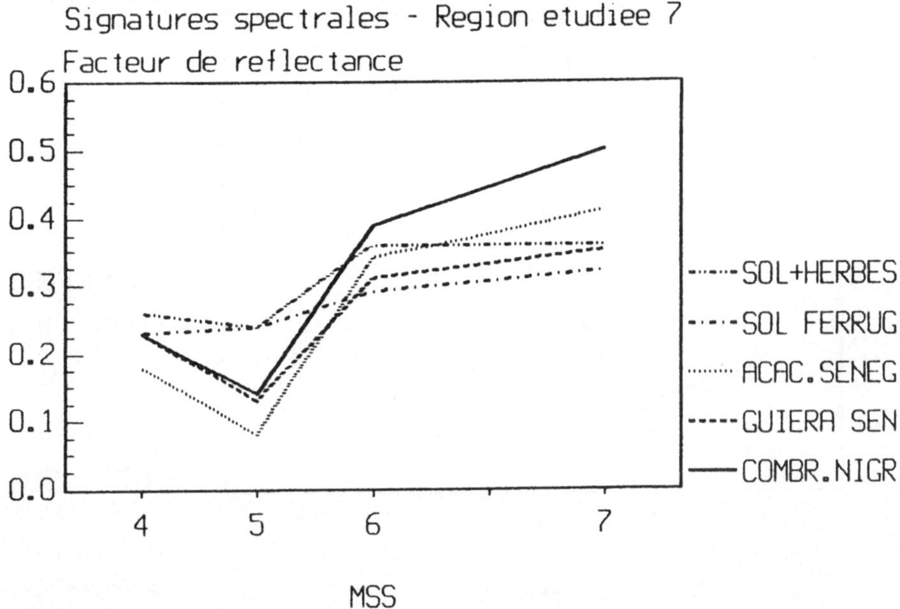

Abb.6.17a. Ausgewählte spektrale Signaturen in Testfeld 7, Radiometermessung vom 1.3.1990

Abb.6.17b. Photographie der Boden-Gras-Probe (März 1990, E.Csaplovics)

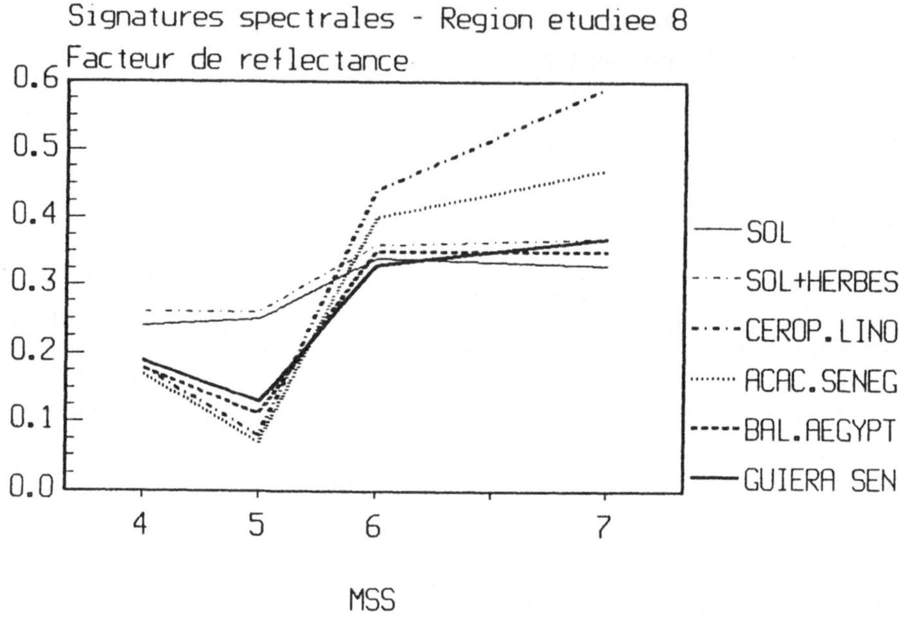

Abb.6.18a. Ausgewählte spektrale Signaturen in Testfeld 8 (vgl. Abb.6.10.), Radiometermessungen vom 28.2. und 5.3.1990

Abb.6.18b. Photographie der Bodenprobe (Feb.1990, E.Csaplovics)

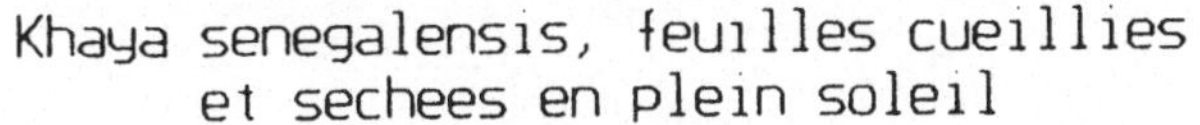

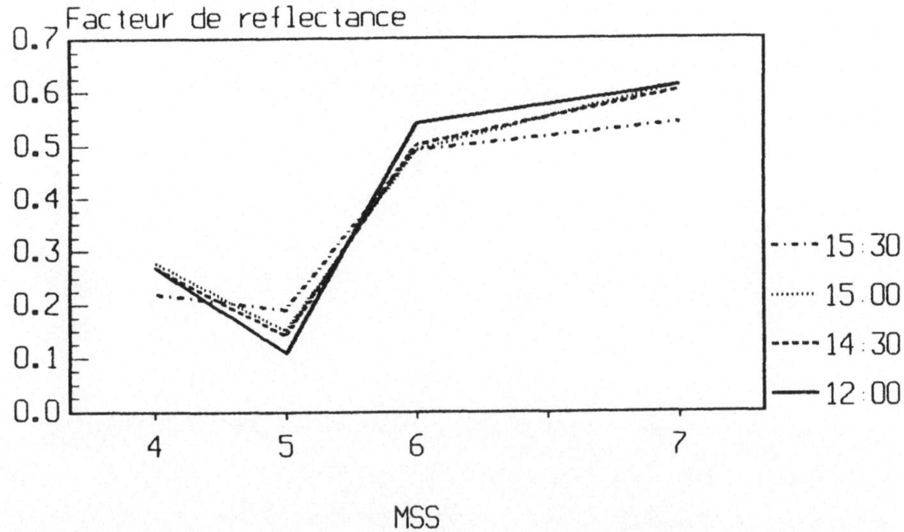

Abb.6.19. Spektrale Signatur des Blattwerks von *Khaya senegalensis* unmittelbar nach Pflücken und mit fortschreitender Austrocknung, Radiometermessung vom 3.3.1990

7 Luftbildinterpretation

Die vom Institut Géographique National (IGN) ab 1952 zum Zwecke der Herstellung des Kartenwerkes "Carte de l'Afrique de l'Ouest au 1:200000" durchgeführten Befliegungen des "Soudan Français" boten erstmals Möglichkeiten zur stereoskopischen Auswertung von SW-Luftbildreihen (M ≈ 1:60000) mit dem Ziel, Vegetationstypen, -physiognomie und -struktur westafrikanischer Landschaften im allgemeinen und des Sahel im besonderen zu erarbeiten (Clos-Archeduc 1956, Shantz et Turner 1958).

Amateuraufnahmen von Sportflugzeugen werden seit 30 Jahren vor allem zur Erfassung von Herdenzahlen wildlebender oder domestizierter Tierarten verwendet (Jolly 1969 et 1981).

"Systematic Reconaissance Flights" (SRF) wurden im Zuge des von FAO und UNEP getragenen IMRES-Projektes (Inventory and Monitoring of the Rangeland Ecosystems of the Sahel) im Ferlo (Sénégal) am Ende der Trockenzeiten der Jahre 1980-1983 organisiert und zum Zwecke der Dokumentation der Herdenzahlen, aber auch der Verteilung von beweidbaren Grasflächen, der prozentualen Anteile von Gehölzen und blankem Boden, und von durch Wind- und Wassererosion sowie Buschbränden beeinflußten Gebieten ausgewertet (Sharman 1983).

Die aus dem Jahre 1975 datierenden Revisionsbefliegungen der westafrikanischen Staaten (IGN, M ≈ 1:50000) mit SW-Luftbildmaterial boten die Chance, dynamische Prozesse der Vegetationsentwicklung, insbesondere der Degradation und Desertifikation bzw. der Zunahme des Trockenfeldbaus im Sahel, (stereoskopisch) zu erfassen und zu interpretieren (DeWispelaere et Toutain 1976, Le Houérou 1979b, De Wispelaere 1980, Haywood 1981).

Großmaßstäbige Befliegungen können Luftbilder liefern, die nicht nur Physiognomie und Grobstrukturen, sondern auch strukturelle und artenrelevante Details klassifizierbar machen (VanGils et VanWijngaarden 1984, Warren et Dunford 1986).

Die Veränderung der Landschaften für Beobachtungszeiträume von fast 40 Jahren kann somit auch im Sahel Westafrikas nur durch das SW-Luftbild dokumentiert werden. Hiebei ist der Nachteil unterschiedlicher Aufnahmeparameter, panchromatischen Filmmaterials und spezifischer Alterungsprozesse zu berücksichtigen.

Für spezielle Fragestellungen liegen sogar bereits CIR-Luftbildreihen vor, die jedoch meist unter Verschluß gehalten werden. So bieten sich mit Ausnahme der durch massiven logistischen Aufwand organisierbaren Erkundungsflüge (SRF) mit näherungsweise senkrecht (Stereoskopie, vgl. Murtha 1972) oder schräg aufgenommenen Farb- oder CIR-Photos und der in den letzten Jahren entwickelten spezifischen Auswerteverfahren (z.B. DeWulf et Goossens 1988) vor allem die längerfristigen multitemporalen Aspekten genügenden SW-Luftbilder (Reihenmeßbilder) als Grundlage zur hochauflösenden Fernerkundung sahelischer Vegetationstypen an.

7.1 Luftbilder des Untersuchungsgebietes

Aus den eingangs erwähnten, zur Herstellung der "Carte de l'Afrique de l'Ouest au 1:200000" in den Jahren 1952/53 und 1956/57 geflogenen flächendeckenden Meßbildkampagnen des IGN stammen die das Office du Niger und insbesondere das Gebiet unmittelbar westlich von Niono abbildenden SW-Meßbildreihen ($l \approx 60\%$, $q \approx 25\%$, $M \approx 1:60000$, Befliegungszeitraum 1952/53).

Die photogrammetrische Revisionsbefliegung der westafrikanischen Staaten und der Republik Mali im besonderen erfaßte den Untersuchungsraum durch SW-Luftbilder mit dem Aufnahmedatum 12.11.1975 ($l \approx 60\%$, $q \approx 20\%$, $M \approx 1:50000$).

Der Bereich des Office du Niger wurde im November 1987 in einer speziellen Kampagne durch SW- und CIR-Reihenmeßbilder dokumentiert (6.-8.11.1987), ($l \approx 60\%$, $q \approx 25\%$, $M \approx 1:14000-1:15000$).

Zusammenfassend liegen nun Luftbilder folgender Befliegungen mit jeweils spezifischen Parametern der Aufnahme vor:

Tabelle 7.1. Parameter der Luftbildfolgen

Jahr	Filmtyp	$M_b [\times 10^3]$	c[mm]	H_g[m]
1952	SW-P	60	-	-
1975	SW-P	50	152.16	7600
1987	SW-P	14-15	152.06	2200

Aus der Fülle des Materials sollen repräsentative Modelle ausgewählt und mit Hilfe visueller stereoskopischer Auswertemethoden analysiert werden (Abb. 7.1.)

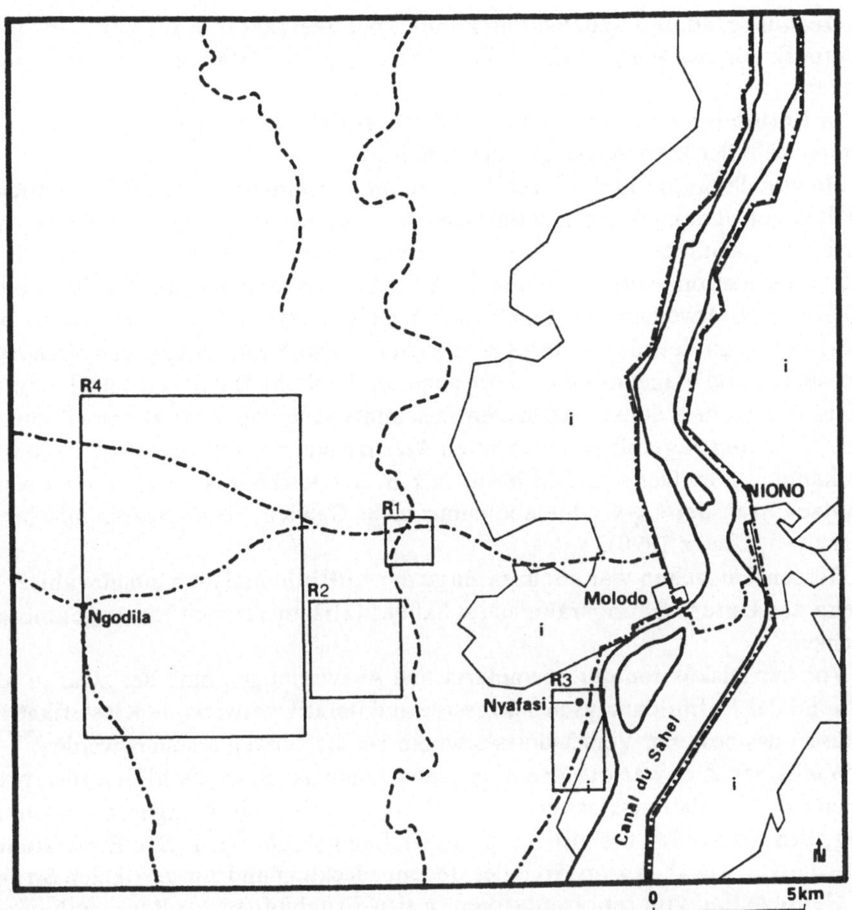

Abb.7.1. Durch Interpretation multitemporaler Luftbildfolgen erfaßte Bereiche des Untersuchungsgebietes (Ri), M = 1:250000

Bei Konzentration auf jene Bereiche des Untersuchungsgebietes, die im Umfeld der terrestrisch kartierten und radiometrisch beschriebenen Testflächen und Profile liegen, sind Luftbild-Interpretationen als zweite Stufe des hierarchischen Stockwerkbaus der Ebenen der Fernerkundungs-Plattformen im Sinne von Townshend (1981), und in Eingrenzung auf sahelische Fragestellungen auch Olsson L. (1985) oder Götting et Mäckel (1986), zu verstehen (vgl. Abb.5.5.).

7.2 Ausgewählte Beispiele stereoskopischer Interpretationen

Deckungsgrad, Wuchshöhe und Artenspektrum sind die entscheidenden Parameter zur Beschreibung von Vegetationstypen (Braun-Blanquet 1928).

Deckunsgrad und Wuchshöhe können bei geeigneter Wahl von Sensor und Methodik der Auswertung durch Fernerkundung und Bildinterpretation ermittelt werden.

In Verbindung mit terrestrischen Kartierungen ist auch die artenspezifische Komponente der Untersuchungen beschreibbar.

Da vom Standpunkt der Taxonomie nicht übereinstimmende Pflanzengesell-schaften auf verschiedenen Kontinenten unter ähnlichen klimatischen Bedingungen in Richtung ähnlicher Morphologie und Struktur konvergieren, ist es sinnvoll, den Faktor Vegetationsstruktur um den funktionellen Zusammenhang von Physiologie und Klima zu erweitern und funktionale Vegetationstypen (VFT - vegetation func-tional types) zu definieren. Dies ist einer effizienten Zuordnung von Fernerkun-dungsdaten und Vegetationsstruktur generell dienlich. Damit wird nach ökologi-schem Verständnis dem funktionalen Zusammenhang von Vegetations-(Pflanzen)-Gesellschaften gegenüber der exakten Artenzusammensetzung mehr Bedeutung zuerkannt. Im einfachsten Fall besitzen z.B. das Verhältnis von Laub- zu Nadel-gehölzen bzw. der C_3-C_4 Metabolismus mehr Gewicht als die taxonomische De-tailanalyse (Graetz 1990).

Diesen Tatsachen war auch im Zuge der Luftbildanalysen ausgewählter Be-reiche des Untersuchungsraumes im Sahel Malis ausreichendes Augenmerk zu schenken.

Vor der Diskussion der exemplarischen Auswertungen muß der zwar in praxi während der Luftbildanalysen sukzessive und iterativ entwickelte Klassifikations-schlüssel des besseren Verständnisses wegen bereits vorweg erläutert werden.

Wichtiges Ziel war die Kreation eines Schemas, das sowohl den Interpreta-tionen von Vegetationsklassen im Detail als auch im weiträumigeren Zusammen-hang, d.h. in großen bis mittleren Maßstäben gerecht wird. Die Einbeziehung quantitativer Angaben zum Grad der Bodenbedeckung und zur vertikalen Struktur der Gehölze und von repräsentativen in situ-Erhebungen zur Beschreibung der Artenzusammensetzung rechtfertigt den sicher etwas ungenauen Begriff Vegetati-onsklasse im Sinne der Charakterisierung von Faktoren der Physiognomie, des Vegetationstypus bzw. der Formationsklasse (Walter 1979) und der Vegetations-struktur. Luftbildgestützte Aussagen zum Faktor Vegetationsbedeckung ("couvert végétal" der interpretierten "unités du paysage" nach De Wispelaere 1980, M = 1:50000) bzw. zur aktuellen Landnutzung und zur Vegetation ("reale Bodenbe-deckung" nach Frankenberg et Anhuf 1989, M = 1:50000) bilden in den zitierten Beispielen die Basis überblicksartiger Klassifikationseinheiten, die im vorliegen-den Fall Bestandteil eines detaillierteren Interpretationsschlüssels sind:

A - Dominanz der Baumschicht (arbres, arbrisseaux, h $\geq$ $\approx$3m)

B - Dominanz der Busch/Strauchschicht (arbustes-brousse, h $\leq$ $\approx$3m)

H - Dominanz der Grasschicht (strate herbacée)

C - Ackerbau (cultures)

A_p - dichte Baumplantagen im Bereich von Siedlungsgebieten, meist *Eucalyptus camaldulensis*

A_v - geschlossene Baumbestände in/bei Siedlungen, oft *Khaya senegalensis* oder *Azadirachta indica*

A_d - dichter Baumbestand, Strauchschicht nicht prägend, dichte Grasschicht

Deckungsgrad $D_k \geq 0.6$: Typus der falas ($\approx$ Dumosaeptum falaense, Roberty (1946))

Deckungsgrad $D_k \geq 0.3$: Typus des Graslandes (ehem. $\approx$ forêt claire ou savane boisée, Menaut (1983)), Grasschicht um 1.0.

A_{di} - aufgelockerter Baumbestand (dispersé) mit $D_k < 0.6$ (Typ fala) bzw. $D_k < 0.3$ (Typ Grasland) (ehem. $\approx$ savane arborée), mehr od weniger intakte Grasschicht, Strauchschicht nicht prägend

Typ fala: $\quad A_{di1} \quad 0.3 \leq D_k < 0.6$

$\qquad\qquad\quad A_{di2} \quad 0.1 \leq D_k < 0.3$

$\qquad\qquad\quad A_{di3} \quad D_k < 0.1$

Typ Grasland: $\quad A_{di1} \quad 0.2 \leq D_k < 0.3$

$\qquad\qquad\qquad A_{di2} \quad 0.1 \leq D_k < 0.2$

$\qquad\qquad\qquad A_{di3} \quad D_k < 0.1$

A_{mo} - Mosaik der Klassen A_d oder A_{di} und mehr oder weniger degradierter Grasschicht, vgl. Barth (1986), "brousse mouchetée" nach Jacqueminet (1990), "brousse tachetée" nach De Wispelaere (1980), Strauchschicht hier aber nicht prägend

A_{mo1} - sporadisches Auftreten mosaikartiger Texturen, Anteil (A_b) der mehr oder weniger dichten Bestände A_d bzw. $A_{di} \geq 0.9$

$A_{mo2} \quad 0.6 \leq A_b < 0.9$

$A_{mo3} \quad 0.3 \leq A_b < 0.6$

$A_{mo4} \quad 0.1 \leq A_b < 0.3$

$A_{dég}$ - stark degradierte Baumschicht, (nahezu) vollständig abgeholzte Flächen, stark degradierte Grasschicht, meist $D_h < 0.1$ (0.3).

B_d - dichter Strauch/Busch-Bestand mit $D_k \geq 0.3$, (ehem. $\approx$ savane arbustive), kompakte "Strauchkronen", Anteil von Bäumen (arbrisseaux dom.) ≤ 0.1, dichte Grasschicht

B_{dp} - analog B_d, aber "Strauchkronen" signifikant kleiner

B_{di} - aufgelockerter Strauch/Busch-Bestand mit $D_k < 0.3$, Bäume nicht prägend, mehr oder weniger dichte Grasschicht (vgl. auch Le Houérou (1989:74) für die sudano-sahelische Subzone, "the herbaceous layer tends to be continuous")

$B_{di1} \quad 0.2 \leq D_k < 0.3$

$B_{di2} \quad 0.1 \leq D_k < 0.2^1$

---

[1] Le Houérou (1989) definiert den Begriff des "Mimosaceae thorn scrub" (ehem. $\approx$ steppe à épineux) für die sahelische Subzone sensu stricto mit $D_k < 0.2$ (0.05) für die Strauchschicht (Baumschicht) und postuliert eine zunehmende Bedeutung breitblättriger Sträucher (Bäume) mit $D_k \leq 0.35$ in der sudano-sahelischen Subzone.

120

B_{mo} - Mosaik von Strauch/Busch-Beständen (B_d oder B_{di}) und mehr oder weniger stark degradierter Grasschicht (vgl. De Wispelaere (1980), Barth (1986), Jacqueminet (1990), s.o.), hier $0.3 \leq A_b < 0.6$.

$B_{dég}$ - stark degradierte Strauch/Busch-Schicht, (nahezu) vollständig zerstört, stark degradierte Grasschicht, $D_h < 0.1(0.3)$

H_d - dichte Grasschicht, $D_h \geq 0.9$, Strauch- und/oder Baumschicht nicht prägend (sahelische Subzone sensu stricto: $D_h = 0.2 - 0.8$, sudano-sahelische Subzone oft $D_h \approx 1.0$, nach Le Houérou (1989))

H_{sp} - Grasschicht sowohl bezüglich der Individuenzahl/m² als auch bezüglich der Kontinuität der Bodendeckung und der ökologischen Qualität (mehrjährige - einjährige Gräser) beeinträchtigt, meist zufolge Übernutzung durch Beweidung (surpâturage) und/oder Abbrennen (feux de brousse)

$H_{dég}$ - Grasschicht sehr stark degradiert bis vollständig zerstört (Desertifikation), (vgl.Abb.7.2.), $D_h < 0.1 (0.3)$.

C_s - Trockenfeldbau (culture sèche, culture pluviale nach Planhol et Rognon 1970)
C_{sj} - Brachland, (jachère)
$C_{s,p}$ - Mischzone mit Trockenfeldbau und (intensiver) Beweidung (pâturage)

C_{sd} - gerodete und für den Trockenfeldbau urbar gemachte Neulandflächen (culture sèche, phase du défrichement).
C_{sd1} - Anteil von Restbeständen der ehemaligen Strauch- und/oder Baumschicht < 0.1
C_{sd2} - Anteil von Restbeständen der ehemaligen Strauch- und/oder Baumschicht: $0.1 - 0.2$

C_i - Bewässerungsfeldbau (culture irriguée)

Die Komplexität des Klassifikationsschemas ist Spiegel der heterogenen Formenvielfalt von Vergesellschaftungen sahelischer Vegetation. Das Ziel, nicht nur Luftbildanalysen in mittleren Maßstäben beschreiben zu können (z.B.De Wispelaere 1980), sondern auch Details in großen Kartierungsmaßstäben (bis zu 1:10000) anzusprechen, bedingt zusätzliche Spezifikationen.

7.2.1 Luftbildanalysen in Maßstäben $\geq$ 1:10000

Die kleinen Maßstäbe der SW-Befliegungen 1975 und 1952/53 gestatten keine umfassenden Interpretationen in Maßstäben $\geq$ 1:10000. Dennoch soll anhand eines Beispieles demonstriert werden, daß Untersuchungen kleiner, durch klare

Strukturierung der Vegetations- und Bodenanteile geprägter Bereiche durchaus möglich und sinnvoll sein können (R1 in Abb.7.1, F=1500x1500m).

Das Gebiet liegt im Umkreis von im Gelände zwar kaum auszunehmenden, nur während und unmittelbar nach der Regenzeit wasserführenden und daher durch markante Vegetationsbänder nachgezeichneten flachen Talungen des "delta mort" (marigots, falas), die in steigendem Maße anthropogen genutzt und übernutzt wurden. Die umliegenden Baum- und Strauchregionen und insbesondere die Grasschicht sind degradiert - Desertifikationsprozesse haben eingesetzt (Abb.7.2.).

Abb.7.2. Blick auf das ehemals mit dichter Gras- und lockerer Baum/Strauch-Schicht (1953) bestandene Umfeld des marigots in R1, Photographie Feb.1990, (E.Csaplovics)

Die stereoskopische Analyse der Luftbildpaare aus den Jahren 1952, 1975 und 1987 erlaubt die Kartierung von Physiognomie und Struktur der Vegetation, insbesondere von Graden der Deckung (Bodenanteile, Degradation) und Anteilen von Baum-, Strauch- und/oder Grasschicht (Stereoskopie!), im Sinne des eingangs erwähnten und im Zuge der Beschreibung des spezifischen Klassifikationsschlüssels detaillierten funktionalen Zusammenhangs (Abb.7.3., 7.4., 7.5).

122

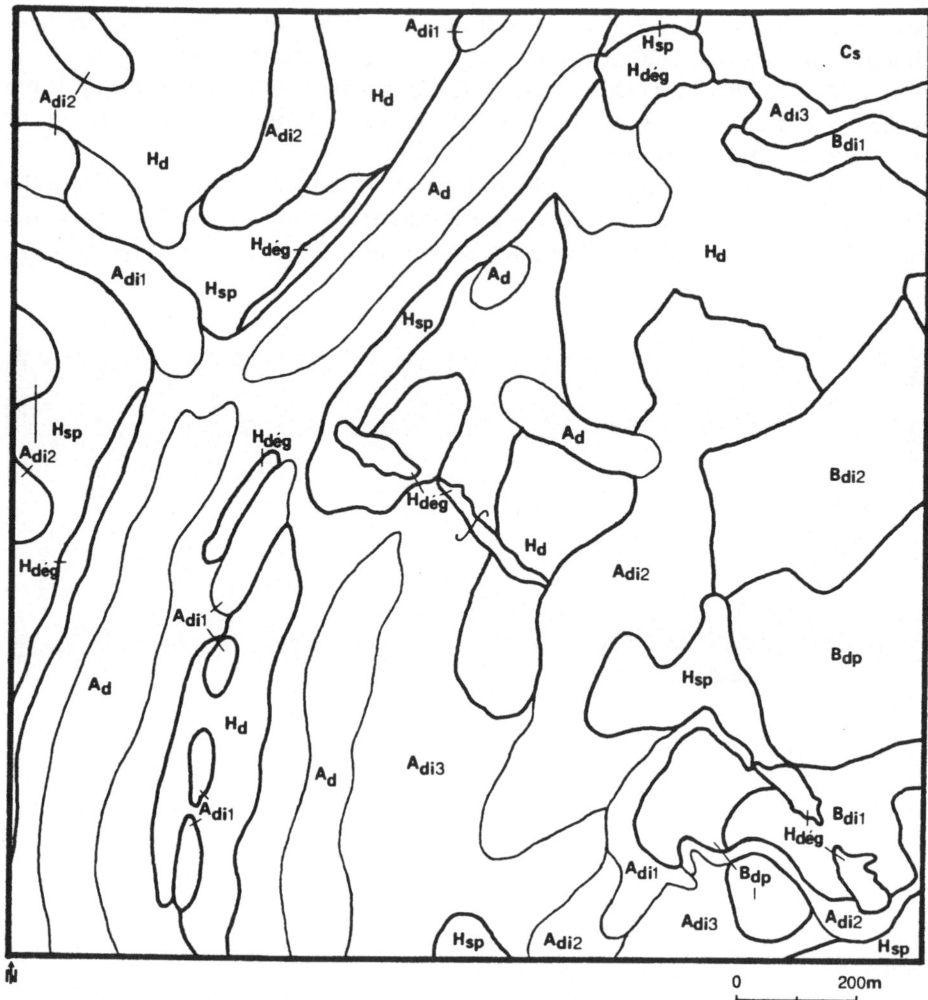

Abb.7.3. Vegetationsklassen des Gebietes R1 als Resultat der Luftbildinterpretation des Modells 1952 - 416/417, M = 1 : 12500 (Verkleinerung des Originals)

Im Jahre 1952 bedeckte dichtes, von Baum- und Strauchbeständen fast durchwegs durchsetztes Grasland einen Großteil des untersuchten Gebietes. Innerhalb der vielerorts durch die Dominanz einer mehr oder weniger dichten Baumschicht geprägten Bereiche heben sich die entlang der "falas" ausgebildeten dicht bestandenen Vegetationsbänder ("pseudo-galeries à n'galama" nach Roberty 1946) ab. Am östlichen Rand des erfaßten Gebietes liegen dicht mit Sträuchern bewachsene Zonen. Kleine, teils bandartige Flächen entlang eines Transhumanzweges vom sahelischen Nordwesten nach den Wasserstellen des Fala du Molodo und weiter nach Südosten, an die Ränder des Binnendeltas (vgl.Abb.4.5., nach USAID 1983) sind stark degradiert bzw. vollständig denudiert.

Abb.7.4. Vegetationsklassen des Gebietes R1 als Resultat der Luftbildinterpretation des Modells 1975 - 261/262, M = 1 : 12500 (Verkleinerung des Originals)

Nach den dramatischen Trockenjahren ab 1970 und den extremen Dürrejahren 1972-1973 verbunden mit Migration und steigendem anthropogenem Druck auf das Umfeld des Office du Niger sind, wie die Analyse des Luftbildpaares aus dem Jahre 1975 zeigt, große Bereiche des 1952 noch durch lockeren Baumbestand und intakte Grasschicht gekennzeichneten Gebietes bereits stark degradiert. Die mikroklimatisch begünstigten Vegetationsbänder entlang der fossilen Flußtälchen sind schmäler geworden und heben sich nun stark vom beeinträchtigten Umfeld ab. Die vormals dichten Buschflächen ("brousse à épineux") sind aufgebrochen und an ihren Rändern zufolge agressiver Degradationsprozesse zerfiedert.

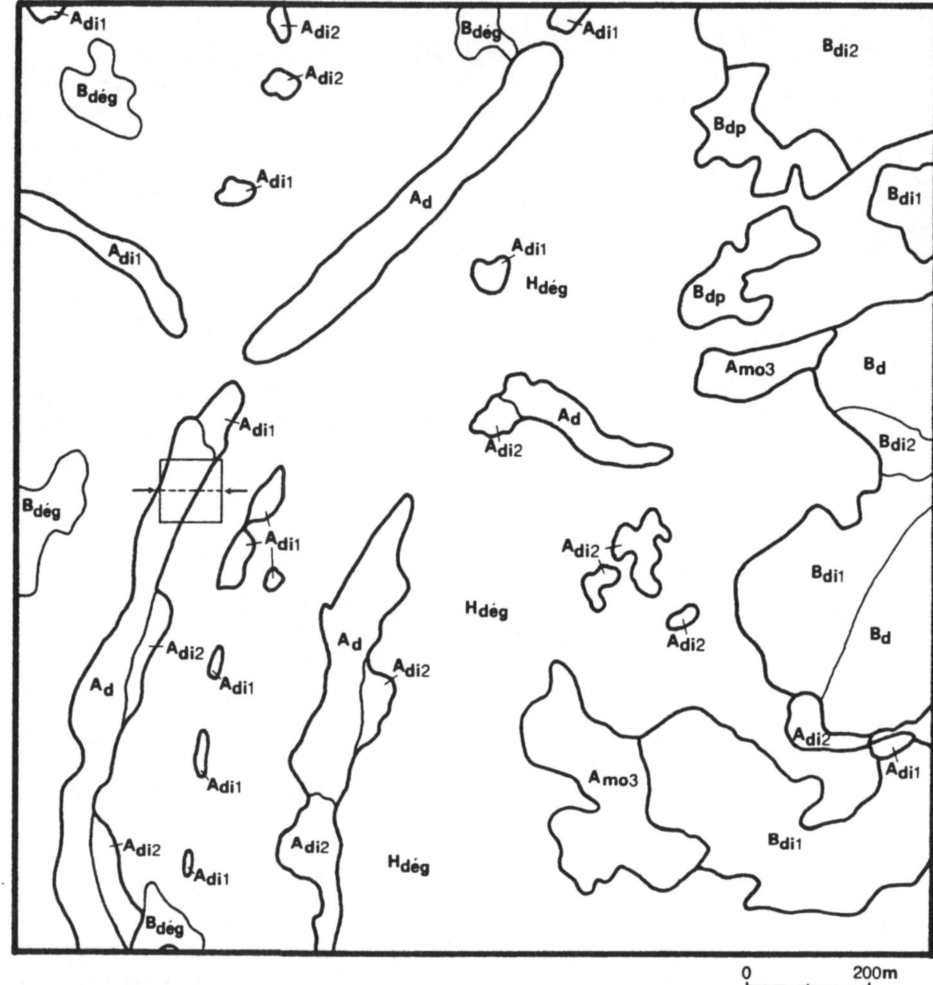

Abb.7.5. Vegetationsklassen des Gebietes R1 als Resultat der Luftbildinterpretation des Modells 1987 - 758/759, M = 1 : 12500 (Verkleinerung des Originals)

Vorgelagerte, durch eine ehemals lockere, aber einheitlich ausgeprägte Baumschicht gekennzeichnete Flächen beginnen mosaikartigen Charakter anzunehmen, der wohl durch überstarken anthropogenen Nutzungsdruck verbunden mit kleinräumigen, ungestörtes Wachstum beeinträchtigenden Diskontinuitäten im morphologischen Gefüge bewirkt wird (Details in Kap.7.2.2.).

Andauernde pluviometrisch defizitäre Jahre mit neuerlichen Dürrekatastrophen in den Jahren 1983-1984 haben die Degradierungsprozesse unmittelbar westlich des Office beschleunigt. Skelettartig ragen die schmalen Vegetationsbänder der "falas" aus einem desertifizierten, durch äolische Erosion des ungeschützt liegenden Bodens verformten Umfeld (vgl.Abb.7.2.). In ihrer Zusammensetzung entsprechen sie den von Roberty (1946) beschriebenen Charakteristika, wie z.B. der

Dominanz von *Anogeissus leiocarpus* und dem verbreiteten Vorkommen von *Combretum micranthum* als begleitendem Randgehölz (vgl. Abb. 6.2.). Die Flächen des Umfeldes haben sich noch tiefer in die degradierten Baum- und Strauchzonen ausgedehnt.

Ein wenig östlich des erfaßten Bereiches liegt innerhalb dieser übernutzten Gebiete das die aktuelle Vegetationsstruktur einschließlich taxonomischer Details beschreibende Testfeld 4 (degradierter "Mimosaceae thorn scrub").

Den Randbereich des markanten Vegetationsbandes charakterisiert das bereits a.a.O. diskutierte, im Febr. 1990 aufgenommene Profil 1 (Kap. 6.2., Abb. 6.2., 6.3.).

Das in ausreichend großem Maßstab vorliegende Luftbildmaterial des Jahres 1987 (M ≈ 1:15000) verleitet zum Versuch, das unmittelbare Umfeld dieses Vegetationsprofils durch stereoskopische Luftbildanalyse im Maßstab 1:1000 zu kartieren (Quadrat in Abb. 7.5.), (Abb. 7.6.).

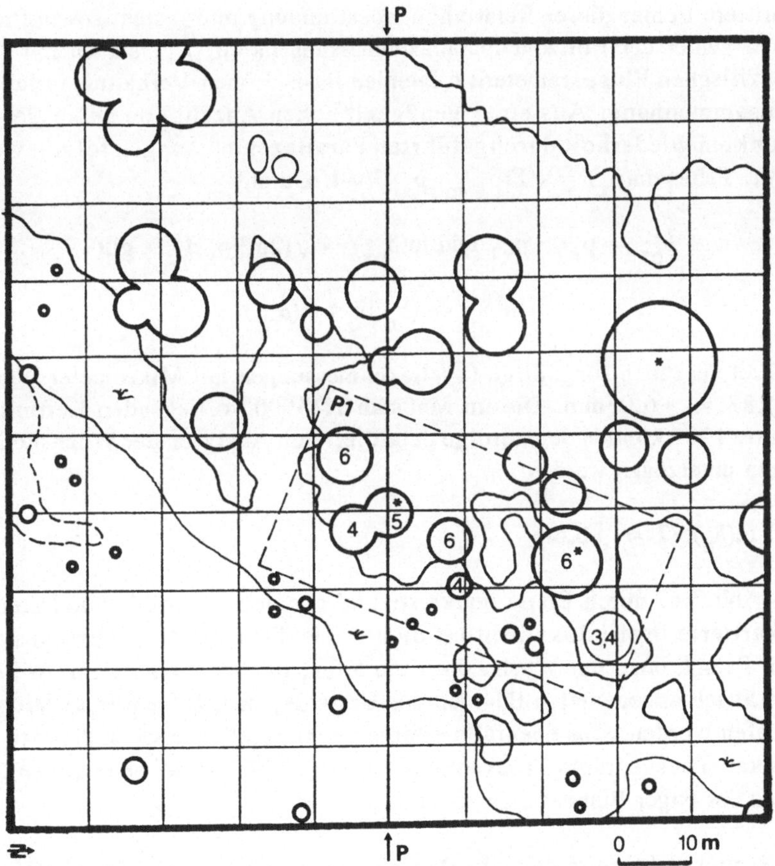

Abb. 7.6. Vegetationskartierung des Umfeldes von Profil 1 (vgl. Abb. 6.2., 6.3.), M = 1:1000

Markante Baumkronen waren nicht nur lagemäßig und in bezug auf den geschätzten Kronendurchmesser, sondern auch nach stereoskopischer Bearbeitung des Modells hinsichtlich ihrer Wuchshöhen auswertbar. Die Anwendung einfacher Methoden der Messung von Horizontalparallaxen-Differenzen gestattete darüber hinaus die Ermittlung von Wuchshöhen ausgewählter Bäume nach dem Algorithmus

$$\delta_h = (h_o/b_o').\delta(p_{xi})'$$

für $\delta(p_{xi})' << b_o'$,

mit $\quad \delta_h \quad$ -Höhenunterschied [m]
$\quad\quad\quad h_o \quad$ -Flughöhe über Grund [m]
$\quad\quad\quad b_o' \quad$ -Basis im Luftbild [mm]
$\quad\quad\quad \delta(p_{xi})' \quad$ -Horizontalparallaxendifferenz [mm]

Der mittlere Fehler dieser Relativhöhenbestimmung $m(\delta_h)$ steht sowohl mit dem mittleren Fehler der Horizontalparallaxenmessung $m(\delta(p_{xi})')$ als auch mit dem aus den spezifischen Flugparametern folgenden Basis-Höhen-Verhältnis in funktionalem Zusammenhang. Aus einer genügend hohen Anzahl von an ausgewählten Meßpunkten wiederholt durchgeführten Parallaxenmessungen folgt jeweils ein mittlerer Fehler $m(p_x) = \sqrt{\Sigma(p_{x,m} - p_{xi})^2/n-1}$ und mit

$$\delta_{px} = p_{x2} - p_{x1} \text{ und } m(\delta_{px}) = \sqrt{(2m^2(p_x))} \quad\quad \text{gilt}$$

$$m(\delta_h) = (h_o/b_o').m(\delta_{px})$$

In concreto ergaben sorgfältige Parallaxenmessungen mit Mikrometer Werte von $m(\delta_{px}),87 \approx \pm 0.03mm$. Die im Maßstab 1:15000 vorliegenden Luftbilder aus dem Jahre 1987 können demzufolge detaillierteren Analysen der Wuchshöhen von Gehölzen unterzogen werden.

Es gilt: $m(\delta_h),87 \approx \pm 0.6m$

Das in Abb.7.6. durch Pfeile markierte und aus dem Luftbildmodell stereoskopisch kartierte Profil dokumentiert dichtes Gehölz ($D_k \approx 1.0$) und aus diesem ragende Baumkronen mit Wuchshöhen um 5.0m, die von einigen, im Profil durch dünnen Strich angedeuteten Bäumen des Umfeldes (meist *Anogeissus leiocarpus*) übertroffen werden. Das ebenfalls erfaßte leicht abfallende Geländeprofil zeichnet das kaum ausgeprägte Trockental nach, das als Relikt des ehemaligen Gewässernetzes des Niger-Binnendeltas gelten kann (Abb.7.7.).

Unter Berücksichtigung des zitierten mittleren Fehlers der Höhenbestimmung ($m(\delta_h),87 \approx \pm 0.6m$) wurde für das in situ als *Combretum nigricans* bestimmte Gehölz eine stereoskopisch ermittelte Wuchshöhe von $h_{87} = 5.2m$ im Vergleich zu den terrestrisch gemessenen $h_{90} = 6.0m$ berechnet.

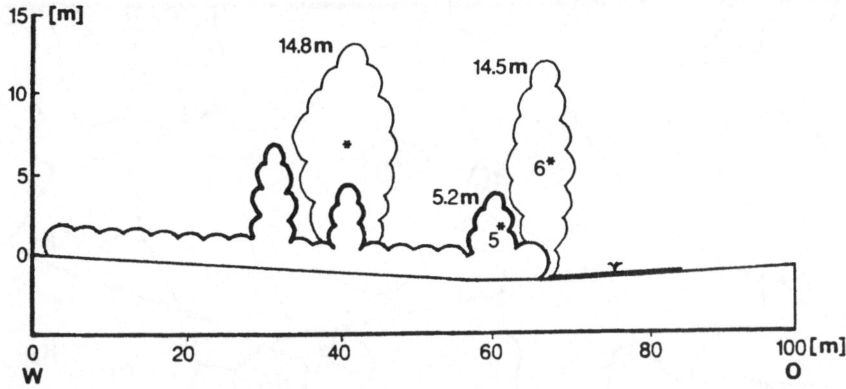

Abb.7.7. Vegetationsprofil P durch das in Abb.7.6. kartierte Gehölz, nach stereoskopischer Analyse des Luftbildmodells 87-758/59 m_h = 1:1000, m_v = 1:50, (Taxonomie vgl. Abb.6.2., 6.3.)

Desgleichen ergab die Luftbildmessung für das markante Exemplar von *Anogeissus leiocarpus* einen Wert von h_{87} = 14.5m, der mit der vor Ort festgestellten Höhe exakt übereinstimmt.

Diese Fakten sollen nicht zu einer Überbewertung der Möglichkeiten stereoskopischer Wuchshöhenanalysen aus relativ großmaßstäbigem und qualitativ hochwertigem Luftbildmaterial führen. Andererseits kann der Anspruch der Synthese quali- und quantifizierender Interpretationsmethoden auf gebührende Beachtung bei der detaillierten Untersuchung sahelischer Vegetationsmuster unterstrichen werden.

7.2.2 Luftbildanalysen in Maßstäben 1:25000

Die Parameter der multitemporalen Luftbildfolgen 1952 und 1975 provozieren die Interpretation und Kartierung von Vegetation und Boden in Maßstäben um 1:25000.

Anhand zweier Untersuchungsräume, deren eines die westlich des "delta mort" (Urvoy 1942, Gallais 1967) angrenzenden Grasländer, die durch die Reste fossiler Transversaldünen vom "aklé"-Typ und rezent ausgreifende anthropo-zoogene Nutzung geprägt sind, beschreibt (R2 in Abb.7.1.), und deren anderes im intensiv genutzten Trockenfeldbaugürtel unmittelbar westlich des Canal du Sahel liegt (R3 in Abb.7.1.), soll die unverändert dominante Bedeutung der Luftbildinterpretation zur Darstellung kleinräumiger Veränderungen des Landschaftsgefüges dokumentiert werden (Abb.7.8.,7.9.,7.10.).

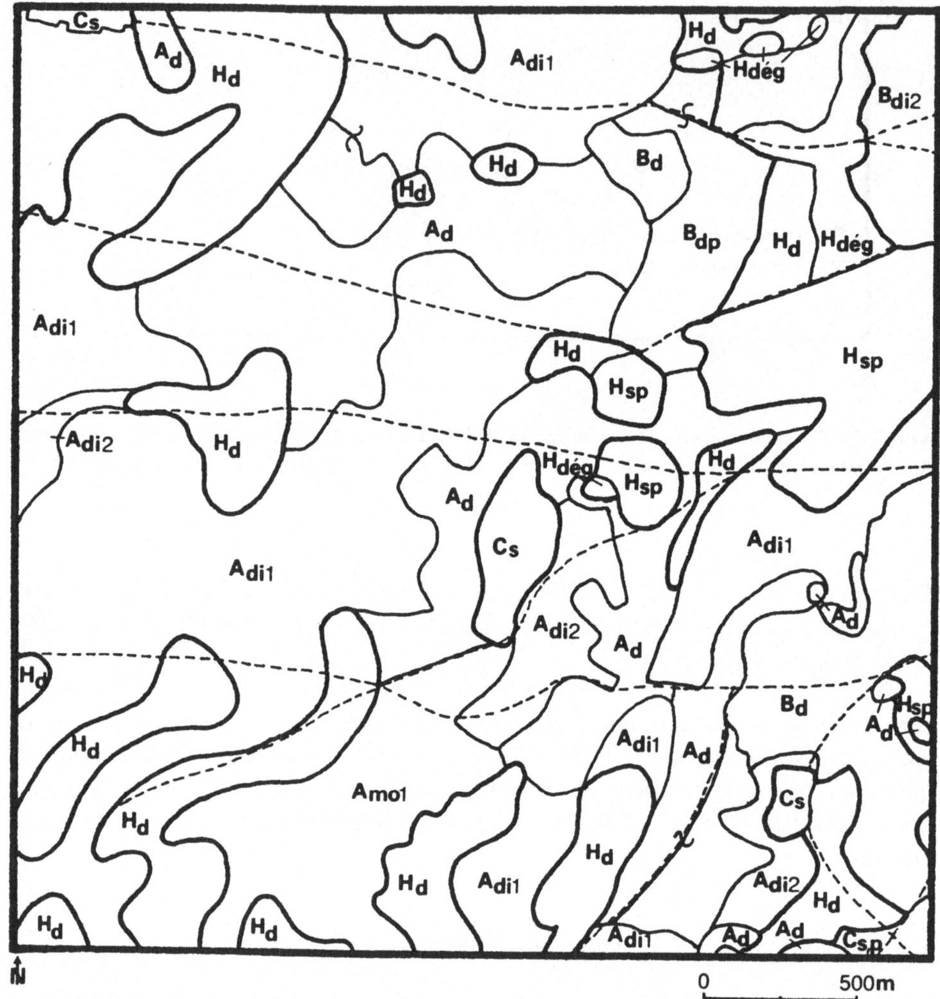

Abb.7.8. Vegetationsklassen des Gebietes R2 als Resultat der Luftbildinterpretation des Modells 1952-425/426, M = 1:25000

Die ehemaligen, nahezu vollständig erodierten Dünenrücken waren im Jahre 1952 dicht mit Gras bestanden, während sich in den interdunären Räumen durch relativ dicht eingestreute Baumflora ($D_k \approx 0.2$-0.3) charakterisiertes Grasland (Savanne) ausbreitete. Am Ostrand des untersuchten Gebietes, also näher dem dicht besiedelten Umfeld des Office, treten erste Degradationssmuster bei Grasflächen (Überweidung) und - vorerst isoliert (A_{mo1}) - bei Grasland mit eingestreutem Baumbewuchs auf (Termiten, nach De Wispelaere 1980).

Das Gebiet ist in West-Ost-Richtung von markanten, durch schmalbandige Texturen blanken Bodens sichtbare Transhumanzwege durchzogen.

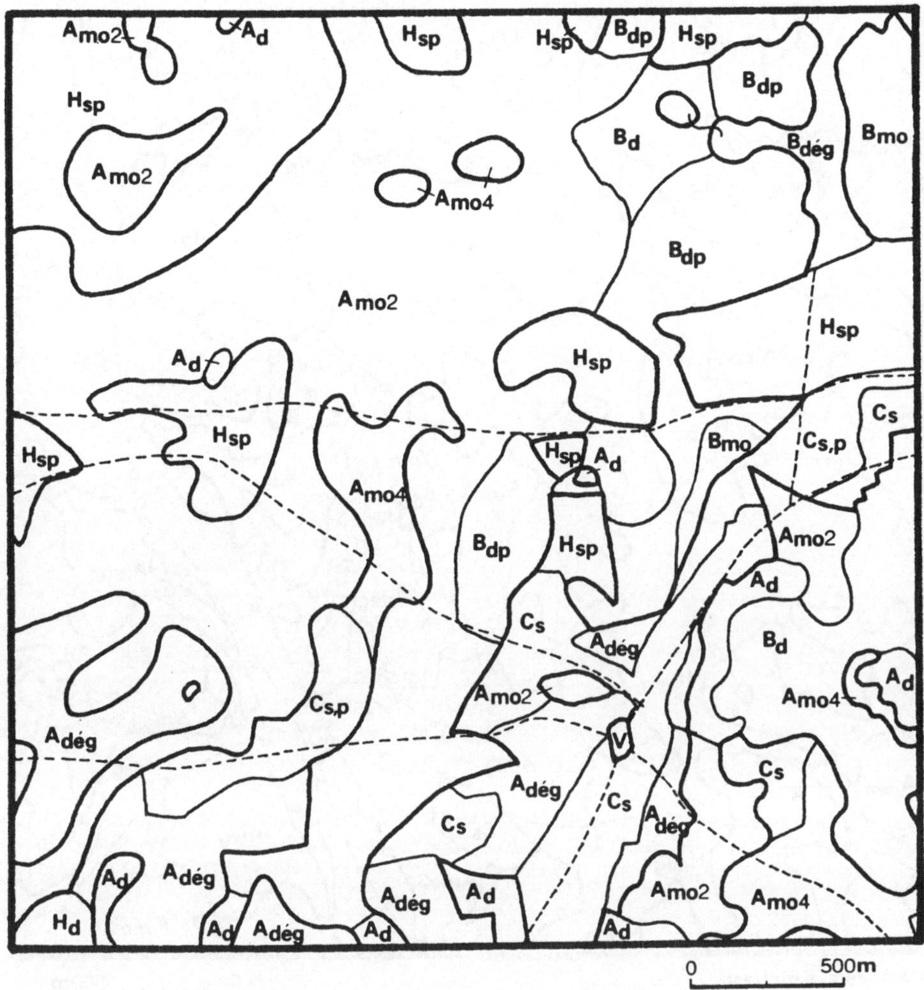

Abb.7.9. Vegetationsklassen des Gebietes R2 als Resultat der Luftbildinterpretation des Modells 1975-262/263, M = 1:25000

Das Bild im Jahre 1975, nach der ersten großen Dürreperiode, spiegelt den teilweisen Zusammenbruch des (agro-)pastoralen Rhythmus der Transhumanz wider. Die Wege sind teils verschwunden, teils signifikant geringer genutzt. Im Gegensatz dazu beginnt nun der Prozeß der Ausbreitung dauerbesiedelter Dörfer auch in diesem Landstrich wirksam zu werden. Die Luftbildkartierung des Jahres 1975 zeigt dies mehr als anschaulich. Im Umkreis eines seit 1952 neu entstandenen Dorfes (V) manifestieren sich anthropogen induzierte Nutzungsansprüche wie Trockenfeldbau (C_s), (Über)-Beweidung (H_{sp}), Abholzung ehemals von Bäumen bestandenen Graslandes zur Brennholzgewinnung und Rodung für geplanten Feldbau.

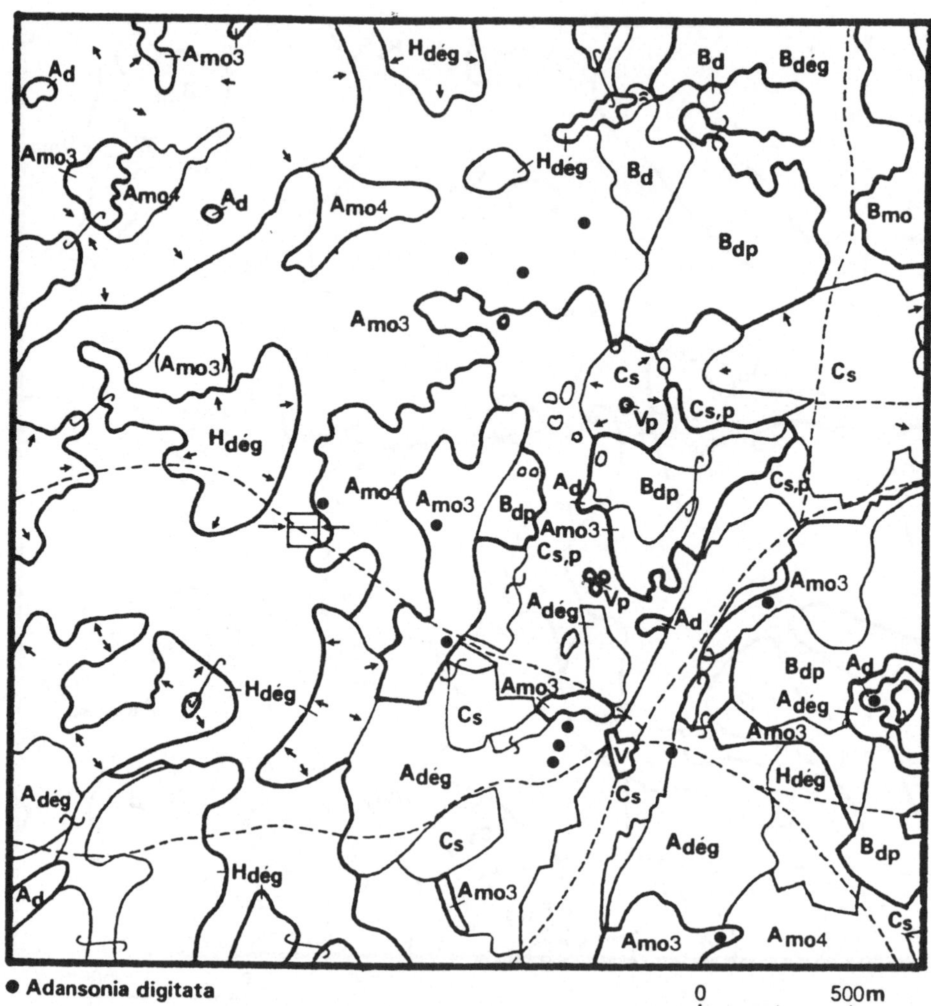

● **Adansonia digitata**

Abb.7.10. Vegetationsklassen des Gebietes R2 als Resultat der Luftbildinterpretation des Modells 1987-621/622, M = 1:25000

Nur die relativ dichten kleinkronigen Buschflächen (B_{dp}) im Übergang von Grasland zum Gebiet der fossilen Deltatalungen scheinen nur gering beeinträchtigt zu sein. Die mosaikhafte Auflösung des vormals mehr oder weniger dicht und gleichmäßig mit Bäumen bestandenen Graslandes ist weiter fortgeschritten (A_{mo1} -- $A_{mo2(4)}$).

Wieder ist der Einschnitt im Bild des Landschaftsgefüges für die Zeitspanne 1975 bis 1987 am eindrucksvollsten aus dem Kartierungsbild abzulesen. Die ökologisch relevanten, einstmals relativ ungestörten Baum- und Strauchklassen sind inhomogen geworden und in ihrer Qualität stark degradiert bis desertifiziert ($H_{dég}$, $B_{dég}$, $A_{dég}$). Der anthropogene Druck auf das sahelische Grasland hat dramatisch zugenommen - die für den Trockenfeldbau genutzten, die überweideten und damit degradierten sowie die wegen des Holzbedarfs gerodeten Flächen bedecken weite Bereiche des Gebietes. Nördlich des Dorfes (V) haben sich Peulh-Nomaden in ihren typischen Rundhütten (V_p) niedergelassen. Die von Krings et al.(1988) für das Massina im großen zitierten Nutzungskonflikte zwischen Seßhaften (séden-taires) und durch die Dürre in südsahelische Zonen abgedrängten Teilseßhaften und/oder Nomaden scheinen im Umfeld des Office auf regionaler Ebene abzu-laufen.

Prägend sind nunmehr Vegetationsmosaike in ehemals von zerstreutem Baum-bestand durchsetztem Grasland (A_{mo3}), wobei mehr oder weniger vegetationsfreie oder nur von schütterem Gras bewachsene, ca. 30-50m breite kreisförmige bis quadratische Flächen bis zu 70% der Klasse einnehmen. Die erodierten Dünen-rücken tragen stark degradierten Grasbestand, der vielerorts blankem Boden weichen mußte.

Das in situ kaum erkennbare Relief dieser fossilen Transversaldünen des "aklé"-Typus kann durch die der stereoskopischen Betrachtung zueigene Überhö-hung des Raummodells gut interpretiert werden. Für den Faktor der Überhöhung gilt:

$$\ddot{u}_z = (b_o/h_o)/(b_d/d_a)$$

mit $\quad b_o/h_o \quad$ -Basisverhältnis der Luftbildaufnahme

$\quad\quad\quad b_a/d_a \quad$ -Basisverhältnis bei der Betrachtung des virtuellen Raumbildes (b_a-Augenabstand, d_a-scheinbare Entfernung des virtuellen Bil-des)

Für den konkreten Aufnahmefall folgt mit $c=152mm, l=60\%$ und einem resultie-renden Basisverhältnis von $b_o/h_o = 1{:}1.6$ (vgl.Kraus 1990)

$$\ddot{u}_z(1987) = 3.8$$

Die mit Hilfe dieses Überhöhungsfaktors bei der stereoskopischen Interpretation im Luftbildmodell 1987 erkennbaren dunären Reliefformen (versants) sind in Abb.7.10. durch Pfeilsignatur dargestellt.

Die Degradation der Grasschicht manifestiert sich ja im Bereich der sudano-sahe-lischen Subzone vorerst durch nahezu ausschließlichen Wuchs einjähriger Gräser, wobei eine Sukzession der nun dominanten Combretaceae-Gehölze aus einem mit mehrjährigen Gräsern bestandenen offenen Waldland (forêt claire) postuliert wird (Le Houérou 1989).

Insofern sind die mit Bäumen und Sträuchern bestandenen Mosaikteile, die in vielen Fällen durch Zusammenwachsen der degradierten Flächen stark zurückge-drängt erscheinen und Flächenanteile < 30% einnehmen, im Luftbild als breit-blättrige, in Übereinstimmung mit den terrestrischen Erhebungen von Combreta-ceae (*Combretum* spp., *Guiera senegalensis*) dominierte Bereiche anzusprechen.

Das aus dem Luftbild interpretierbare kleinräumige morphologische Relief zeigt hydromorphe Tendenzen im Vegetationsbereich, die von minimalen Höhenunterschieden begünstigt werden. Die Wechselwirkung von ursprünglich durch Fein- und Mittelsande mit geringem Tongehalt und daher geringem Retentionsvermögen geprägten Dünenrücken und den in Dünentälern durch erhöhten Tongehalt (bis zu 10 %) besseren Wasserstaueigenschaften führt zur Entwicklung von Grasfluren auf den Dünenkämmen und Gehölzfluren in den Dünentälern. Diese von Barth (1986) für die sahelische Zone sensu stricto beschriebenen Streifenformationen mit vornehmlich von Dornbaum und -busch gebildeter Gehölzschicht können auch für die sudano-sahelischen Interdunärbereiche mit dominanten Combretaceae-Beständen in zumindest ähnlicher Form angenommen werden. Durch sukzessiv, von Dürremaximum zu Dürremaximum zunehmenden anthropozoogenen Druck auf diese Vegetationsstreifen, beginnen Degradationsprozesse zu greifen, die einerseits die nutzungsinduzierte Auflockerung und Mosaikbildung innerhalb dieser Streifen beschleunigen und andererseits - begünstigt durch das erwähnte kleinräumige Relief - durch diffus-flächenhaften Oberflächenabfluß auf relativ undurchlässigen Böden die Ausbildung streifenförmiger Vegetationsformationen fördern, wie dies vor allem als Agens für die Entstehung der "brousse tigrée" angenommen wird (Barth 1986).

Daß dem Zerfall von auch in den Bereichen des Untersuchungsgebietes häufig auftretenden Termitenhügeln (vgl.P2, Abb.6.4. und T5, Abb.6.8.) initiierende Wirkung zukommt, wie dies Clos-Arceduc (1956) und White (1970) für die "brousse tigrée" postuliert haben, beweisen erste Auswertungen gezielter Kartierungen während des zweiten Geländeaufenthaltes (Juni,Juli 1991). Aktuelle Forschungsarbeiten befassen sich unter anderem mit detaillierten Analysen dieser Ergebnisse.

Im Falle der "brousse tigrée" hat White (1971) das Ausmaß des Einflusses von Termitenbauten relativiert und auf die primäre Bedeutung der relief- und klimaabhängigen Morphodynamik hingewiesen.

Im vorliegenden Fall jedoch muß in Einklang mit den erwähnten, jüngst ausgeführten Recherchen vor Ort (Juni,Juli 1991) vor allem die von De Wispelaere (1980) beschriebene "brousse tachetée" in engem Zusammenhang mit den als $A_{mo(i)}$ klassifizierten mosaikartigen Vegetationstexturen diskutiert werden.

Es ist sinnvoll, die von De Wispelaere für Luftbilder der im Sénégal im Jahre 1978 durchgeführten Befliegung ($\equiv$ Mali 1975) verwendete Charakterisierung zu zitieren. " Sur le Sangaré (savane arbustive à *Pterocarpus lucens*, Anm.) la présence de très nombreuses petits taches gris clair à blanc est caractéristique. Elles correspondent à des plages nues, souvent circulaires, sans aucune végétation, au centre desquelles on recontre très fréquement des termitières fonctionelles ou abandonées .. Cette unité que l'on nomme brousse tachetée présente de nombreuses analogies avec la brousse tigrée.."(De Wispelaere 1980:159).

Wie erwähnt, ist die Präsenz von Termitenbauten im fraglichen Umfeld in situ verifiziert und kartiert. Ihre Bedeutung als wichtige Initialkomponente am Beginn der Ausbildung kleinräumiger Degradationsflächen im sahelischen Grasland konnte vor Ort verifiziert werden.

Ausgehend von der sukzessiven Zunahme der Siedlungsaktivitäten im näheren Umfeld des Office ist der Komponente der Brennholzgewinnung im Rahmen der skizzierten Diskussion vermehrte Bedeutung zuzuordnen. Verbrauchsstatistiken für den Untersuchungsraum fehlen, können aber z.B. aus Olsson K. (1985) - dort für die Region des Kordofan/Sudan - mit ca. 500kg/a Brennholz und zusätzlich ca. 100 kg/a Holzkohle entnommen werden. Demzufolge breiten sich rund um die Siedlungen immer stärker durch gezielten Holzeinschlag (z.B. *Acacia senegal, Acacia seyal, Balanites aegyptiaca, Guiera senegalensis* im Kordofan, nach Olsson K. 1985, *Combretum* spp. im Niger, nach Vandenbelt 1990) aufgelockerte Formationen aus. Da wohl einerseits Gräser mit ihrem sekundären homorrhizen Wurzelsystem im Gegensatz zu den extensiven, von tiefwachsenden Hauptwurzeln ausgehenden Wurzelsystemen der Bäume bereits oberflächennah Wasser aufnehmen können und daher bei kurzen Feuchtzeiten bevorzugt wachsen, andererseits gerade das Umfeld der Baumbestände mikroklimatisch positiven Einfluß auf die Ausbildung einer intakten Grasschicht ausübt sowie äolisch transportiertes Feinsediment akkumulieren und gleichzeitig Windschutz bieten kann, ist der durch Holzeinschlag verursachte Bruch im ökologischen Gefüge des Bestandes dominant, induziert äolischen Sedimentabtrag, erhöhte Bodentemperatur, demzufolge erhöhte Verdunstungsraten an der Bodenoberfläche und damit sukzessives Auflichten der annuellen Grasflur. Ist dieser Prozeß einmal in Gang gesetzt, beginnt eine gewisse, durch anthropo-zoogenen Druck (Holzeinschlag + Überweidung, browsing) beschleunigte Dynamik der Degradation Platz zu greifen, die zur Vernetzung einstmals unzusammenhängender degradierter Flächen bis zur Ausbildung großer, zusammenhängender, nur mehr von schütterem Gras bedeckter Desertifikationsbereiche führt ($A_{mo1,1952}$ - $A_{mo2,1975}$ - $A_{mo3(mo4),1987}$ - $A_{dég}$, vgl.Abb.7.8.- -7.10.).

Ohne einer zusammenfassenden Diskussion vorgreifen zu wollen, soll bereits an dieser Stelle auf die vom Verfasser im Rahmen eingereichter Folgeprojekte formulierten interdisziplinären Untersuchungen zu diesem den Rahmen sprengenden Fragenkomplex verwiesen werden. Vorerst kann die mit dem Auftreten einzelner mehr oder weniger vegetationsfreier kleinräumiger Flächen beginnende und über verschiedene Stadien zunehmender Mosaikbildung bis zur teilweise großflächigen Ausbildung stark degradierter, ja desertifizierter Bereiche fortschreitende Entwicklung nur nochmals als Folge der an dieser Stelle nur bruchstückhaft skizzierten Phänomena dargestellt werden.

Das im Zuge der Luftbildanalyse 1987 (Abb.7.10.) mit A_{mo3} bezeichnete Vegetationsmosaik wird durch die visuell-stereoskopische Kartierung eines exemplarischen Ausschnitts (100x100m) beschrieben (Abb.7.11.)

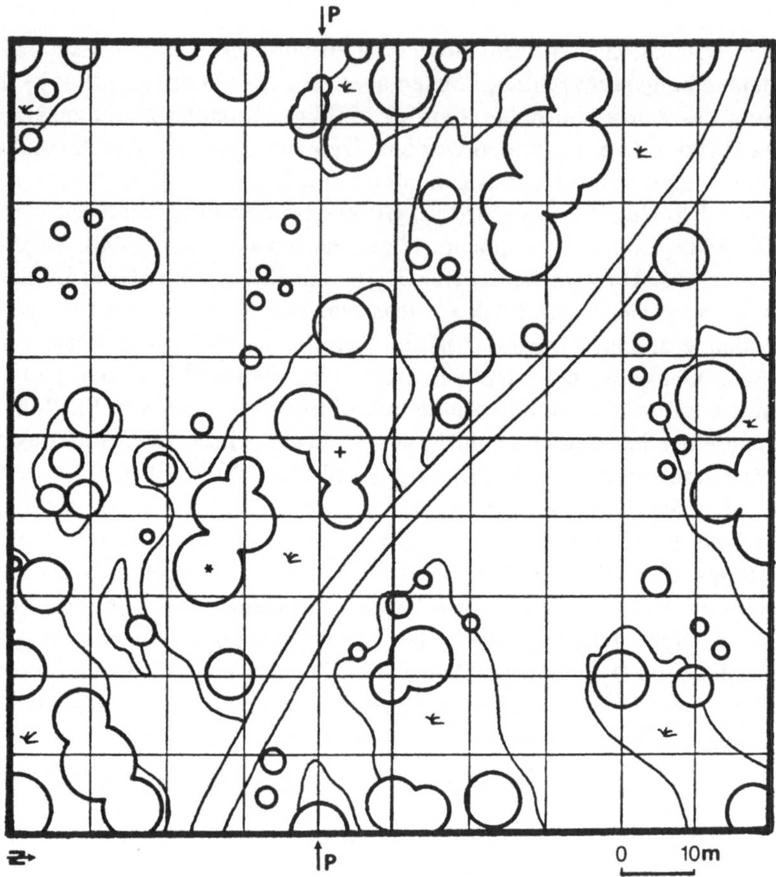

Abb.7.11. Kartierung eines Vegetationsmusters der Klasse A_{mo3}, M = 1:1000, Lage vgl. Quadrat in Abb.7.10.

Lage und Kronendurchmesser der im Luftbildmodell interpretierbaren Bäume (Sträucher) sowie die von Gräsern bedeckten Bereiche um die dichter bestandenen Baum/Busch-Gruppen erlauben die Quantifizierung des Anteils der von Gehölzen und relativ dichter Grasschicht bestandenen Flächenanteile zu $D_k + D_h \approx 0.4$ (vgl. A_{mo3} - 0.3 < $A_b \leq 0.6$) bzw. des Überschirmungsgrades der Gehölze innerhalb dieser Flächenanteile zu $D_k \approx 0.25$-0.3 (vgl. A_{di1} - 0.2 < $D_k \leq$ 0.3). Die Luftbildkartierung für 1952 ordnet den in Abb.7.11. kartierten Bereich der Klasse A_{di1} zu. Damit ist jedoch nichts zur Artenzusammensetzung der Vegetationsmosaike gesagt. Aus der ehemals relativ artenreichen Baumsavanne ist ein mit nur einigen wenigen Arten besetztes Gefüge geworden.

Vereinzelt stehen die an den Schatten ihrer charakteristischen Kronen erkennbaren Baobabs (*Adansonia digitata*), Symbole der hier nicht mehr existierenden artenreichen Trockensavanne des Sudan-Typs (Barth 1986), der savane-parc (Roberty 1940), in der degradierten Landschaft (· in Abb.7.10.) (Abb.7.12.).

Abb.7.12. Solitärer Baobab (*Adansonia digitata*) in degradiertem Umfeld, Photographie Febr.1990 (E.Csaplovics)

Die im Detail erfaßten Bäume und Sträucher sind in Analogie zu den Erhebungen in situ (T5-T8, Abb.6.8.-6.10.) hauptsächlich der Familie der Combretaceae (*Combretum* spp., *Guiera senegalensis*), in geringerem Maße den Mimosaceae (*Acacia senegal, Acacia seyal*) bzw. den Balanitaceae (*Balanites aegyptiaca*), zuzuordnen.

Sclerocarya birrea besiedelt dichtere Gehölzstreifen (vgl.T2, Abb.6.6), ebenso *Pterocarpus lucens* (vgl.Sangaré bei De Wispelaere 1980). In vielen Bereichen ist dominanter Bestand von *Guiera senegalensis* Indikator für ein gewisses Maß an Degradation.

Das vermehrte Auftreten der xerophilen Arten *Acacia* spp. und *Balanites aegyptiaca* in diesen vormals von *Adansonia digitata, Bombax costatum* u.a. geprägten Baumsavannen weist auf die akuten pluviometrischen Defizite und die durch Degradation der Böden (Bodenabtrag, lateritische Krusten) gestiegenen Raten des Oberflächenabflusses hin (Le Houérou 1989).

Ein auch in diesem Fall gemessenes und kartiertes Profil (Genauigkeitsüberlegungen s.o.) dokumentiert den bereits erläuterten Wechsel von Baum/Busch- und Grasflächen und stark degradierten, ca. 20-30m breiten nahezu vegetationsfreien Bereichen. Sträucher mit Wuchshöhen um 3-4m (*Guiera senegalensis* dominant) und maximal um 9m hohe Bäume (broad-leaved, Combretaceae) bilden die Gehölzflora der Vegetationsmosaike (Abb.7.13.).

136

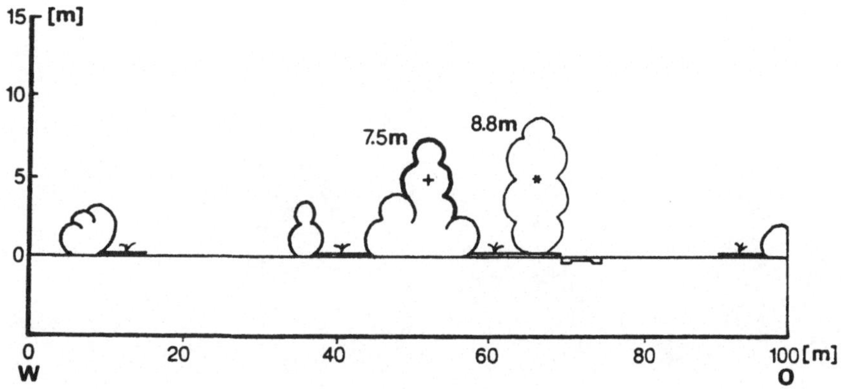

Abb.7.13. Profil P der Vegetationsklasse A_{mo3} (vgl.Abb.7.10., 7.11.), $M_h = 1:1000$, $M_v =$
$= 1:500$

Im Kontaktbereich der bewässerten Gebiete des Office du Niger und der Reliktve-
getation sahelischen Graslandes liegt der als zweites Beispiel einer Luftbildanalyse
im Maßstab 1:25000 kartierte Ausschnitt aus dem Untersuchungsgebiet (R3 in
Abb.7.1.).

Am westlichen Rand des ehemaligen Niger-Binnendeltas und in späteren
Zeiten des fossilen Flußsystems um den Fala von Molodo haben günstige Bedingungen für Ackerbau und Viehzucht dichte Besiedlung und relativ großräumigen
Trockenfeldbau gefördert (vgl. Raum Sokolo-Kala, nach Lenz 1884). Diese unmittelbar an die nunmehr artifiziell überfluteten Bereiche des Canal du Sahel angrenzenden Ackerflächen prägen das aus den multitemporalen Luftbildvorlagen dedu-
zierte Kartenbild (Abb.7.14.,7.15.,7.16.).

Das Grasland des Jahres 1952 war von relativ dichtem Bestand an kleinkronigen
Sträuchern ($D_k \approx 0.3$, B_{dp}) und aufgelockertem Baumbestand ($D_k \approx 0.2$, A_{di2})
geprägt. Die an die Ackerflächen angrenzenden Zonen wurden stellenweise gero-
det und scheinen im Stadium der Urbarmachung für die ackerbauliche Nutzung
gewesen zu sein (C_{sd}). Am Südrand des exemplarisch erfaßten Luftbildausschnitts
führte ein durch das schmale, helle Band degradierter Flächen gekennzeichneter
Weideweg durch das dichte bis aufgelockerte Buschland, vorbei an einer temporär
wasserführenden Senke (mare, daia) zum Rand des überfluteten Gebietes, das in
den meisten Bereichen Nutzungsmuster des Bewässerungsfeldbaus aufweist.

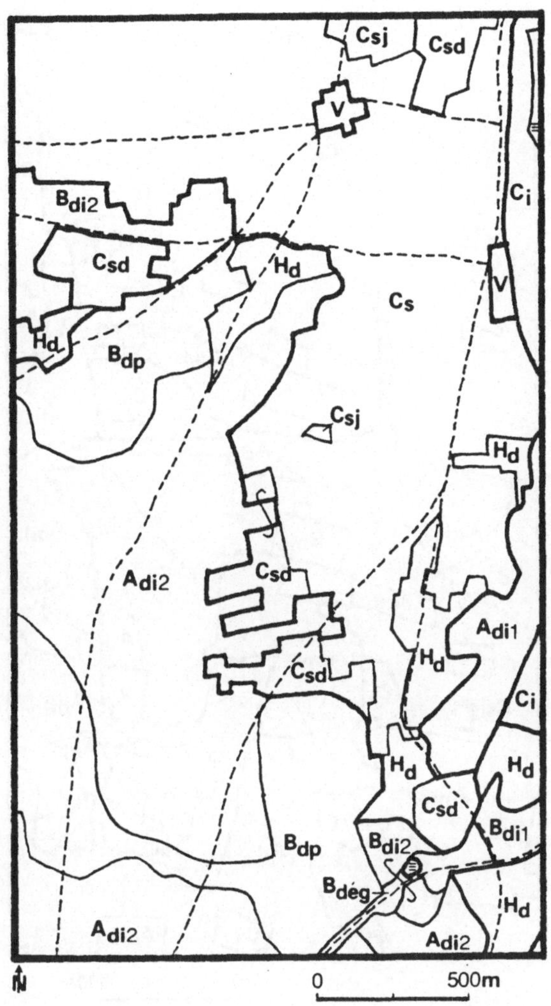

Abb. 7.14. Vegetationsklassen des Gebietes R3 als Resultat der Luftbildinterpretation des Modells 1952-425/426, M = 1:25000

Bis zum Jahr 1975 hat sich das Landschaftsgefüge signifikant verändert. Die Dichte der Besiedlung hat zugenommen - südlich der bereits 1952 belegten Dörfer hat sich eine neue Ansiedlung gebildet. Diese Dörfer bestanden aus festen Häusern mit rechteckigem Grundriß, einem Hof und Fruchtspeicher, zum Großteil aus speziell behandeltem Lehm ("banco") gebaut. Der resultierende anthropogene Druck auf das umliegende Land ist durch die Kartierung Stand 1975 eindrucksvoll dokumentiert. Der erhöhte Bedarf an Nahrungsmittel führte zur Intensivierung der Umwandlung von Grasland in Ackerland.

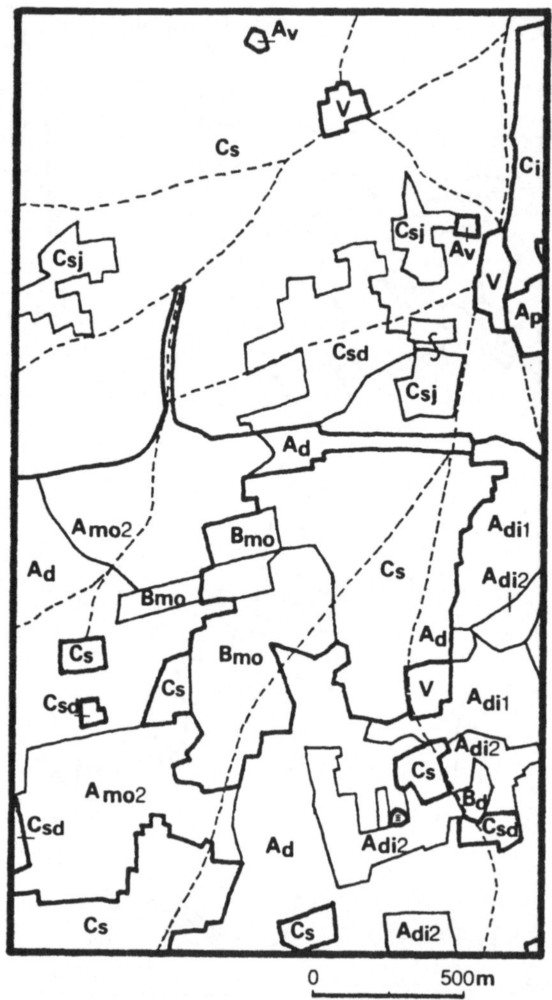

Abb.7.15. Vegetationsklassen des Gebietes R3 als Resultat der Luftbildinterpretation des Modells 1975-262/263, M = 1:25000

Das noch 1952 kompakte Buschland wurde nahezu vollkommen gerodet und die Nutzungsgrenze um bis zu 1km nach Süden gedrückt. Der durch zerstreuten Baum- und Buschbestand mit regelmäßiger Textur gekennzeichnete Bereich ist vielerorts durch Bildung von Vegetationsmosaiken geprägt (B_{mo}, A_{mo2}). Anderseits haben etwas abseits gelegene Bestände an Dichte zugenommen ($A_{di2,52}$ - $A_{d,75}$). Ein gewisser Anteil der Ackerflächen lag brach (C_{sj}).

Die Zeitspanne 1975-1987 brachte fortschreitende Umwandlung extensiv genutzten Weidelandes (browsing) in Trockenfeldbau-Gebiete. Bracheflächen fehlen vollkommen. Eine an dieser Stelle nicht belegbare generelle Anhebung des Dotationsgrades der überflutbaren Bereiche hat zur Bildung ausgedehnter, durch Bewässerungsfeldbau genutzter Bereiche östlich der Siedlungen geführt.

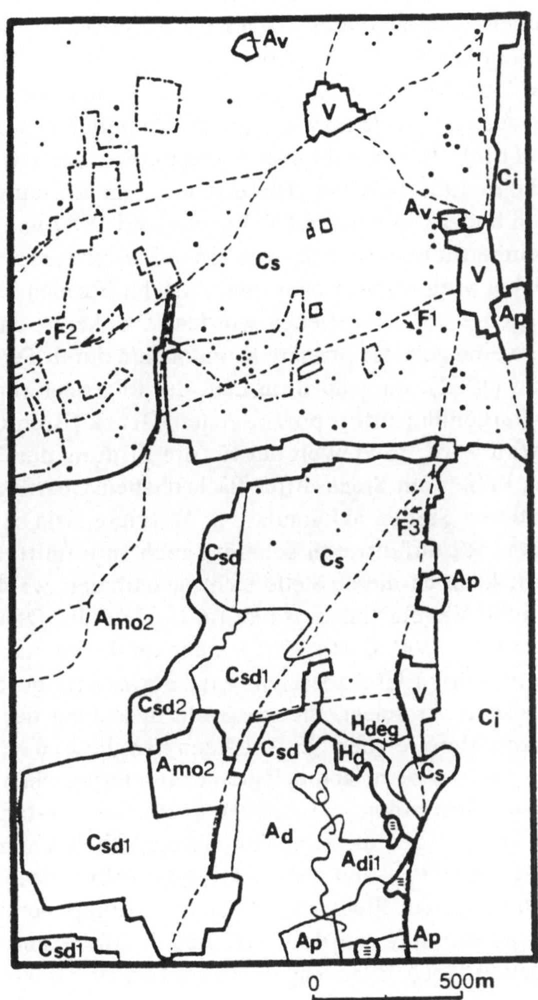

Abb.7.16. Vegetationsklassen des Gebietes R3 als Resultat der Luftbildinterpretation des Modells 1987-621/622, (· *Acacia albida*, · andere Solitäre in C_s, - - - Flächen mit signifikantem Vorkommen von *Calotropis procera* (Zeiger für Übernutzung und Degradation)), M = 1:25000

Die von Baumbeständen geprägten Zonen des Graslandes, die nicht unmittelbar an das Bewässerungsgebiet angrenzen, sind einheitlich mosaikartig aufgelockert (A_{mo2}). Ihre Struktur und Taxonomie wird durch Profil 2 (Abb.6.4.) nachvoll-

ziehbar. Es überwiegen breitblättrige, meist strauchartig ausgebildete (arbustive) Combretaceae sowie Baumarten wie *Piliostigma reticulatum* und *Pterocarpus lucens* (vgl.Sangaré-Vegetationsmosaik bei De Wispelaere 1980). Ohne erneut auf den bereits skizzierten Problembereich der Entstehung und luftbildorientierten Analyse von sahelischen Vegetationsmosaiken eingehen zu wollen, soll an dieser Stelle nochmals auf die Genese dieser Mosaike hingewiesen werden. Wie auch die Vegetationskartierung des Profils P2 (Abb.6.4.) zeigt, ist die Dichte von Termitenbauten in dieser Zone relativ groß. Erste, kreisrunde bis strahlenförmig gefiederte Degradationsmuster sind demzufolge in sehr isolierter und durch den Klassifikationsschlüssel nicht beschreibbarer Form bereits am Nordrand des Graslandes (A_{di2}) im Jahre 1952 belegbar. Diese runden, im SW-Luftbild weißlich bis gräulichen Flecken bedecken bereits 1975 große und 1987 nahezu alle vormals von zerstreutem, einheitlichem Baumbestand charakterisierten Areale. Der Typus der Textur geht dabei vielerorts in eher quadratische Formen über, wie sie für das Interpretationsgebiet R2 beschrieben wurden. Das heißt, daß auch für diese Vegetationsmosaike eine gewisse primäre Komponente durch Termiteneinfluß postuliert werden kann (1952), die jedoch im Lauf der folgenden, durch zunehmende Dürre und rapide steigenden anthropo-zoogenem Druck (Brennholz, browsing) über- und umgeformt wird. Inwieweit der für die Bildung der "brousse tigrée" belegte Einfluß des Reliefs im Sinne diffus-flächenhaften Oberflächenabflusses mit erosiver und an anderen Stellen akkumulativer Wirkung, wie er im interdunären Gefüge des Gebietes R2 aufzutreten scheint, auch in unmittelbarer Nähe des Office bedeutend ist, kann an dieser Stelle nicht quantifiziert werden. Vielmehr ist generell für sämtliche Vegetationsmosaike im Umfeld des Office, seien sie im interdunären Raum (R2) (vgl.Barth 1986) oder im durch marigots (R1) bzw. Trockenfeldbau dominierten Grenzbereich zum Bewässerungsgebiet (R3) durch vorliegende Luftbildanalysen belegt, die maximale Bedeutung des anthropogen induzierten Faktors zu unterstreichen. In Anlehnung an die in den Luftbildern auftretenden Texturen und die mehrfach belegten charakteristischen Verteilungsmuster von Baum/Busch-Beständen im relativ ungestörten Grasland (z.B. Naegelé 1969) bzw. in der ehemaligen Savanne der sudano-sahelischen Subzone (forêt claire nach Le Houerou 1989) kann die selektive Entnahme des jeweils hochwertigsten Gehölzes ähnlich dem Plentern als wichtige Komponente beschleunigter Mosaikbildung angenommen werden. Die durch Dürre und massiven Nutzungsdruck labil gewordenen Pflanzengemeinschaften im Umkreis der Standorte von Bäumen müssen daher immer mehr ohne deren regulativ wirkende Funktionen (Schutz vor direkter Sonneneinstrahlung, Stabilisierung der Bodentemperatur, Windschutz, Ansammlung von äolisch und hydrologisch erodiertem Sediment, Sauerstoffproduktion, Mikrofauna und -flora, vgl.Klötzli 1989) auskommen. Durch Beschattung stimulierte Nährstoffanreicherung im Boden ist mehrfach nachgewiesen worden (shade-stimulated nitrogen uptake, vgl.Wilson et al. 1986).
Auch der durch Beschattung und tiefgründige Wurzelsysteme von Baum und Strauch erhöhte, obzwar durch den Wasserverbrauch der Bestände limitierte Durchfeuchtungsgrad tieferliegender Bodenschichten (Knapp 1983) besitzt produktionsfördernde Bedeutung. Der Wegfall dieser Faktoren läßt Kräfte wirksam werden, die zur sukzessiven Bildung von Degradationsmosaiken in einstmals

geschlossenen Vegetationsbedeckungen beitragen. Die in Abb.7.10. kartierten Flächen A_{mo3} - A_{mo4} - $A_{dég}$ zeigen die Entwicklung dieser anthropo-zoogen überformten Vegetationsmosaike im Umfeld des Office du Niger am deutlichsten. Ein anderer wichtiger Aspekt der Luftbildanalysen betrifft die Möglichkeit, bei ausreichend guter Auflösung Einzelbäume in den Zonen des Trockenfeldbaus anzusprechen und zu kartieren. Insbesondere ist der Versuch, die Bestandesdichte von *Acacia albida* in den großflächigen landwirtschaftlich intensiv genutzten Bereichen (C_s) durch stereoskopische Interpretation des Luftbildpaares aus dem Jahre 1987 zu ermitteln, ausgeführt. Der relativ große Bildmaßstab von ca. 1:15000 ermöglicht die Kartierung von Einzelbäumen und die gleichzeitige taxonomische Ansprache der Species durch Interpretation der Schatten charakteristischer Kronen adulter Exemplare (Abb.7.17.).

Durch größere Punkte sind mehr oder weniger eindeutig bestimmte adulte Exemplare von *Acacia albida* markiert, während kleine Punkte auf Baumbestände nicht detaillierter Species (z.B.*Acacia* spp., insbesondere *Acacia senegal*) hinweisen. Für drei auf diese Weise kartierte Faidherbien (F1, F2, F3, Abb.7.17.) wurden nach stereoskopischer Messung der Horizontalparallaxendifferenz die Wuchshöhen nach dem bereits beschriebenen Algorithmus berechnet (h_{F1} = 24.4m, h_{F2} = 15.3m, h_{F3} = 17.4m, vgl. Maydell 1983: h_F = 15- 25m).

Abb.7.17. Prägende, aber solitäre Faidherbie (*Acacia albida*) mit charakteristischer Kronenform (▼), Standort F3 (h_{F3} = 17.4m) in Abb.7.16., Photographie März 1990 (E.Csaplovics)

Acacia albida (Faidherbie) ist in dem seit Jahrhunderten im Sahel Malis traditionellen agro-silvo-pastoralen Bewirtschaftungssystem die prägende dendrologische Komponente. Der Baum bleibt während der gesamten Trockenzeit belaubt, bietet daher Schutz vor direkter Sonneneinstrahlung und ermöglicht - zur Regenzeit unbelaubt - ungehinderten Lichteinfall für die im Umkreis wachsenden Feldfrüchte. Die den Trockenfeldbau ökologisch stabilisierende Wirkung dieser Baumart basiert auf Bestandesdichten von 10-50 Exemplaren/ha (CTFT 1988).

Eine überblicksartige Inventur der in den Luftbildern des Jahres 1987 interpretierten Individuen ergibt aktuelle Dichtewerte von ca.0.7/ha bzw. nur 0.3/ha für exakt bestimmte adulte Faidherbien. Diese Werte charakterisieren das weitgehend baumlose, von großflächiger Übernutzung geprägte Landschaftsbild (Abb.7.17.).

Die nun angedeutete Übernutzung des Bodens ist somit direkte Folge der Vernachlässigung einstmals auch in dieser Region traditoneller agro-silvo-pastoraler Bewirtschaftungsmodelle. Diese Modelle erreichten in der Synthese des Anbaus von Hirse (*Pennisetum typhoides*), seltener Sorghum (*Sorghum bicolor*), mit Beständen von *Acacia albida* erwähnter Dichte und Herdenhaltung (1TLU/5-10ha oder 2 Ziegen/ha) Ernteerträge um das 2 -2.5fache über den Erträgen im offenen Feldbau (ohne Dünger).

Abb.7.18. Kolonien von *Calotropis procera* im Trockenfeldbau des Untersuchungsraumes, Photographie Feb.1990 (E.Csaplovics)

Das Recycling geobiogener Elemente ermöglicht darüber hinaus die langfristige Nutzung der Böden unter Vernachlässigung der Brachezyklen, die im allgemeinen nach 2-3jähriger Nutzung um 10 Jahre betrugen. Mit dem anthropogen induzierten sukzessiven Zusammenbruch dieser Systeme durch unüberlegten Holzeinschlag wertvoller Faidherbien, durch den Überbesatz weidender Herden und die Verminderung der Bodenfruchtbarkeit zufolge unverändert intensiver, Brachephasen ignorierender Anbauaktivität gehen die Erträge dramatisch zurück - der propagierte Einsatz von Düngemittel kann nur zu kurzfristig positiven, aber langfristig ökologisch negativen Entwicklungen führen. Die Analyse der relevanten Luftbildinhalte zeigt in Übereinstimmung mit den terrestrischen Wahrnehmungen, daß die Auslaugung der Böden so weit fortgeschritten ist, daß große Flächen des Trockenfeldbaugebietes von mehr oder weniger dicht siedelnden Populationen einer signifikanten Degradationszeigerpflanze, der Asclepiadaceae *Calotropis procera* durchsetzt sind (Signatur - - - in Abb.7.16.), (Abb.7.18.).

7.2.3 Luftbildanalysen im Maßstab 1:50000

Als Bindeglied zwischen detaillierten visuell-steroskopischen Interpretationen ausgewählter Gebiete und den im nächsten Kapitel folgenden visuellen und digitalen Satellitenbild-Klassifikationen des gesamten Untersuchungsraumes, die dem limitierenden Faktor der geometrischen Auflösung gemäß in Maßstäben $\leq$ 1:100000 vorliegen, fungieren Luftbildanalysen 1:50000 (vgl.De Wispelaere 1980, Frankenberg et Anhuf 1989).

Der ausgewählte Bereich (7km x 10.5km, R4 in Abb.7.1.) liegt westlich des Gebietes R3 im anthropogen beeinflußten, von fossilen Dünen geprägten Grasland der sudano-sahelischen Subzone (nach Le Houérou 1989) (Abb.7.19.,7.20.).

Das Interpretationsschema basiert auf den zu Beginn von Kap.7.2 beschriebenen Klassen, bedarf jedoch zufolge der maßstabsbedingten Generalisierung detailhafter Gefüge einer sinnvollen Erweiterung. Dies ist im vorliegenden Fall durch Kombination der Detail- zu Sammelklassen unter Vernachlässigung der deckungsquantifizierenden Parameter geschehen. Die Terminologie soll der unmittelbaren Vergleichsmöglichkeit wegen beibehalten werden. Die Dominanz entsprechender Vegetationsklassen wird durch hierarchische Reihung ausgedrückt. Anhand eines Beispiels folgt:

H_d - H_d dominant, eventuell andere Klassen in Spuren (rarus)
$H_d A_{di}$ - H_d dominant, A_{di} bedeutend
$H_d(A_{di})$ - H_d dominant, A_{di} nicht bedeutend
$(H_d A_{di})_{dun}$ - dunäre Ausformung: H_d dominant (Dünenrücken und -hänge, sommets et versants de dune), A_{di} bedeutend (interdunäre Räume, espaces interdunaires, depressions)
$H_d(B_{di})_f$ - feuergeprägte Ausformung (feux de brousse): H_d dominant, B_{di} nicht bedeutend

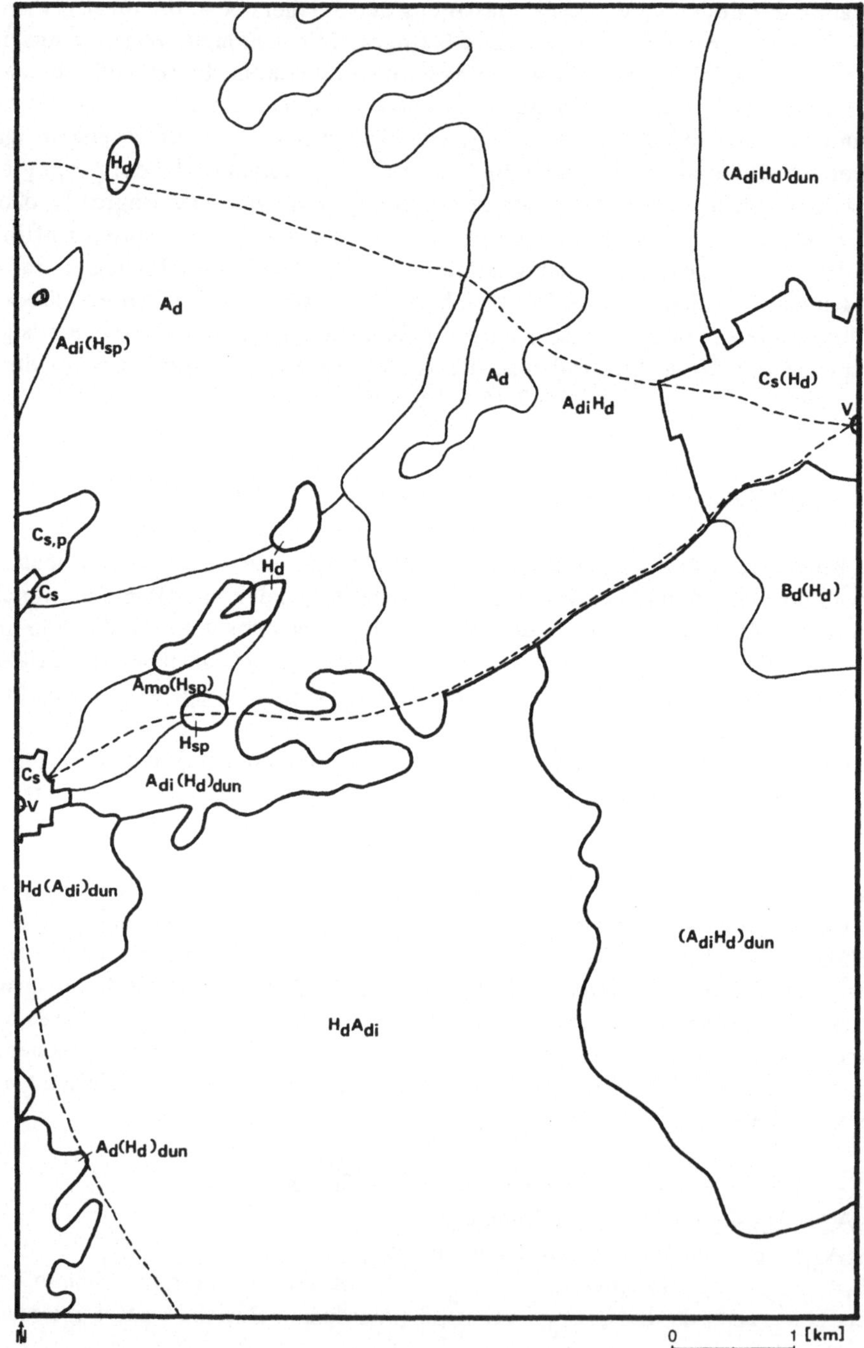

Abb. 7.19. Vegetationsklassen des Gebietes R4 als Resultat der Luftbildinterpretation der Modelle 1952-415/416 und 367/368

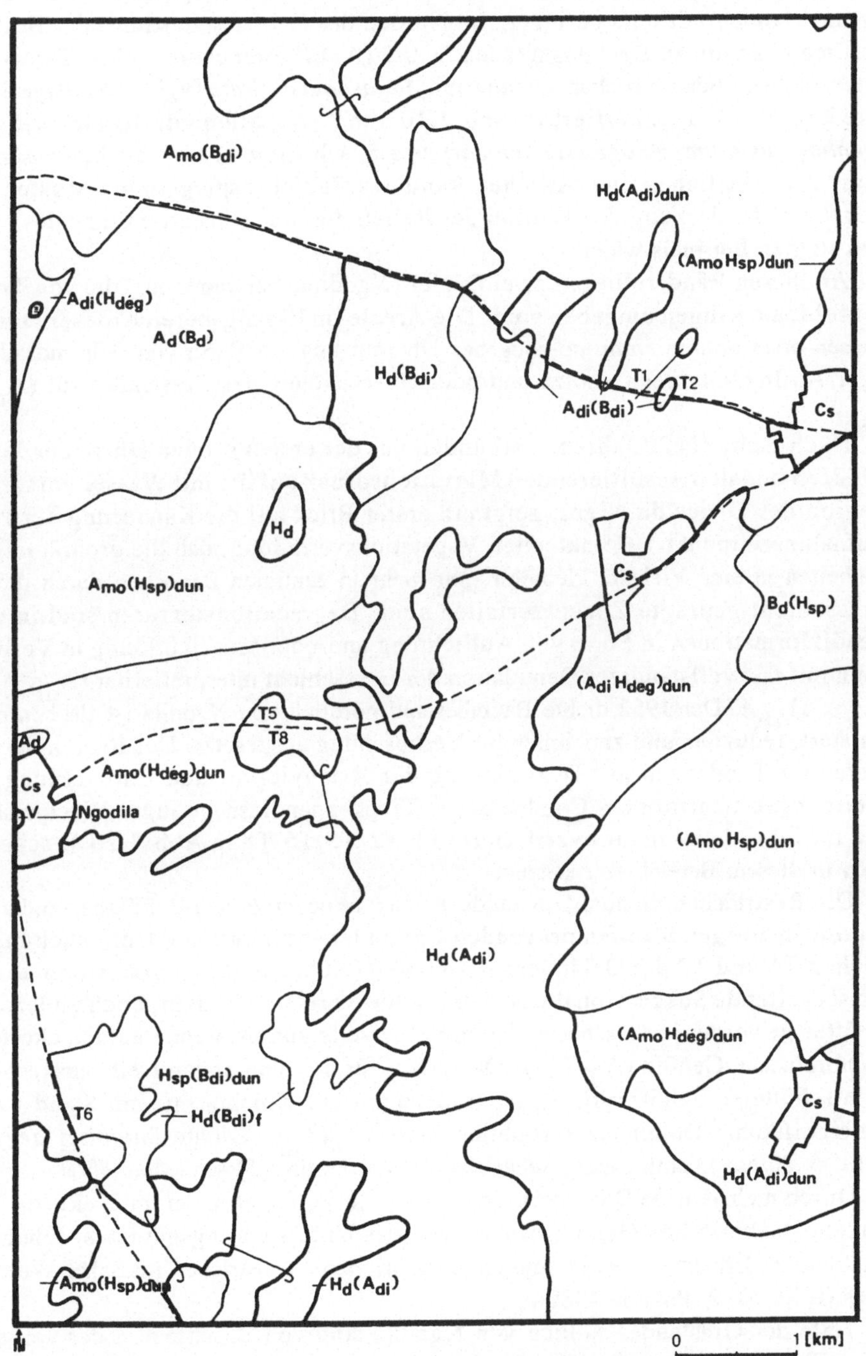

Abb.7.20. Vegetationsklassen des Gebietes R4 als Resultat der Luftbildinterpretation der Modelle 1975-259/260 und 338/339

Die Luftbilder des Jahres 1952 dokumentieren die Dominanz großflächiger lichter Baumsavannen mit teils geringer, im Norden des Gebietes zunehmender Bestandesdichte bis hin zu Deckungsgraden > 0.3 (A_d) ("forêt claire"). Der Typus der artenreichen Sudan-Trockensavanne mit *Adansonia digitata* (vgl. reliktartige Solitäre à la Abb. 7.12., kartiert in Abb. 7.10.) in Assoziation mit *Acacia albida, Bombax costatum, Anogeissus leiocarpus* u.ä. scheint weit verbreitet gewesen zu sein. Am westlichen und östlichen Rand des Gebietes spiegeln die Muster der Vegetationsbedeckung den Einfluß des Reliefs fossiler Dünen im Sinne des oben diskutierten Beispiels wider.

An diesen Rändern liegen zwei Dörfer (Ngodila, Falémougou), die von Trokkenfeldbau-Ringen umgeben sind. Die Areale im Einzugsbereich dieser Dörfer weisen erste Spuren anthropo-zoogener Übernutzung in Form von teils mosaikartiger Auflichtung der Gehölze und/oder Überweidung des Graslandes auf (A_{mo}, H_{sp}).

Nach mehr als 20 Jahren, verbunden mit der ersten großen Dürre der Jahre 1972/73 und dem resultierenden Migrationsdruck auf die mit Wasser versorgte Region des Office du Niger, zeigt ein erster Blick auf die Kartierung der zum Aufnahmezeitpunkt 1975 aktuellen Vegetationsverteilung, daß die großräumigen Einheiten in eine Vielzahl kleinerer, nur mehr in zentralen Bereichen durch dichte Grasschicht geprägte Zonen zerfallen sind. Degradationstexturen sind in den Gehölzformationen in Form von Auflichtung und/oder Mosaikbildung in Verbindung mit fast vollständiger Denudation der Grasschicht interpretierbar (A_{di}, A_{mo} - H_{sp}, $H_{dég}$). Der 1952 dichte Baumbestand nördlich von Ngodila ist flächenmässig stark reduziert und zunehmender Verbuschung ausgesetzt. Der Beginn degradierender Tendenzen mit Dezimierung der Artenvielfalt und Entwicklung zu anthropogen überformten Combretaceae-Trockengehölzen geringer Wuchshöhe, wie im Jahre 1990 in situ verifiziert (T1,T2,T5,T6,T8 in Abb. 7.20.), scheint auch in diesem Bereich einzusetzen.

Die Restflächen dichten Graslands weisen unbedeutenden Gehölzbestand auf, der nur in einigen Streifen prägenden Charakter annimmt. Die Untersuchungsflächen T1 und T2 der Geländemission 1990 (Abb. 6.5., 6.6.) präzisieren diese fortschreitende Sukzession durch den Nachweis relativ dichten, doch vielerorts schütter gewordenen Grasbestandes mit einerseits dominantem, aufgelockertem Combretaceae-Gehölz ($A_{di}(B_{di})$, $D_k \approx 0.2$ für T2) und andererseits ausgesprochen schütterer Gehölzschicht, deren taxonomische Komponente mit Stand 1990 auf signifikante Dominanz xerophiler Arten ($H_d(A_{di})$, Dichte *Balanites aegyptiaca* $\approx$ 20/ha, Dichte *Guiera senegalensis* $\approx$ 4/ha für T1) schließen läßt.

Durch mehrjährige Dürreperioden induzierte Veränderungen im Spektrum der (sudano-)sahelischen Gehölzformationen des Untersuchungsgebietes stehen in Analogie zu Erkenntnissen in ähnlich strukturierten Landstrichen im Sahel Westafrikas (Bille 1977, Poupon 1980).

Teile des Graslandes südlich von Ngodila sind von Buschfeuern der vergangenen Trockenzeit geprägt. Der Einfluß oftmaligen Abbrennens potentieller Weidegebiete im näheren Umkreis des Dorfes auf die Baum- und Strauchschicht führt zur sukzessiven Zerstörung feuerempfindlicher Bestände und zur Ausbreitung relativ feuerresistenter Arten. Im vorliegenden Fall bewirkte dieser Effekt eine durch die in situ-Verifikation (T6) im Jahre 1990 belegte Verarmung der Artenvielfalt in Richtung feuerresistenterer Combretaceae-Formationen mit geringem Futterwert (browsing). Klasse $H_d(B_{di})_f$ (Abb.7.20) stimmt 1990 in vielen Fällen mit reinem Combretaceae-Bestand à la T6 (Individuendichte 2.8/100m², Deckungsgrad der Gehölze $D_k \approx 0.1$, Abb.6.9.) überein.

Obwohl Feuer in den semi-ariden Grasländern als natürlicher Faktor z.B. durch Blitzschlag von Zeit zu Zeit ausgelöst wird, hat forcierte anthropo-zoogene Nutzung der durch geschützte Knospenlagen (bzw. "schlafende" Knospen) bodennaher Gewächse und dickere Borken der Bäume angepaßten Pflanzengesellschaften als Weideland und die durch gezieltes Abbrennen lichter Wälder kontinuierliche Ausdehnung dieser Nutzungsansprüche irreversible Veränderungen der Vegetation und der Böden hervorgerufen (direkte Feuereinwirkung, Asche, verminderter Schutz vor Sonne und Regen etc.) (Klötzli 1989).

Feux de brousse am Beginn der Trockenzeit zerstören die annuelle sudano-sahelische Grasflur (vgl.Photographie zu Abb.6.9.) und setzen die Böden dem mehrmonatigen Einfluß der insbesondere durch den ab März wehenden Harmattan aktivierten Kräfte äolischer Erosion aus (Le Houérou 1989).

7.3 Einige Erkenntnisse

Die Bodenbedeckung (sudano-)sahelischer Landschaften ist oftmals von kleinflächigen heterogenen Mustern geprägt, die nur durch hochauflösende Luftbilder im Verein mit gezielten Geländeerhebungen dokumentiert werden können. Die Tatsache, daß trotz des Einsatzes jener Scanner auf Satelliten- und Flugzeug-Plattformen, die geometrische Auflösung von $\leq$ 20m (SPOT), (AVIRIS, Vane 1987) bei spektraler Auflösung von 0.1μm (SPOT) bzw. 0.01μm (AVIRIS) und spektraler Bandbreite bis zum mittleren und thermischen Infrarot ermöglichen, diese Vegetationsformationen nicht hinreichend interpretierbar sind, rechtfertigt nach wie vor den Einsatz der visuellen stereoskopischen Analyse von Luftbildpaaren. Hochwertige panchromatische Filme besitzen geometrisches Auflösungsvermögen von 100 bis zu 400 Linienpaaren/mm (TOC 1:1000), Farbfilme um 80 und Farb-IR-Filme um 60 lp/mm.

Für moderne Meßkameras und guten Kontrast wird ein Auflösungsvermögen von $AV_k \approx$ 150 lp/mm angegeben (Meier 1984).

Die durch Bewegungsunschärfe hervorgerufene Bildwanderung limitiert das Auflösungsvermögen mit $AV_b = 1/w$, wobei $w = v.t/m_b$.

v   -Fluggeschwindigkeit [km/h]

t   -Belichtungszeit [s]

w   -Bildwanderung [mm]

Für das von Meßkamera und Bildwanderung abhängige Auflösungsvermögen folgt daher

$$(1/AV_{ges})^2 = (1/AV_k)^2 + (1/AV_b)^2$$

Nach Einbeziehung der filmabhängigen Größen und unter Annahme üblicher Befliegungsparameter (vgl.Kraus et Schneider 1988) sowie eines der diskutierten Problemstellung gerecht werdenden Bildmaßstabes von ca. 1:30000 folgt eine Detailerkennbarkeit von ca.20cm für SW-Film und ca.50cm für CIR-Film, wobei ideale atmosphärische Bedingungen vorauszusetzen sind.

In Hinblick auf die große Bedeutung der Analyse kleinräumiger Vegetationsmuster, insbesondere der Dichtegrade mehr oder weniger solitär, aber einheitlich im sudano-sahelischen Grasland verteilter Einzelbäume oder -sträucher (vgl. Naegelé 1969), deren Kronendurchmesser Minimalwerte bis zu 0.5m aufweisen (vgl.T1,Abb.6.5.), bzw. der Verteilung schmaler streifenförmiger Gehölzformationen und/oder anthropogen induzierter kleinflächiger Degradationsmosaike (vgl. Abb.7.2.ff.), bietet die visuelle steroskopische Luftbildanalyse nach wie vor die einzige effektive Möglichkeit zur Unterstützung und Ausweitung der terrestrischen Klassifikation derart heterogener Gefüge (De Wispelaere 1980, Sow 1988).

Ergänzend kann dem Amateur-Luftbild (Schrägluftbild) und dem kleinformatigen Senkrecht-Luftbild als Grundlage zur Ermittlung aktueller Bestandeszahlen wildlebender oder domestizierter Tiere, zur schnellen überblicksartigen Inventur von Vegetations- und insbesondere Degradationsdynamismen in kleinen Untersuchungsräumen gewisse Wertigkeit zuerkannt werden (Sharman 1982, Goetting et Maeckel 1986).

Unersetzlich sind die Luftbilddokumente des westafrikanischen Raumes, die vom IGN Paris bzw. Dakar im Laufe der Fünfziger-Jahre aufgenommen wurden. Diese photogrammetrisch auswertbaren Bildreihen bieten die Möglichkeit der multitemporalen Analyse der klimatisch und anthropogen bedingten Vegetationsdynamik für weit in die "prae-satellitäre" Ära reichende Zeitpunkte (Sow 1988).

Rezente Befliegungen mit modernen Meßkammern und hochauflösendem Filmmaterial in größeren Maßstäben liefern nicht nur exakte Lagegenauigkeit, sondern auch jene für die strukturelle Analyse der sudano-sahelischen Gehölzformationen unabdingbaren Informationen zur Ermittlung der individuellen Wuchshöhe (vgl. $m(\delta_h) = \pm0.6m$ für Befliegung Office du Niger 1987, siehe Abb.7.7.,7.13.).

8 Satellitenbildinterpretation

Luft-und Satellitenbilder - stets verbunden mit entsprechenden Felderhebungen (Justice et Townshend 1981) - sind ideale Dokumente von Vegetationsstruktur und -physiognomie als Indikatoren der durch Vernetzung zeitlich veränderlicher klimatischer und anthropo-zoogener Einflüsse resultierenden landschaftsverändernder (geo-)ökologischen Prozesse (Vinogradov 1961).

Eine wichtige Anwendung dieser Erkenntnisse kann die Verifikation der durch zunehmende Aridität und Übernutzung der natürlichen Ressourcen induzierten Desertifikation im Sahel Afrikas sein. Der Start des ersten Fernerkundungssatelliten der Landsat Serie (ERTS, später Landsat 1) im Jahre 1972 erfolgte zu einem Zeitpunkt, da die Sahelländer Afrikas am Beginn einer katastrophalen Dürreperiode (1972-1973) standen. Bereits ein Jahr später wurden erste Versuche publiziert, die großräumigen Veränderungen mittels Satellitenbildern zu erfassen, um Grundlagen für gezielte Maßnahmen zu schaffen. (MacLeod et al 1974). Die durch Degradation und Desertifikation destabilisierten Grasländer des Sahel sollten unter Zuhilfenahme der Fernerkundung vor allem hinsichtlich ihres Weidepotentials neu bewertet werden (Boudet et DeWispelaere 1976).

Die Hoffnung, durch periodische Aufzeichnung von Landnutzung und Bodenbedeckung im Sahel Afrikas mit Hilfe von Satellitendaten (monitoring) wichtige Beiträge zur Erforschung der Ursachen und Auswirkungen von Desertifikationsprozessen zu leisten, führte zur Erarbeitung effizienter Methoden der Datenauswertung und deren Anwendung im Rahmen von Fallstudien (VanGenderen et al.1978, Myers et al.1978, Worcester et al.1978, Bonner et Morgart 1980).

Insbesondere die für die Aufzeichnung relativ kurzfristiger Phänomena, wie der Vitalitätsdynamik des sahelischen Graslandes während der Regenzeit, geeigneten Überflugintervalle der meteorologischen Fernerkundungssatelliten des Typs NOAA ($\approx$ 102 min, Guillot 1981, gegenüber 18d(16d) für Landsat 1-3(4,5) und 26d (bei "viseé laterale" 4-5d in Funktion der geogr.Breite) für SPOT) und die Möglichkeit zur Erfassung spektraler Informationen im Rot und n-IR (NOAA 6ff./AVHRR seit 1979) sowie die Berechnung des Biomasse-korrelierten NDVI führten trotz der geringen räumlichen Auflösung der Daten von 1.1km (LAC, Local Area Coverage) bzw. 4km (GAC, Global Area Coverage) zu intensiven Forschungen in Hinblick auf Analysen der Vegetationsdynamismen in kontinentalem bis globalem Maßstab (Tucker et al. 1983, RSS 1986, Townshend et al. 1989, RSS 1991).

150

Die Erkenntnis, daß der regional differente anthropogene Druck auf die semi-
ariden Grasländer des Sahel den generellen Trend zur Aridität in entscheidendem
Ausmaß überlagert, daß m.a.W. die regionale Analyse des Problems mit Berücksichtigung kleinräumiger Dynamismen von Physiognomie, Struktur (und Taxonomie) von großer Bedeutung ist, bewirkte unverändertes Engagement bei der
Anwendung hochauflösender Satellitendaten (pixel size < 80m - Landsat MSS
und TM, SPOT) (z.B.ERIM 1974ff, ESA 1980ff., ORSTOM 1990).

Die Effizienz der visuellen und/oder digitalen Klassifikation von Landsat- und
SPOT-Daten zur Kartierung von Landnutzung bzw. von Vegetationstypen in großräumigen Untersuchungsgebieten mit besonderer Berücksichtigung des multitemporalen Aspektes wurde allenthalben genutzt (z.B. Olsson L. 1985, Audru et al.
1987).

Die bereits mehrfach diskutierte Problematik , räumliche, spektrale und zeitliche Auflösung der Fernerkundungsdaten in Funktion der Projektparameter zu
optimieren, führt zur logischen Konsequenz, in verstärktem Maße auf die Nutzung
verschiedenster Sensoren zu zielen (multilevel monitoring and sampling scheme,
z.B.Hardy 1981).

Dies kann bedeuten, hohe zeitliche mit mittlerer räumlicher Auflösung zu
kombinieren (NOAA/AVHRR + Landsat MSS, z.B. Courel 1985, Schneider et
al. 1985, NOAA/AVHRR + SRF, Tucker et al. 1985, NOAA/AVHRR + Landsat TM, SPOT XS, Achard et Blasco 1990).

Die Ergebnisse üblicher (unüberwachter) Klassifikationen von AVHRR-Daten
stimmen wohl qualitativ (Gervin et al. 1985), im Fall der Kalkulation von NDVI-
Indices nicht aber quantitativ mit entsprechenden Analysen von Landsat MSS- und
SPOT XS-Daten überein. Demzufolge wird zum Beispiel vorgeschlagen, die relativ hochauflösenden SPOT-XS-Daten zur Kalibrierung der AVHRR-NDVI-Werte
heranzuziehen (Griffiths et Tekie 1990).

Bei Konzentration auf den Aspekt möglichst hoher räumlicher Auflösung, verbunden mit der Berücksichtung spektraler Informationen des n-IR, führt der Weg
zur Kombination von Satellitendaten der Landsat(TM) und SPOT(XS) Generation
mit Luftbildfolgen mittlerer und gegebenenfalls großer Maßstäbe. Hiebei können
sowohl Parameter wie Textur und Struktur der Vegetation als auch multitemporale
Entwicklungen über größtmögliche Zeiträume (z.B. Westafrika: IGN-Luftbilder
seit 1952, Landsat seit 1972) verknüpft werden (z.B. Gilruth et al. 1990).

Verbunden mit der Möglichkeit zur Vitalitätsansprache im n-IR ist insbesondere die nach Textur und Struktur orientierte stereoskopische Auswertung der
Vegetationsformationen. Dies ist bei heterogenen, kleinräumigen und oft mosaikartig angeordneten Vegetationsmustern des (Sudano-)Sahel (vgl.Kap.7.) von ent-
scheidender Bedeutung.

Die Nutzung des diskutierten Spektrums von Fernerkundungsdaten (Landsat
MSS und TM, SPOT XS, unter Vernachlässigung der meteorologischen Satelliten)
für innerhalb der Republik Mali regional begrenzte Untersuchungen umfaßt vornehmlich hydrologische und geomorphologische (Niger-Binnendelta, z.B. Guyot
1986, Diakite et al. 1986, Short et Blair 1986, ORSTOM 1986, Jacobberger
1986a, Brivio et al. 1988, Pion et al. 1990) und in geringerem Ausmaße vegeta-
tionsspezifische Fragestellungen (z.B. Jacobberger 1986b, Defourny 1988).

Die Tendenz, Forschungsarbeiten langfristig auf begrenzte, nach gewissen Gesichtspunkten einstmals ausgewählte Regionen zu konzentrieren, führte zu einer Flut von vegetationsorientierten Fernerkundungsanalysen in den wohluntersuchten (sudano-)sahelischen Gebieten des Férlo (Nord-Senegal, z.B.Courel 1985) oder des Oursi (Nord-Burkina Faso, z.B. Devineau 1990).

Im Bereich des Canal du Sahel wurden bis auf nicht zugängliche Erhebungen des Office du Niger (Ségou), die dem Themenkreis unveröffentlichter Projekte meist hydro-technischer Art (Bewässerungssysteme) zuordbar sind, visuelle Interpretationen der Landnutzung und Vegetationsbedeckung mittels multitemporaler Satellitenbilder (Landsat MSS) durchgeführt (List et al. 1986, Kußerow 1990).

Ausgehend von der im vorliegenden Fall für ein Untersuchungsgebiet im Umfeld des Canal du Sahel (vgl.Abb.3.1.) auf Felderhebungen, radiometrischen Messungen, visuell stereoskopischen Luftbildanalysen und visuellen sowie digitalen Satellitenbildanalysen basierenden Vielfalt (multi-level monitoring, Townshend 1981) von Sensoren, Plattformen und Methoden der Fernerkundung und deren Nutzung für umfassende multi-temporale und thematische Forschungen zur Degradations- und Desertifikationsgenese des anthropo-zoogen überformten Graslandes sind erste Teilergebnisse in Form visueller Interpretationen historischer Luftbildreihen (1952) und historischer bzw. recenter Satellitenbilddaten (1976, 1990) erarbeitet worden (Csaplovics 1990).

Im folgenden sollen nun die als letzte Stufe des Arbeitskonvoluts angeordneten Analysen repräsentativer Satellitenbilddaten (Landsat MSS + TM) skizziert werden.

8.1 Satellitenbilder - allgemeine Bemerkungen

Tabelle 8.1. Basisdaten des analysierten Satellitenbild-Konvoluts

Landsat	Sensor	Szene	Aufnahmezeitpunkt
1	MSS	213-50	16.11.1972
1	MSS	213-50	19.6.1975
1	MSS	213-50	26.2.1976 *
5	TM	198-50/III	28.7.1984
5	MSS	198-50	5.2.1985
5	TM	198-50/III	10.11.1987
4	TM	198-50/III	31.3.1990 *

* im folgenden explizit behandelte Datensätze

Multitemporale und -saisonale Bilddaten dokumentieren die Entwicklung des Landschaftsbildes für den maximal möglichen Zeitraum von 1972 bis 1990. In

152

Abstimmung mit den im Februar/März 1990 durchgeführten Feldarbeiten waren
die historischen Daten aus den Jahren 1976 und 1985 von Bedeutung. Für den
Zeitpunkt der Feldarbeiten sollte ein aktuelles, mit Messungen vor Ort verknüpf-
bares TM-Satellitenbild beschafft werden. Leider zogen gerade am 27.2.1990,
dem Tag des Überflugs von Landsat 4, dichte Wolken über dem Fala von Molodo
auf und einige, für diese Periode der Trockenzeit mehr als unübliche Regentrop-
fen zerstörten die Hoffnung auf klaren Himmel endgültig. Am Tag des nächsten
SPOT-Überfluges (10.3.1990) wehte ein stürmischer Vorbote des Harmattan, der
den Himmel mit Sandschlieren überzog. Glück im Unglück brachte die Möglichkeit, die Daten des übernächsten Aufnahmetermins (2x16d) von Landsat 4-TM zu
sichern und in weiterer Folge dem Konvolut historischer Satellitenbilder als aktuelles Pendant hinzuzufügen.

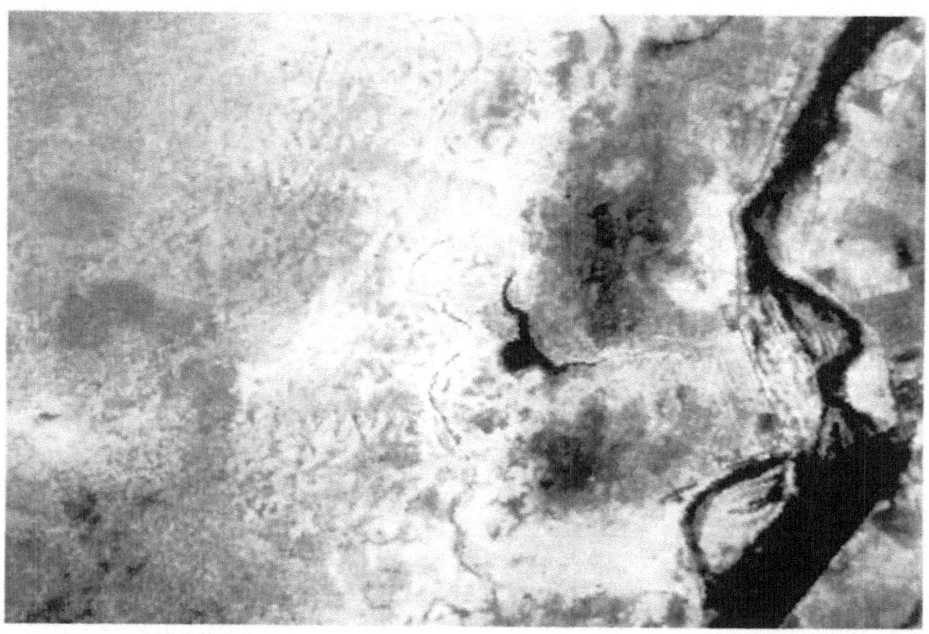

Abb.8.1. Canal du Sahel, Satellitenbild des Untersuchungsgebietes, Landsat 1 MSS, 213-
50, 26.2.1976, obere Bildhälfte-Rohdaten, untere Bildhälfte-korrigierte Daten (Monitorbild)

Die im Zuge der Geländearbeiten radiometrisch gemessenen atmosphärischen
Parameter (vgl.Kap.6., Abb.6.12-6.14.) konnten mit den bei mehrjährigen Meß-
kampagnen in ähnlichen klimatischen Räumen gemessenen Werten (freundl. Mitt.
Dr.A.Richter, FU Berlin) verglichen werden. Für die atmosphärische Korrektur
der TM-Daten 1990 wurde ein auf diesen Werten basierendes Atmosphärenmodell
(Simulation of the Satellite Signal in the Solar Spectrum, 5S-Modell) adaptiert
(Tanre et al. 1979).

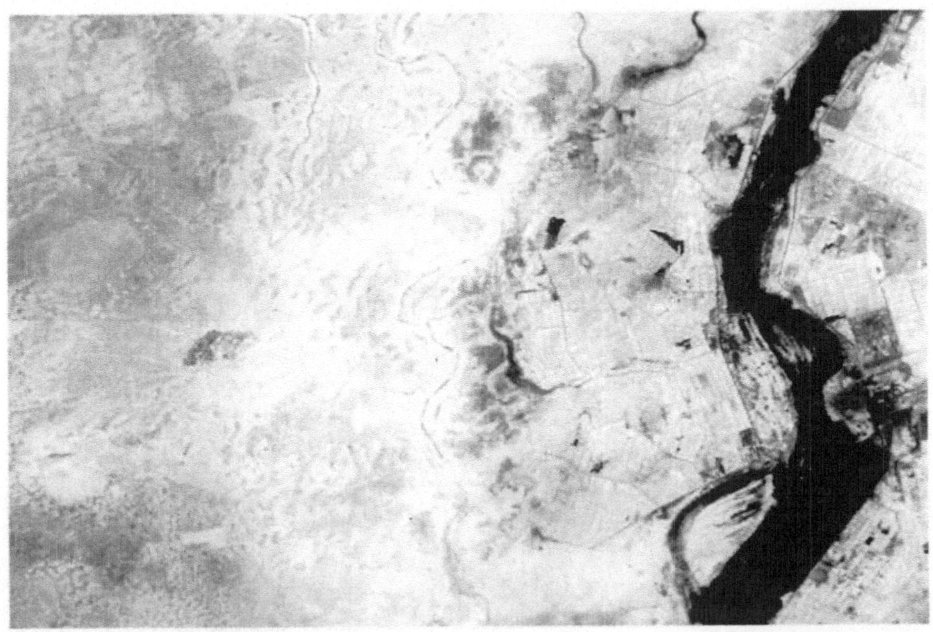

Abb.8.2. Canal du Sahel, Satellitenbild des Untersuchungsgebietes, Landsat 4 TM, 198-50/III, 31.3.1990, obere Bildhälfte-Rohdaten, untere Bildhälfte-korrigierte Daten (Monitorbild)

Eingangs waren sämtliche Datensätze, die detaillierteren Analysen dienen sollten, geometrisch und unter Anwendung der üblichen Algorithmen in Abhängigkeit des Sensortyps (Markham et Parker 1987a et 1987b) radiometrisch korrigiert worden.

Aufbauend auf letzteren Operationen erfolgte die bereits erwähnte atmosphärische Korrektur unter Zuhilfenahme des näherungsweise anwendbaren Modells. Daß die für die exakte Kalkulation eines der artigen Modells notwendigen umfangreichen Messungen (vgl. Sellers et al. 1990) im Rahmen einer ausschließlich durch Eigeninitiative und knappste Budgetierung ermöglichten Expedition nicht möglich sein werden, war von Anbeginn der Forschungsarbeiten klar. Demzufolge wurde der natürlich nicht exakt abgesicherte Versuch unternommen, nicht nur die rezenten Satellitendaten des Jahres 1990, sondern auch die zwar saisonal ein wenig früher aufgenommenen, aber wegen der zur Mitte der Trockenzeit relativ konstanten Wetterverhältnisse mehr oder weniger vergleichbaren Bilddaten des Jahres 1976 auf exemplarische Weise dem Korrekturalgorithmus zu unterziehen. Die thematisch spezifische Beschreibung der Bildinhalte erfolgt im Zuge der Diskussion erster (visueller) Interpretationsergebnisse in Kap.8.2.

154

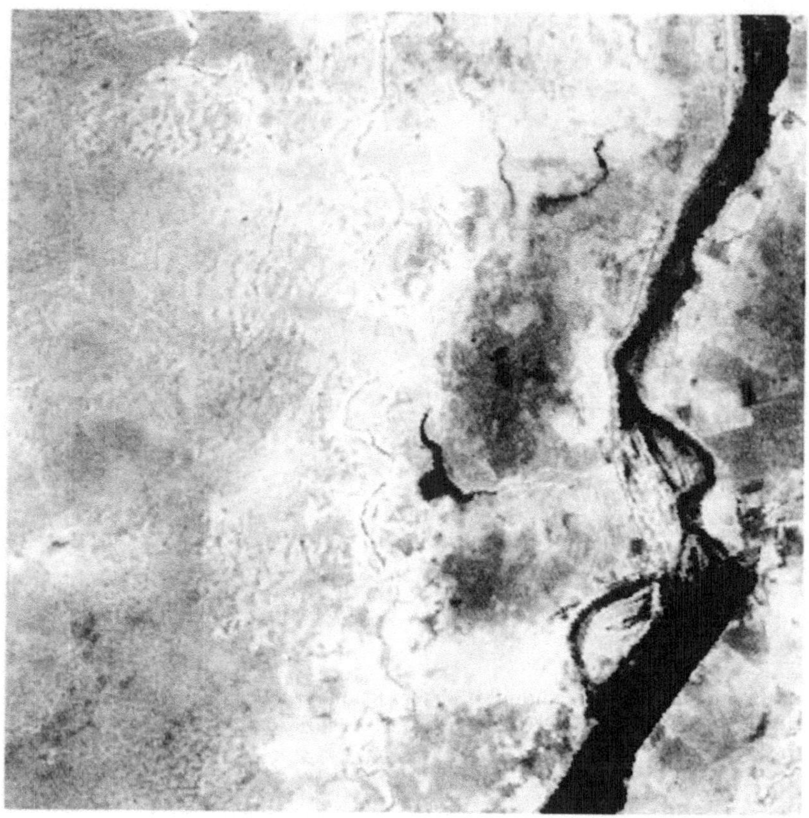

Abb.8.3. Canal du Sahel, Satellitenbild des Untersuchungsgebietes, Landsat 1 MSS, 213-
50, 26.2.1976, Atmosphärenkorrektur, M = 1:250000

Ohne vorerst näher auf diese vegetationsspezifischen Bildinhalte einzugehen,
dokumentiert die bloße Gegenüberstellung der nur geometrisch und der zusätzlich
radiometrisch und atmosphärisch korrigierten Daten für II.1976 und III.1990, daß
einerseits der durch die Wellenlängenabhängigkeit des Streuverhaltens an den
Partikeln der Luftschichten dominante blaue Strahlungsanteil (Schanda 1986) das
Bildsignal auffallend verfälscht und dieser Effekt andererseits durch Anwendung
geeigneter Algorithmen korrigiert werden kann (Abb.8.1., 8.2.).
  Die zu diskutierenden Satellitenbilder des Untersuchungsgebietes werden,
wenn nicht anders vermerkt, im folgenden stets in geometrisch korrigierter Form
im Maßstab 1:250000 und in der Spektralkombination n-IR ≡ Rot, Rot ≡ Grün,
Grün ≡ Blau wiedergegeben. Je nach räumlicher Auflösung des Sensors wurde
auf Bildelementgrößen von 50mx50m (MSS) oder 25mx25m (TM) rektifiziert.
Erste Hilfen bei der Ortung topographischer Details bieten die Abb.3.1. und 4.1.
(Abb. 8.3.,8.4.).

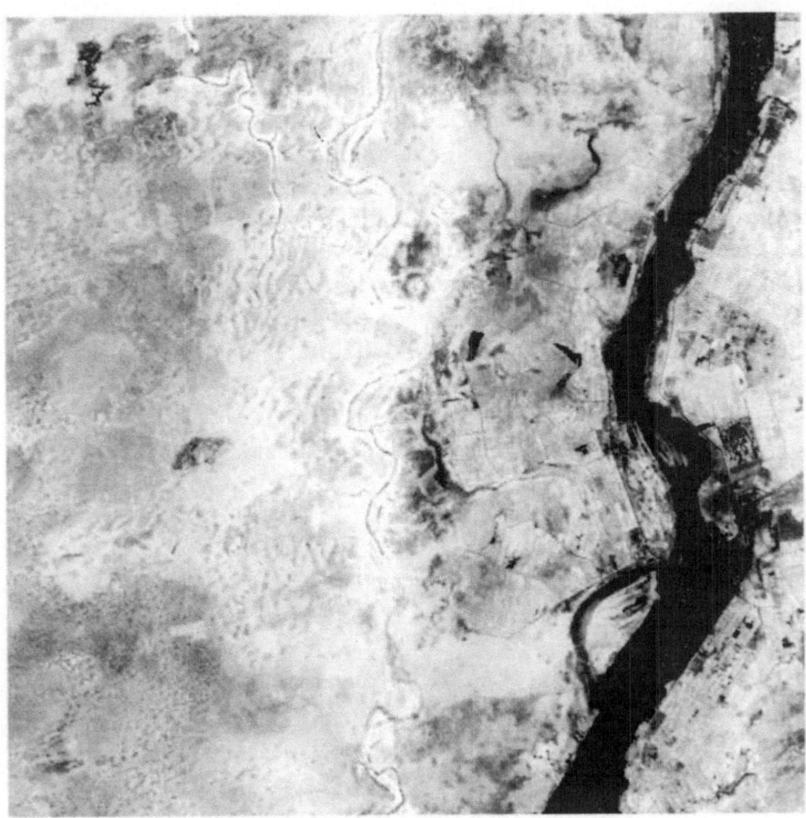

Abb.8.4. Canal du Sahel, Satellitenbild des Untersuchungsgebietes, Landsat 4 TM, 198-50/III, 31.3.1990, Atmosphärenkorrektur, M = 1:250000

8.2 Visuelle Interpretation der Satellitenbilder 1976 und 1990

In Hinblick auf den multitemporalen Aspekt der Untersuchungen und den Zeitpunkt der Geländearbeiten 1990 bietet sich die exemplarische Klassifikation der Photo-Plots 1976 und 1990 an. Der in Kap.7 begonnene systematische Aufbau eines nach Maßstäben der Auswertungen (in Funktion der unterschiedlichen Sensoren und Plattformen) gegliederten Kartierungskonvoluts ist nun um die mit Satellitenbildern vor Ort in Maßstäben 1:100000 und anschließend in 1:200000 komprimierten visuellen Klassifikationen zu ergänzen.

Konkrete Ergebnisse dieser Forschungen liegen bereits in publizierter Form vor (Csaplovics 1990). Unter Hinweis auf diese Publikation sollen die Methoden der Auswertung skizzenhaft besprochen werden.

Ausgehend von den korrigierten und über Digital-Analog-Transfer als Dia-

156

Positive geplótteten Satellitenbildern (Abb.8.3.,8.4.), die in Form von Papierab-
zügen 1.100000 teils gezielter Verifikationsarbeit vor Ort, teils intensivem Inter-
pretationstraining dienten, mußte ein spezifischer, dem spektralen und geometrischen Auflösungsvermögen angepaßter Klassifikationsschlüssel entwickelt werden.

Das durch dominanten Einfluß der Physiognomie, jedoch bei zunehmender
anthropogener Prägung der Landschaft auch durch großflächige Strukturmuster
(Trockenfeldbau) geprägte Bild der Vegetation in den Satellitenbildern 1976 und
1990 erlaubt eine grobe Gliederung des Untersuchungsraumes in folgende, durch
anthropogenen Druck mehr oder weniger geprägte Einheiten (vgl. Legende zu
Abb.8.5.-8.7.), die spezifischen Kombinationen der den Luftbildanalysen (Kap.7.,
insbesondere im Maßstab 1:50000, Abb.7.19., 7.20.) zugrunde liegenden Klassen
entsprechen (LB,in Klammer):

Einheit 1:	Grasland (Savannenrelikte) mit eingestreutem, teils relativ dich- tem Gehölz (LB:primär A_d, A_{di}, H_d, sekundär A_{mo}, H_{sp})
Einheit 2:	Grasland mit eingestreutem Gehölz, stark geprägt durch Busch- feuer (feux de brousse), TM März 1990 (vgl.T6 der Kartierun- gen in situ) (LB:primär H_d, H_{sp}, B_d, B_{di}, sekundär A_{di}, A_{mo})
Einheit 3:	Grasland mit starker Prägung durch Trockenfeldbau, großflächi- ge Urbarmachung (défrichement) auf meist nicht geeigneten Böden, TM März 1990 (im NW des Untersuchungsgebietes) (LB:primär C_s, C_{sd}, C_{sj}, sekundär A_{mo}, H_{sp})
Einheit 4:	übernutzte Trockenfeldbauringe um Dörfer im Grasland (Degra- dationsringe) (LB:primär $C_s, H_{sp}, H_{dég}$, sekundär A_{mo}, B_{mo})
Einheit 5:	Grasland am westlichen Rand des delta mort, stark anthropo- zoogen überformt, zunehmender Anteil von Büschen und Sträu- chern in der Gehölzschicht (strate ligneux) (LB:primär $A_{mo}, B_{mo}, H_{sp}, H_{dég}$, sekundär A_{di}, B_{di})
Einheit 6:	Grasland entlang des Office du Niger, sehr stark degradierte Gehölz- und Grasschicht, stellenweise Trockenfeldbau (LB:primär A_{mo}, B_{di}, H_{sp}, sekundär B_{di})
Einheit 7:	desertifiziertes ehemaliges Grasland entlang des marigots (- -), blanke Böden (LB:primär $H_{dég}$, sekundär A_d, A_{di} = pseudo-galeries (Roberty 1946) entlang des periodisch wasserführenden marigot, vgl. Abb.7.5.,7.6.)

Einheit 8:   Trockenfeldbau-Gebiete entlang des Office du Niger, dichte Besiedelung (vgl.Abb.4.1.), degradierte (übernutzte) Böden (LB:primär C_s, C_{sd})

Einheit 9:   größere Siedlungen (Niono, Molodo)

Einheit 10:   Feuchtgebiete und Wasserflächen des Canal du Sahel

Einheit 11:   Bewässerungsfeldbau des Office du Niger (Anbau von Reis) (LB:C_i)

Einheit 12:   Buschland am Rande des Canal du Sahel, Dominanz eines Mosaiks von Rodungsflächen (Holzgewinnung, Trockenfeldbau) (vgl.Abb.7.14.-7.16.). (LB:A_{mo},C_{sp})

Einheit 13:   Straßen und Pisten

Einheit 14:   Verlauf fossiler Verzweigungen des ehemaligen Niger-Binnendeltas (marigots, wasserführend während und unmittelbar nach der Regenzeit)

Um dem multitemporalen Aspekt der visuellen Interpretation der Satellitenbilder des Untersuchungsgebietes noch größeres Gewicht zu verleihen, wurde in extenso der spannende Versuch gewagt, unter Berücksichtigung des vorhin entwickelten Klassifikationsschemas den Kartierungen für 1976 und 1990 eine überblicksartige Inventur der flächendeckenden Luftbildreihen des Jahres 1952 im Maßstab 1:200000 hinzuzufügen. Das resultierende Kartenkonvolut dokumentiert die Dynamik von Vegetation im engeren bzw. Bodenbedeckung und Landnutzung im weiteren Sinn für eine Periode von fast 40 Jahren (Abb.8.5.,8.6.,8.7.).

Daher können auch interessante Anknüpfungspunkte an die z.B. von Aubréville (1949) beschriebenen Prozesse zunehmender Desertifikation bzw. die von Roberty (1946) unter anderem auch für den Bereich des Fala von Molodo in concreto analysierten Vegetationsgesellschaften angedeutet werden.

Bei Betrachtung der Satellitenbildausschnitte (Abb.8.3.,8.4.) und der resultierenden Kartierungen (Abb.8.5.-8.7.) fällt vor allem die signifikante Zunahme der durch steigenden anthropogenen Druck beeinflußten bzw. degradierten Zonen auf. Der großräumige Kontext der Vegetationstypologie verändert sich von sudanosahelischer Savanne (1) (1952) zu (semi-)aridem, aber vor allem durch anthropogen induzierte Einflußnahme wie Feuer und Beweidung geprägtem Grasland mit meist in Streifen oder Mosaiken eingestreuten Gehölzfluren (2) (beginnend 1976 und massiv 1990), (vgl.en détail Kap.7.).

158

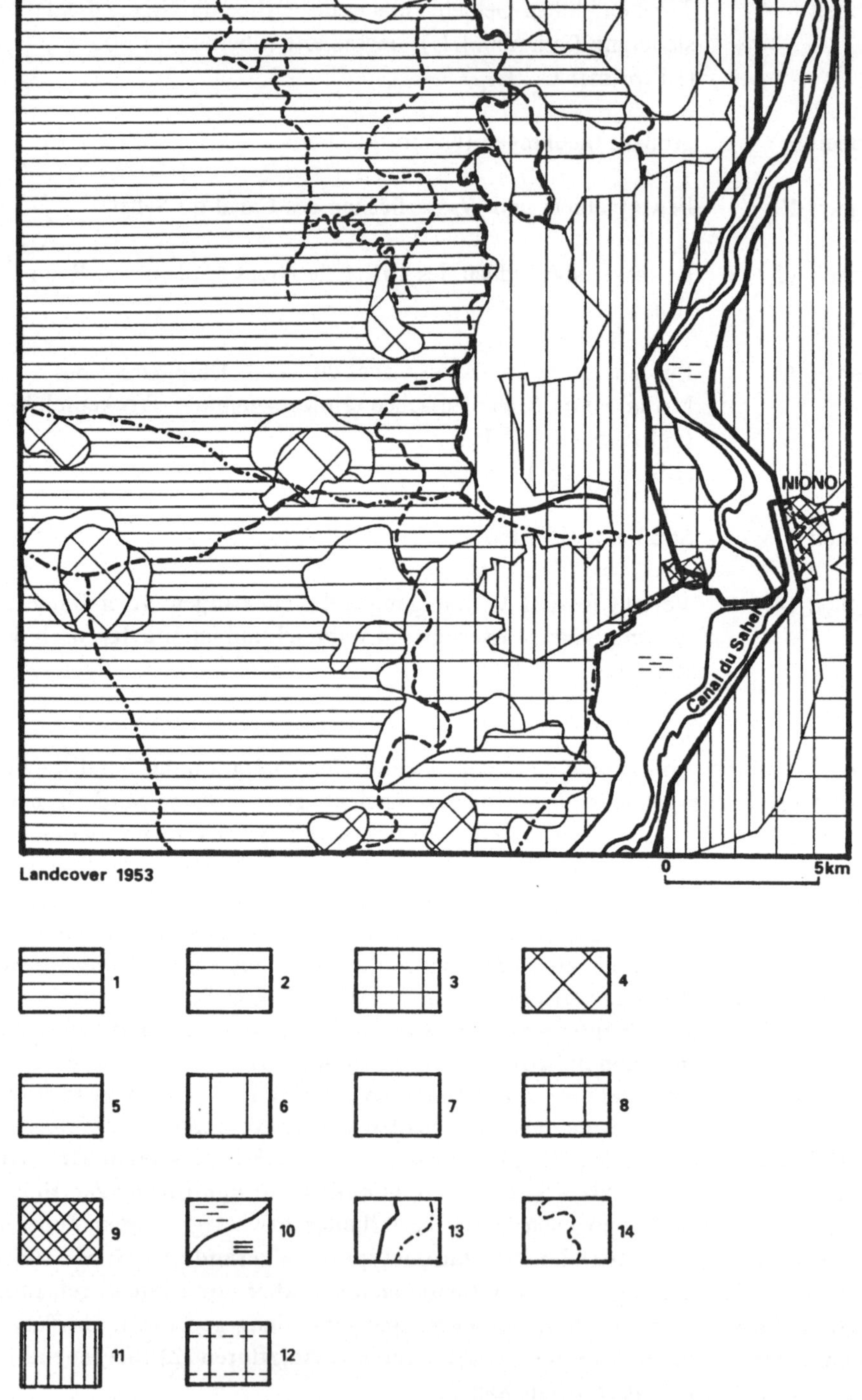

Abb.8.5. Vegetation, Bodenbedeckung und Landnutzung im Untersuchungsgebiet, Stand 1952, visuelle Interpretation der SW-Luftbildfolgen, M = 1:250000

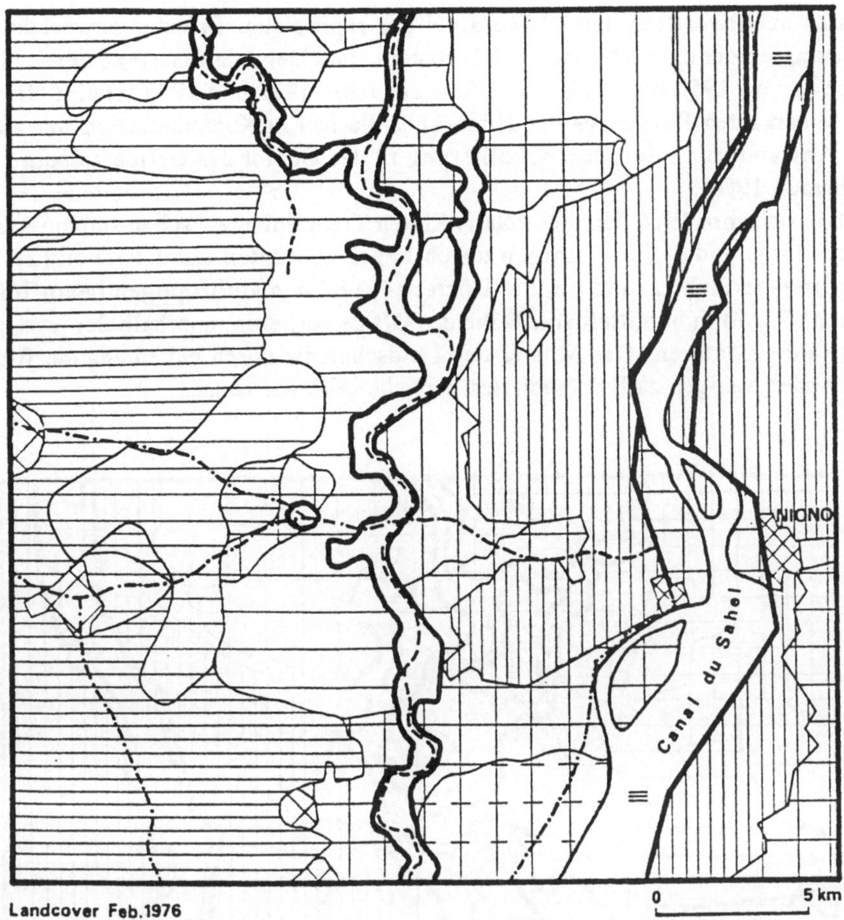

Abb.8.6. Vegetation, Bodenbedeckung und Landnutzung im Untersuchungsgebiet, Stand II.1976, visuelle Interpretation des geometrisch und atmosphärisch korrigierten Auschnittes aus Landsat 1 MSS, 213-50, M = 1:250000

Der Versuch, die für die Versorgung der Dörfer nötigen Mengen an Hirse zu ernten, führte vor allem seit 1976 zur Urbarmachung ehemaligen Graslands, dessen Böden vielerorts kaum für den Trockenfeldbau geeignet sind und in Verbindung mit der Vernachlässigung des Brachezyklus sehr bald Ernteverluste und damit die sukzessive Erschließung neuen (ungeeigneten) Ackerlandes bewirken (+2.3%/a für ein Testgebiet in Zentral-Mali, vgl.Le Houérou 1979b, Haywood 1981). Dieser stark zunehmende Flächenverlust an Weideland manifestiert sich in vorliegendem Fall durch das weiträumige Ausufern von Hirsefeldern im NW des Untersuchungsgebietes (3) (1990).

Die stark anthropo-zoogen überformte Zone (5) breitet sich in Übereinstimmung mit den durch die Dürrekatastrophen 1972/73 und 1983/84 massiv ausgelösten Migrationsbewegungen sahelischer Pastoralisten nach Süden und der damit verbundenen Konzentration von Siedlungen im Einzugsbereich wasserreicher Re-

gionen auch westlich des Office du Niger rapide aus. Erwähnenswert ist das
Schrumpfen der charakteristischen Nutzungs- und Degradationsringe um das Dorf
Ngodila von 1952 bis 1976. Die Dürre der Jahre 1972 und 1973 scheint Ursache
eines markanten Rückgangs der Hirse-Anbauflächen in Kommunikation mit massi-
ver Abwanderung der Dorfbevölkerung in das Gebiet des Office zu sein (vgl.
Maharaux 1986).

Die im Jahre 1976 dennoch relativ klaren Trennlinien zwischen sudano-saheli-
schem Grasland (1) und einigen durch Feuer geprägten Landstrichen (2), den
Nutzungsbereichen rund um die Dörfer (4) und den anthropogen beeinflußten
Zonen (5,6,8) in unmittelbarer Nähe des Office verlieren innerhalb der letzten 15
Jahre ihre Konturen. Das Muster der Landschaft ist durch ein Ineinanderfließen
mehr oder weniger stark degradierter Bereiche gekennzeichnet.

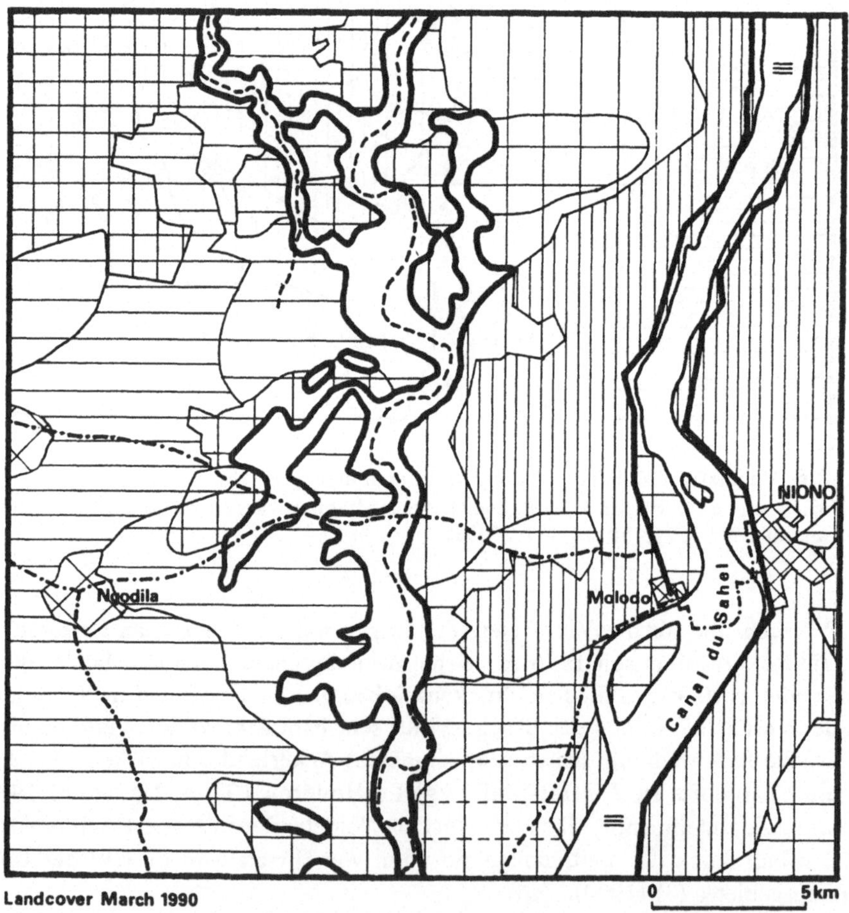

Abb.8.7. Vegetation, Bodenbedeckung und Landnutzung im Untersuchungsgebiet, Stand
III.1990, visuelle Intepretation des geometrisch und atmosphärisch korrigierten Ausschnittes
aus Landsat 4 TM, 198-50/III, M = 1:250000

Savannenähnliche Reliktzonen am Südrand des Arbeitsgebietes (1) (1952) unterliegen einer bereits 1976 ausgeprägten Degradation (8) in Richtung fortschreitender mosaikartiger Auflichtung und Urbarmachung, die durch Luftbildanalysen en détail belegt ist (vgl. Abb.7.14.-7.16.)

Als Synonym für die zunehmende Gefahr großflächiger Desertifikation, die im vorliegenden Fall entlang der periodisch wasserführenden Depressionen des in Nord-Süd-Richtung verlaufenden marigot als Folge kulminierender Nutzungsansprüche von Mensch (Holzgewinnung) und Vieh (Tränke, Beweidung) eskaliert, steht wohl die damit verbundene dramatische Zunahme nahezu vollständig denudierter Böden (7) (vgl.Abb.7.2.). Alles in allem läßt die Diskussion des nunmehr im Überblick vorgestellten Informationspotentials visuell interpretierter Satellitenbilder, der gewagten Verknüpfung mit visuellen Auswertungen historischen Luftbildmaterials sowie der multitemporalen Analyse regressiver Prozesse der Entwicklung (sudano)-sahelischer Vegetationsgesellschaften im Umfeld des Office du Niger ein großes, noch nicht optimal genutztes wissenschaftliches Datenpotential erahnen (vgl.Csaplovics 1990).

8.3 Digitale Klassifikation der Satellitendaten 1976 und 1990 - Anwendungsbeispiele

8.3.1 Der Vegetationsindex

Die atmosphärisch korrigierten Grauwerte der Satellitendaten MSS II.1976 und TM III.1990 ermöglichen die bildelementweise Kalkulation und Darstellung von Vegetationsindices (Rouse et al. 1974, Tucker 1979) nach

$$NDVI = (X3\text{-}X2)/(X3+X2)$$

mit　　X3 = Strahlungsinformation im n-IR
　　　　X2 = Strahlungsinformation im Rot

Nach Streckung der Originalwerte auf den Bereich von 256 Grauwertstufen und Kodierung der durch Radiometermessungen vor Ort gestützten Indices für denudierte Böden bzw. Gras- und Gehölzschichten ergibt sich ein multitemporales Bild der Ausbreitung vollkommen vegetationsfreier und des Rückgangs relativ dicht bewachsener Flächen im Zeitraum 1976-1990 (Abb.8.8.,8.9.).

Unter Berücksichtigung der zum Zeitpunkt der Datengewinnung dürren Gras- bzw. nur teilweise belaubten Baum- und Strauchschicht folgt eine entsprechende Korrelation des NDVI mit gerade diesen Faktoren. In der folgenden Diskussion muß diese Tatsache berücksichtigt werden.

Der NDVI-Intervall der degradierten und desertifikationsgefährdeten Böden in unmittelbarer Nähe des Office du Niger beträgt 0 - 0.02 (Rot), jener der mehr oder weniger dicht mit Vegetation bestandenen Flächen 0.07 - 0.22 (Grün).

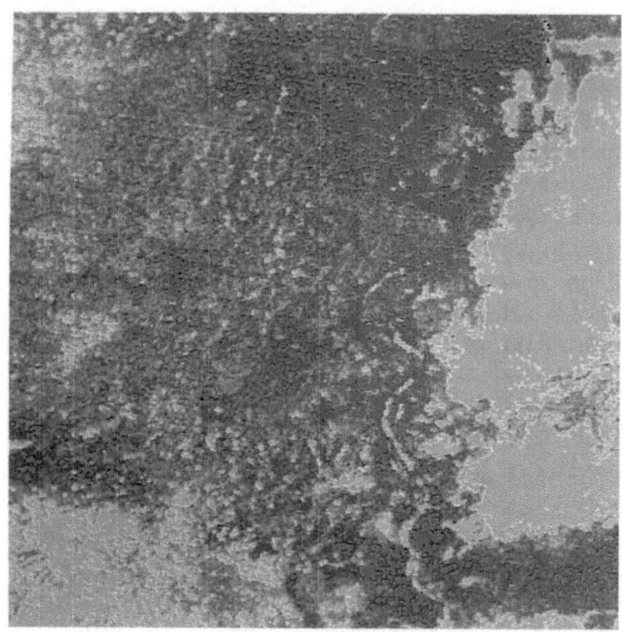

Abb.8.8. NDVI der Bilddaten Landsat 1 MSS, II.1976 (Westteil des Untersuchungsgebietes) (0-0.02 = Rot, 0.07-0.22 = Grün) (Monitorbild)

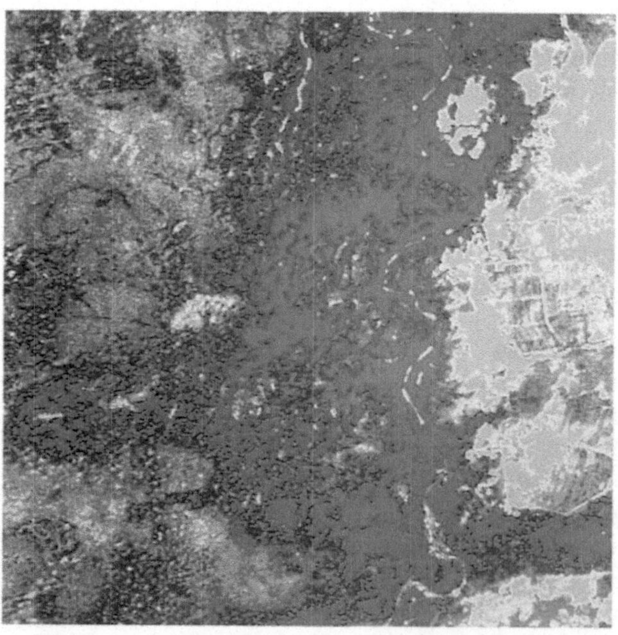

Abb.8.9. NDVI der Bilddaten Landsat 4 TM, III.1990 (Westteil des Untersuchungsgebietes) (0-0.02 = Rot, 0.07-0.22 = Grün) (Monitorbild)

In Kenntnis des Problems, inwieweit aus Bodenmessungen bzw. aus korrigierten Satellitendaten ermittelte NDV-Indices korrelierbar sind, (vgl.Tucker et al. 1985, für AVHRR-Daten Korrelationskoeffizienten von 0.33 bis 0.80), kann an dieser Stelle nur der Versuch angedeutet werden, Werte aus radiometrischen Messungen vor Ort (Feb./März 1990), (vgl.Kap.6) mit den oben angegebenen Intervallgrenzen zu vergleichen.

Degradierte Böden westlich von Ngodila (T3, vgl.Abb.6.1.) und Böden in Bereichen großflächiger Denudation weisen aus Messungen in situ berechenbare Indices um 0.02 auf.

Reflexionskurven von Sandflächen bzw. Kalksandstein bieten die Grundlage für die Schätzung ähnlicher Werte (Krinow 1947, Hoyer et al. 1974).

Das Reflexionsverhalten von Böden mit tonhaltiger Limonit-Fraktion läßt auf Indices um 0.01 schließen (Siegal et Gillespie 1980).

Das Szenario einer kritischen Diskussion ist um die nach Flächenanteilen gewichtete Hochrechnung von terrestrisch ermittelten Reflexionswerten auf ein Untersuchungsfeld T_i (50mx50m) und die Einordnung in die satellitenbildrelevanten NDVI-Intervallgrenzen erweiterbar.

Für das in situ kartierte Feld T8 (vgl.Abb.6.10.) kann durch Verknüpfung der vor Ort erhobenen Vegetationsparameter mit den radiometrischen Daten (Abb. 6.18.) ein genäherter NDVI von 0.16 postuliert werden, der bei minimalem Deckungsgrad der Gehölze (0.03) nahezu ausschließlich auf dem spektralen Reflexionsverhalten der relativ dichten dürren Grasschicht beruht. Diese nur in Relikten anzutreffenden, durch die Kartierung von T8 charakterisierten kleinräumigen Bereiche liegen ca.2km östlich von Ngodila (Abb.8.9., Pfeilsignatur).

Limitierender Faktor für die Relevanz der aus NDVI-Werten (NOAA/ AVHRR) kalkulierbaren Biomasse der Grasschicht ist unter anderem ein Gehölzanteil mit Deckungsgraden größer 10% (Le Houérou 1989).

In vielen Bereichen des Untersuchungsgebietes muß dieser Faktor berücksichtigt werden, (z.B. in 4 von 8 Testfeldern).

Ein Versuch, aus langen Meßreihen ermittelte lineare Regressionsgleichungen des funktionellen Zusammenhang von Biomasse (Trockengewicht) und NDVI (AVHRR!) (Tucker et al. 1985) auf den für die dürre Grasschicht in T8 relevanten Wert (0.16) anzuwenden, führt unter Berücksichtigung des Bodenanteiles (20%) auf Werte von ca. 400kg Trockensubstanz/ha.

Der für die epigene Biomasse der Grasschicht relevante MSC-Wert ("maximum standing crop", Sept./Okt.) beträgt in der sudano-sahelischen Übergangszone ca. 800-3000 kg DM/ha.a (DM = dry matter), wobei die massive Dezimierung dieser Biomasse während der Trockenzeit zu beachten ist (40-65%). Insbesondere ab Februar/März ist die epigene Biomasse der Grasschicht zu mehr als 95% dürr (DM) und demzufolge den negativen Einflüssen äolischer Erosion, verstärkt durch Viehtritt u.ä., ausgesetzt (Le Houérou 1989).

Bei Annahme einer Biomasse-Reduktion von 50% (bis Februar), wie im Rahmen von Untersuchungen auf der Versuchsfarm von Niono (Station du Sahel) für einjähriges Grasland (*Schoenefeldia gracilis*, kein Viehtritt, sandiger Boden) ermittelt (Diarra 1976), kann für das Kartierungsfeld T8, das ähnliche edaphische Bedingungen aufweist, jedoch in vollem Umfang dem Beweidungsdruck der aus

164

dem nahegelegenen Ngodila stammenden Herden ausgesetzt ist, ein MSC von 800 kg DM/ha.a en minimum geschätzt werden.

Die an Blattproben in situ gemessenen spektralen Reflexionscharakteristika bieten die Grundlage zur Berechnung eines mittleren NDVI und ermöglichen des weiteren - bei Annahme eines Blattflächenindex (LAI) von 0.8 (vgl.Poupon 1980) und Adaption linearer Regressionsfunktionen von Biomasse und NDVI, wie sie in anderem Zusammenhang durch Radiometer-Meßreihen ermittelt wurden (Sharman et Vanpraet 1983) - die Abschätzung eines Wertes für die im sudano-sahelischen Grasland (z.B. Kartierung von Testfeld 8) in Funktion des Deckungsgrades der Gehölze in der Trockenzeit verfügbare Blatt-Trockensubstanz. Demzufolge stehen in à la T8 strukturierten Bereichen mit geringer Gehölzdichte (Deckungsgrad 3%) ca.50kg DM/ha zur Verfügung. Zu Vergleichszwecken ausgeführte, auf den strukturellen Parametern anderer, repräsentativer Kartierungsfelder beruhende Schätzungen liegen in einer Bandbreite zwischen ca. 10kg DM/ha (T1, Grasland mit rudimentärer, xerophil geprägter Gehölzschicht, *Balanites aegyptiaca*) bis 250 kg DM/ha (T2, relativ dicht bestandene Gehölzstreifen), wobei begünstigte Gebiete in unmittelbarer Nähe des Bewässerungsfeldbaus Werte von ca.350 kg DM/ha (T4) bis ca.900 kg DM/ha (P2) aufweisen.

Poupon (1980) gibt für Untersuchungen im Fété-Olé (Nord-Sénégal, 220mm/a) einen Mittelwert von 120 kg DM/ha bei Minimalbeträgen von 25 kg DM/ha (Dünenrücken) und Maximalbeträgen von 658 kg DM/ha (Depressionen) an.

Wesentlich gezieltere Untersuchungen sollten dem gesamten Problemkreis, ausgehend von der Notwendigkeit, den mehr oder weniger hypothetisch übernommenen Blattflächenindex in Funktion der zur Mitte der Trockenzeit bereits verbreiteten, je nach Topographie unterschiedlich intensiven Beweidung von Baum und Busch (browsing) zu setzen, gewidmet werden.

Weiters ist auf den artenspezifisch differierenden Futterwert hinzuweisen, der z.B. den für T6 geschätzten Wert von ca. 200kg DM/ ha zufolge des ausschließlich von Gehölz der Gattung Combretaceae stammendem proteinarmen Blattwerks relativiert.

Vor allem aus Satellitendaten geringer Auflösung ermittelte hohe NDVI-Werte können auch durch *Calotropis procera*, den signifikanten, als Futter wertlosen Degradationszeiger im Sahel Afrikas, bewirkt werden!

Beste Qualität für die Beweidung liefern Blätter von Arten der Familie der Capparidaceae (*Boscia* spp., *Capparis* spp., *Maerua* spp.) (crude protein content 21%, mineral content 14%) bzw. der Ordnung der Leguminosen (c.p. 17%, 7% min.) (Le Houérou 1980c, Maydell 1983). Die jährlich verfügbare Blatt-Biomasse wird für die sudano-sahelische Übergangszone (500mm/a) mit 500 kg DM/ha.a (Le Houérou 1980c) bzw. basierend auf zehnjährigen Forschungen in Zentral-Mali mit 800 kg DM/ha.a (Cissé 1986) angegeben. Nach Cissé (1986) sind in der kühlen Trockenzeit (Dez.-Feb.) 34%, in der heißen Trockenzeit (März-April) nur 25% dieser Mengen nutzbar (vgl.T2 - 250 kg DM/ha).

Natürlich soll die Gesamtheit des Skizzierten nur einen Ausblick auf mögliche Tendenzen konkreter thematischer Forschungen, wie sie, den vorliegenden spezifischen Parametern (TM, Trockenzeit) angepaßt, im Rahmen von Folgeprojekten vorgesehen sind, bieten.

8.3.2 Hauptkomponententransformation (PCA)

Nach den Hauptkomponenten transformierte Bilddaten sind unkorreliert und daher des öfteren effizienter zu interpretieren als die Ausgangsdaten.

Die (symmetrischen) Varianz-Kovarianz-Matrizen der Bilddaten aus den Jahren 1976 und 1990 (MSS,TM) dokumentieren das Ausmaß dieser Korrelation.

$$\text{MSS II.1976:} \quad \begin{matrix} 177.70 & 275.70 & 229.29 \\ & 479.40 & 395.11 \\ & & 349.46 \end{matrix}$$

$$\text{TM III.1990:} \quad \begin{matrix} 108,37 & 168.95 & 131.96 \\ & 272.57 & 211.90 \\ & & 172.75 \end{matrix}$$

Die Korrelationskoeffizienten k_{ij} lauten daher:

MSS II.1976: $\quad k_{12} = 0.94, \quad k_{13} = 0.92, \quad k_{23} = 0.96$
TM III.1990: $\quad k_{12} = 0.98, \quad k_{13} = 0.96, \quad k_{23} = 0.98$

Die Orientierung und Länge der Hauptachsen des Varianz-Kovarianz Ellipsoids im dreidimensionalen Merkmalsraum folgt aus der Berechnung der Eigenwerte und -vektoren der Matrizen.

Die Bildpunkte sind im Sinne dreidimensionaler Zufallsvariablen verteilt (X). Die Linearkombination $a^T.X$ mit maximaler Streuung $a^T.C.a$ ($C = X^T.X =$ Kovarianzmatrix von X) wird der ersten Hauptkomponente entsprechen. Unter Berücksichtigung der Nebenbedingung $a^T.a = 1$ (Normierung) muß die Extremwertaufgabe durch Bildung einer Hilfsfunktion mit dem Lagrange'schen Multiplikator l gelöst werden:

$$\Phi = a^T.C.a - l(a^T.a - 1) \quad \text{bzw.} \quad \delta\Phi/\delta a^T = 2C.a - 2l.a = 0$$

Aus dem Polynom det $| C - l.E | = 0$ folgen n(3) Eigenwerte l, und da die Streuung $a^T.C.a$ gleich l ist, wird der größte Eigenwert l_{max} maximaler Streuung entsprechen (Haberäcker 1985).

Der resultierende Vektor a^T_{max} bildet die entsprechende Linearkombination $a^T_{max}.X$ und gibt als normierter (Einheits)-Vektor die Richtung dieser ersten Hauptkomponente an.

Die größte Varianz, die nicht bereits durch die erste Hauptkomponente beschrieben ist, wird durch die aus dem zweitgrößten Eigenwert folgende, senkrecht zur ersten liegende zweite Hauptkomponente, die aus dem zweitgrößten Eigenwert folgt, erfaßt, usf. (Faust 1989).

Die Grauwertverteilung der vorliegenden Bilddaten im zweidimensionalen Merkmalsraum (Rot und n-IR, MSS-5,6 bzw. TM-3,4) hat langgezogen triangulare Form (Jasinski et Eagleson 1989). Für die in drei Spektralbereichen analysierten Bilddaten des Untersuchungsgebietes gilt:

Tabelle 8.2. Eigenwerte der MSS- und TM-Bilddaten

Eigenwerte	MSS II.1976	TM III.1990
l_1	975.93	545.33
l_2	18.89	5.77
l_3	11.75	2.59

Die erste Hauptkomponente repräsentiert 97.0% (MSS 76) bzw. 98.5% (TM 90) der Gesamtvarianz der Bilddaten, während die zweite Hauptkomponente nur mehr 1.9% (MSS 76) bzw. 1.2% (TM 90) der Information beinhaltet. Aus thematischer Sicht dokumentiert der Bildinhalt der ersten Hauptkomponente hauptsächlich Parameter des Reliefs, der Topographie, während die zweite Hauptkomponente primär die spektrale Struktur der Bodenbedeckung (Vegetation-Boden) erfaßt (Sabins 1987).

Die Kombination der ersten drei Hauptkomponenten (R,G,B) bietet die Möglichkeit zur Visualisierung der transformierten Bilddaten (Abb.8.10., 8.11.).

Abb.8.10. PCA der dreidimensionalen Bilddaten Landsat MSS II.76, (PC1 = R, PC2 = G, PC3 = B) (Monitorbild)

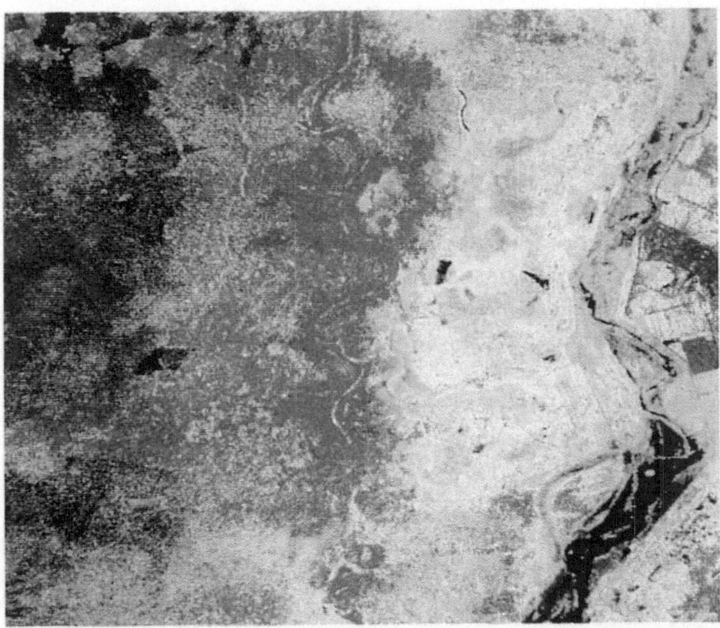

Abb.8.11. PCA der dreidimensionalen Bilddaten Landsat TM III.90 (PC1 = R, PC2 = G, PC3 = B) (Monitorbild)

Ein überblicksartiger Vergleich mit den im CIR-Modus abgebildeten Originaldaten (Abb. 8.3.,8.4.) läßt vor allem im heterogenen Bereich des Graslandes zusätzliche Strukturen erkennen, die insbesondere durch Feuer beeinflußte Landstriche hervorheben (vgl. Richards 1984), aber auch Muster des Trockenfeldbaus betonen.

Anmerkungen zur digitalen Klassifikation von derart transformierten Bilddaten sowie ein Effizienzvergleich mit den Ergebnissen der im folgenden präsentierten spezifischen Analysen der korrigierten Originaldaten folgen an späterer Stelle.

8.3.3 (Un)-Überwachte multispektrale Klassifikation

Einige Erwägungen dienen der Abschätzung des Informationsgehaltes der Bilddaten in Funktion der jeweiligen Kanalkombination. Die vergleichende Analyse spektraler Informationen von Luftbildern, Landsat MSS und TM Satellitenbildern tendiert dazu, sich naturgemäß nur auf Strahlungsbereiche des sichtbaren und angrenzenden n-IR-Spektrums zu beschränken und excludiert damit die durch den Thematic Mapper erschlossene Region des mittleren Infrarot.

Mit großer Wahrscheinlichkeit sind die Landsat-TM Bänder 1,4 und 5 am geringsten korreliert, d.h. das Produkt ihrer Eigenwerte l_i als Maß für das Volumen des Varianz-Kovarianz-Ellipsoids ($V = 4(\pi abc)/3$ mit $a=\sqrt{l_1}$, $b=\sqrt{l_2}$, $c=\sqrt{l_3}$) bzw. die diesem Produkt entsprechende Determinante der Varianz-Kovarianz-Matrix C (det | C |) besitzen maximalen Zahlenwert (Hord 1986).

Die Kombination der TM-Bänder 2,3 und 4, die dem Modus MSS 4+5+6 (7) bzw. der CIR-Photographie vergleichbar ist, rangiert bei Reihungen obiger Art nur im Mittelfeld (Mausel et al. 1990).

Die große Effizienz der Anwendung visueller Interpretationstechniken von (CIR-)Luftbildern, MSS und TM-Satellitenbildern insbesondere im Rahmen der multitemporalen Klassifikation heterogener, vor allem durch kleinräumig determinierte Muster der Vegetation geprägter Landschaften, impliziert jedoch die unverminderte Nutzung dieser Kanalkombination.

Demzufolge basieren auch die multispektralen Klassifikationsbeispiele des Untersuchungsgebietes am Canal du Sahel auf eben jener Kanalkombination.

Die bei überwachten Klassifikationsverfahren notwendige Auswahl von Trainingsgebieten pro hypothetischer Klasse ist zufolge der Heterogenität der Bodenbedeckung, des unterschiedlichen Dichtegrades des Graswuchses und der fließenden Übergänge des Anteils mehr oder weniger dichter Strauch-und Baumbestände auf keine repräsentative Weise möglich. Der Einfluß anthropo-zoogener Nutzung in Form typischer Vegetationsmuster (des Trockenfeldbaus, der Über-Beweidung, des Holzeinschlags) formt vielfältige, meist kleinräumige Texturen, die nur zum Teil spektral gegliedert erscheinen.

Visuelle Vorinterpretation etwelcher Art ermöglicht die Analyse inhomogener Bildinhalte auf Basis vorangegangener Gliederung in homogene Teilmengen. Dies hilft den störenden Einfluß variierender Texturen auf die Signifikanz des Klassifikationsergebnisses mindern (Landgrebe 1980).

Die Anwendung texturorientierter Parameter zur Optimierung automatischer Klassifikationsalgorithmen erzielt dort gute Ergebnisse, wo Gebiete mit Einheiten, die in sich relativ homogene Textur und in extenso differenzierbare geometrische Muster aufweisen, anzusprechen sind (Mohn et al. 1987, DiZenzo et al. 1987a, Wang et He 1990).

Fehler des überwachten Klassifikationsverfahrens werden oft nur auf Kosten neuer, vor allem an Grenzen, Eckpunkten und schmalen Signaturen auftretender Unsicherheiten vermindert (DiZenzo et al. 1987b).

Der visuelle Interpretationsansatz beherrscht diese Tatsachen durch die iterative, räumliche Muster ansprechende Methodik der Analyse durch den erfahrenen Fachmann (reference level). Die Ermittlung zusammenhängender, multithematisch verknüpfter Klassen ist möglich (vgl. Kap. 8.2.).

Aufbauend auf Geländearbeit, Luftbildinterpretation und Analyse der Satellitenbild-Prints bieten die visuellen Klassifikationsergebnisse (Abb. 8.6., 8.7.) gleichsam grundlegende Referenzen zur thematischen Beschreibung computergestützter Rohergebnisse. Zu diesem Zwecke liegt die visuelle Kartierung der Satellitenbilder aus den Jahren 1976 und 1990 (Abb. 8.6., 8.7.) in digitalisierter und nach Vektor-Raster-Transformation in bezug auf die Struktur der Satellitendaten kompatibler Form vor.

Ansätze zur Nutzung dieser terrestrisch und/oder aus Luftbildinterpretationen gewonnenen Kartierungen sollen im engeren Sinn der Genauigkeitssteigerung von (unüberwachten) Klassifikationen heterogener, durch kleinräumig variierende

Texturparameter bestimmter Oberflächenformen dienen (Belward et al. 1990, Csaplovics 1991).

Die im thematisch spezifischen Fall aufbereiteten Satellitenbild-Daten können nicht primär diesem Aspekt dienen, sondern werden Grundlage einer für die semi-aride anthropo-zoogen überformte Vegetationsstruktur des Untersuchungsgebietes weiterentwickelten synthetischen Methodik multitemporaler und -spektraler Klassifikation sein.

Mit Hilfe unüberwachter automatischer Klassifikationsverfahren, die im multispektralen Datensatz Klassen durch ihre statistischen Parametern beschreiben (cluster), können die Ausgangsdaten für eine darauf folgende überwachte Klassifikation ohne direkte Auswahl von Trainingsgebieten geschaffen werden (statistical clustering).

Die nach Gesichtspunkten von Erfahrung und Routine festgesetzte Zahl der statistisch dokumentierten Klassen bildet in diesem Sinne die Grundlage einer quasi überwachten Klassifikation nach dem Maximum-Likelihood-Algorithmus.

Als Ergebnis liegt nun ein durch eine Vielzahl thematisch vorläufig nicht näher bestimmter Klassen der Landnutzung, Bodenbedeckung und/oder Vegetationsstruktur beschriebenes Elaborat vor. Die statistische Analyse von Rohklassifikation und digitaler Karte der visuell interpretierten Hauptklassen ermittelt Möglichkeiten der Übereinstimmung digitaler mit visuell definierten Klassen (contingency tables). Gruppierung und Ordnung der digitalen (Sub)-Klassen zu Einheiten, die mit den visuellen "Basisdaten" entweder übereinstimmen oder nach detaillierter thematischer Analyse neuen repräsentativen Teilmengen zugeordnet werden können, führen zu einem akzeptablen Klassifikationsergebnis.

Damit ist eine Methode zur Verknüpfung von visueller Luft- und Satellitenbild-Interpretation terrestrisch verifizierter heterogener Vegetationsstrukturen mit a priori unsicheren automatischen Klassifikationsverfahren von Satellitendaten hoher Auflösung skizziert, die, wie die folgenden Beispiele zeigen werden, einer zufriedenstellenden Kartierung stark gegliederter, durch den Druck von Mensch und Klima sich stetig verändernder sahelischer Landschaften genügt.

Satellitenbilddaten 1976 - 1990: Thematisch orientierte Reduktion der nach dem skizzierten Verfahren ermittelten Subklassen führt zu einer Basisklassifikation des Untersuchungsgebietes in 15 spektral differenzierte Einheiten, die entweder Teilbereiche der visuell interpretierten Klassen detaillieren oder mehreren Klassen als Teilmengen zuzuordnen sind. Im Falle der Dominanz nutzungsbedingter, spektral nicht ausreichend signifikanter Parameter führt der Einsatz der digitalen Bildverarbeitung zu keinem relevanten Ergebnis.

So können die visuell kartierten Einheiten 1 und 2 des sahelischen Graslandes in 4 respektive 5 Subklassen, die mit der Dichte der Gehölzfluren korreliert sind, die Einheiten 5 und 7, die anthropogen in steigendem Maße beeinflußtes Grasland bis hin zur Denudation (Einheit 7) charakterisieren, durch 3 respektive 4 Subklassen in Abhängigkeit des Anteils vegetationslosen Bodens beschrieben werden (Abb.8.12.,8.13.).

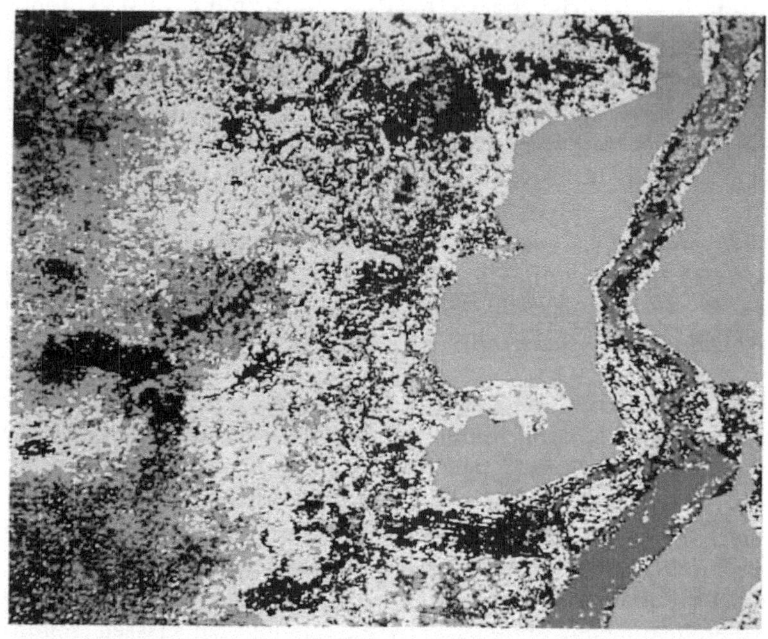

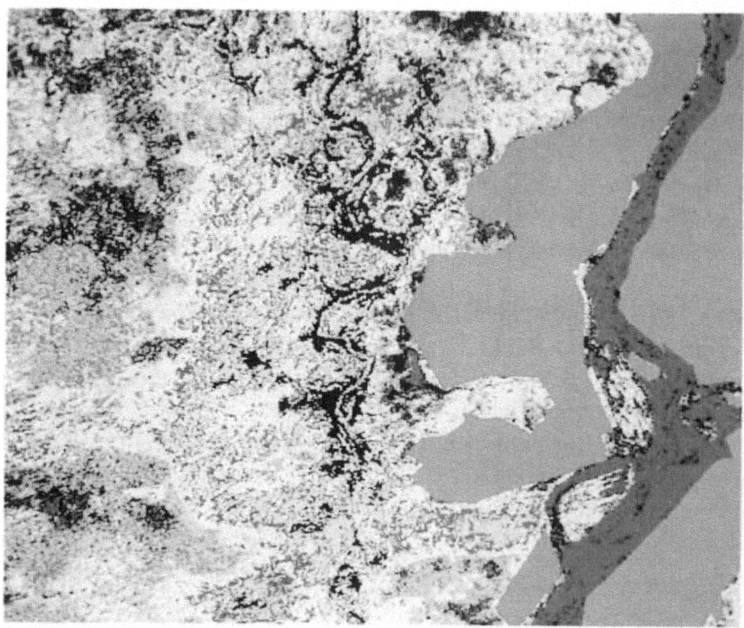

Abb.8.12. Digitale Klassifikation des Untersuchungsgebietes, Subklassen der Gras-Gehölz-Fluren (Gelb bis Grün), MSS II.76, TM III.90 (Monitorbilder)

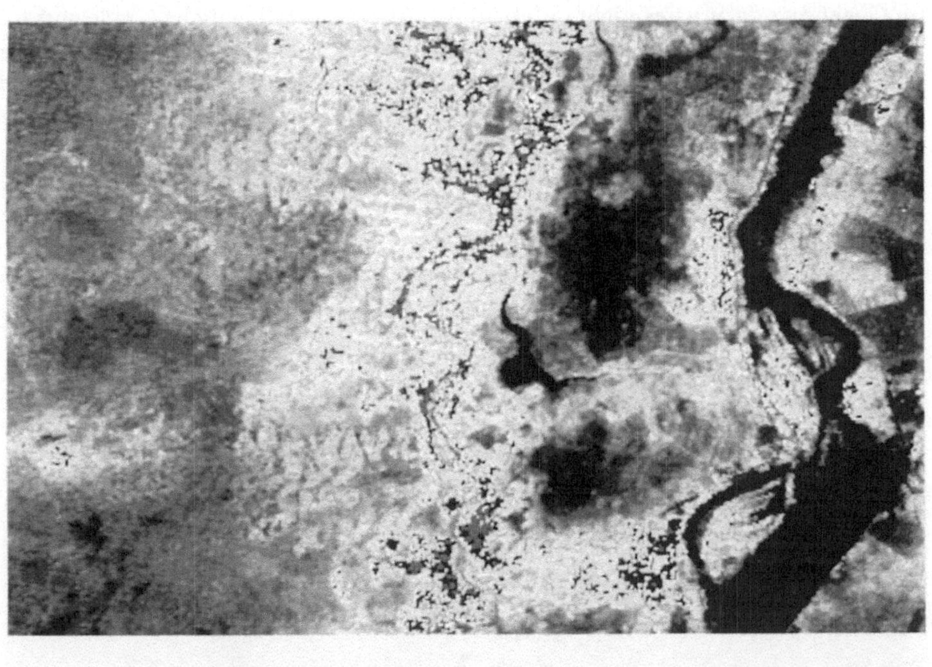

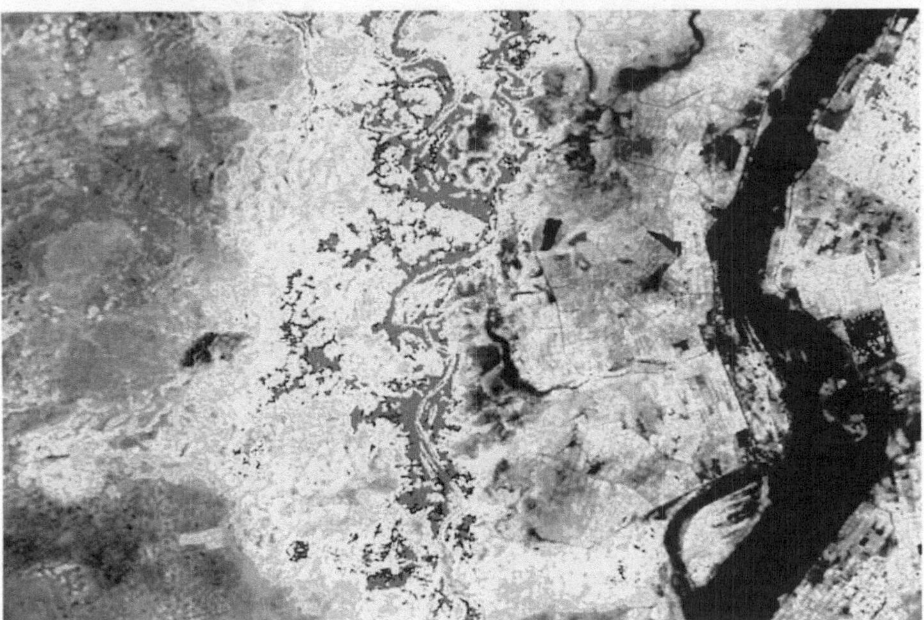

Abb.8.13. Digitale Klassifikation des Untersuchungsgebietes, Subklassen der Gras-Boden-Einheiten (Grün bis Rot), MSS II.76, TM III.90 (Monitorbilder)

Im Gegensatz dazu ist es nicht möglich, die durch unterschiedliche Grade anthropo-zoogener Beanspruchung geprägten Einheiten 5 und 6 zu trennen bzw. die
Zonen ausgreifenden Trockenfeldbaus im sahelischen Grasland (Einheit 3 im Bild
1990) oder intensiver dörflicher Nutzung (Einheiten 4 und 9) zufriedenstellend
anzusprechen. Die heterogenen Mischsignaturen der Zonen des Bewässerungsfeldbaus führen zu empfindlicher Beeinträchtigung des Klassifikationsergebnisses. Die
mit Hilfe von Texturen der Kanalsysteme mögliche exakte visuelle Kartierung
dieser Gebiete (vgl. Abb. 8.5.-8.7.) bietet die Grundlage zur Adaption einer Over-
lay-Manipulation, um diese in digitaler Form vorliegende Einheit 11 in den klassifizierten Datensatz einzukopieren. Damit können genauigkeitsmindernde Effekte
verhindert werden.

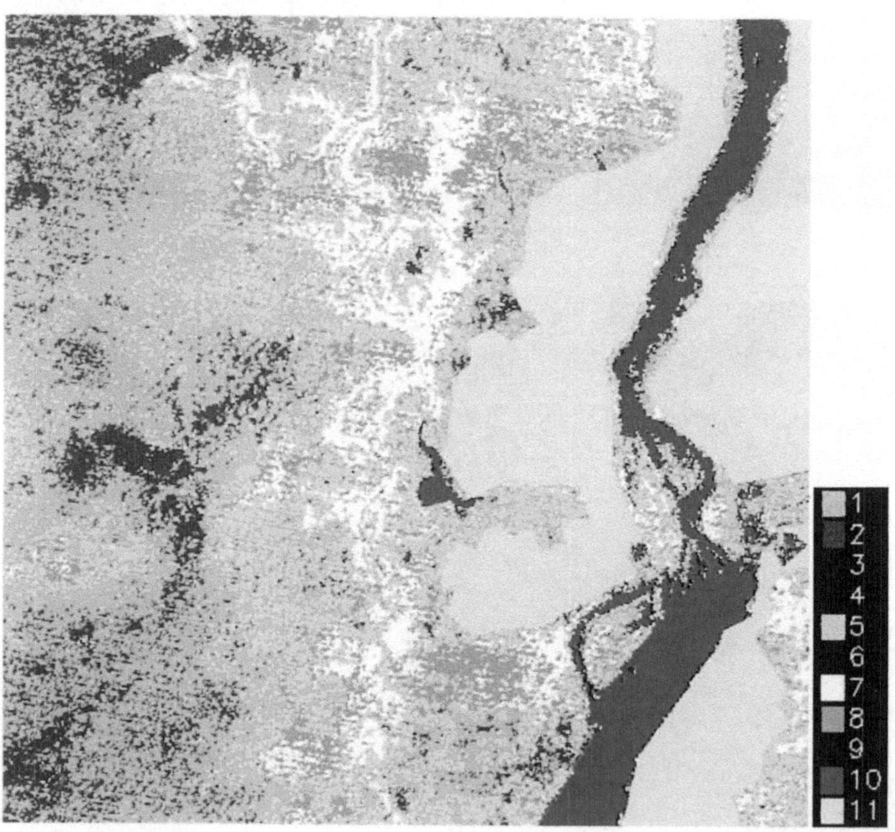

Abb. 8.14. Klassifikation des Untersuchungsgebietes, Reduktion der Klassen nach dem Prinzip größter Übereinstimmung mit einer der visuell kartierten Haupteinheiten, MSS II.76,
M = 1:250000

Nach fortgesetzter thematischer Reduktion der Klassenvielfalt bis zum Interpretationsumfang der visuellen Untersuchungen, die durch das Prinzip der Überlagerung der entsprechenden Klassifikationsmatrix mit der digitalen Matrix der adäquaten visuellen Interpretation gewährleistet wird, liegt ein Datenkonvolut vor, das einerseits der nach den Einheiten in Abb.8.6.,8.7. codierten Darstellung der Gesamtklassifikation dient und andererseits statistische Analysen methodischer und multitemporaler Aspekte gewährleistet (Abb.8.14., 8.15.).

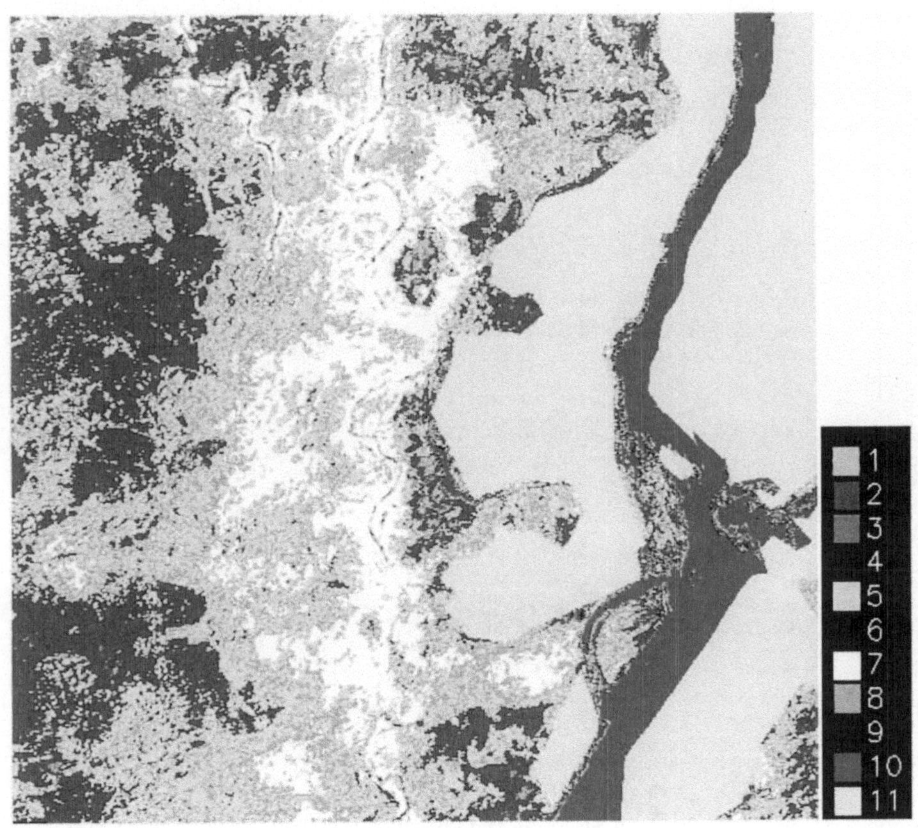

Abb.8.15. Klassifikation des Untersuchungsgebietes, Reduktion der Klassen nach dem Prinzip größter Übereinstimmung mit einer der visuell kartierten Haupteinheiten TM III.90, M = 1:250000

Anmerkungen zur Klassifikationsgenauigkeit: Methodisch relevante Aspekte werden am besten durch Berechnung von Koeffizienten der Übereinstimmung zu vergleichender Ergebnisse und Darstellung in Form einer Matrix verdeutlicht. Im Falle des exemplarischen Vergleichs visuell bzw. digital klassifizierter und homologisierter Einheiten der Interpretation des TM-Satellitenbildes 1990 hat diese Matrix folgendes Aussehen (Tabelle 8.3.).

Tabelle 8.3. Matrix der Übereinstimmung von digitaler und visueller Interpretation des Satellitenbildes III.1990

1990 vis.[%]		1990 dig. [%]										
	1	2	3	4	5	6	7	8	9	10	11	12
1	-	-	-	-	-	-	-	-	-	-	-	-
2	-	**51.0**	7.5	-	23.1	-	0.5	7.1	-	-	-	-
3	-	9.0	**38.3**	-	8.7	-	1.6	6.7	-	-	-	-
4	-	1.0	-	-	1.8	-	0.8	1.9	-	-	-	-
5	-	7.9	0.9	-	**22.4**	-	15.5	23.2	-	0.9	-	-
6	-	12.0	12.2	-	9.6	-	4.3	11.0	-	2.5	-	-
7	-	2.1	0.1	-	8.2	-	**57.7**	14.6	-	-	-	-
8	-	9.6	12.3	-	22.0	-	19.5	**31.4**	-	8.5	-	-
9	-	0.5	2.4	-	0.1	-	-	0.4	-	5.8	-	-
10	-	1.6	26.2	-	0.3	-	-	1.7	-	**82.3**	-	-
11	-	-	-	-	-	-	-	-	-	-	**100.0**	-
12	-	5.3	0.1	-	3.8	-	0.1	2.0	-	-	-	-

Die Klassifikationsgenauigkeit pro Einheit (accuracy by class) beträgt 47.2%, die Genauikeit der Zuordnung bezogen auf die Fläche des Untersuchungsgebietes (overall accuracy) liegt bei 43.0%.

Bis auf die in ihrer spektralen Signatur deutlich abgrenzbaren Wasser- und Feuchtgebietsflächen des Canal du Sahel (82.3%) stimmen nur die gehölzreichen Gebiete der Einheit 2 und die durch hohe Anteile blanken Bodens gekennzeichneten degradierten Flächen der Einheit 7 mit einem Faktor > 50% überein. Die mehr oder weniger durch Nutzungsstrategien, resultierende texturelle Muster und fließende Übergänge definierten Grenzen zwischen Flächen mit variierenden Boden-Gras-Anteilen verhindern ausreichende Kompatibilität. Die bereits angesprochenen, aus dem Strukturmuster des sahelischen Graslandes folgenden "overlapping-Effekte bewirken signifikante Differenzen von visuell - und damit auf Basis von Geländeerfahrung sowie räumlichen und spektralen Mustern - deduzierten Einheiten und nahezu ausschließlich nach spektralen Kriterien ermittelten digitalen Klassen. Die Unterscheidung von Gebieten mit dominantem Trockenfeldbau (8) und angrenzendem Grasland mit hohem Bodenanteil (5) ist kaum möglich. In Kenntnis dieser auf differenten Grundlagen basierenden methodischen Ansätze kann dem digitalen Klassifikationsergebnis, wie auch die Abb.8.12.-8.15. zeigen, dennoch gewisse Relevanz zuerkannt werden.

Wie bereits in Kap.8.3.2. angekündigt, galt ein erster Versuch, die Genauigkeit der digitalen Klassifikation zu steigern, der Analyse transformierter Bilddaten (PCA). Dabei waren die ersten drei Hauptkomponenten des TM-Satellitenbildes 1990 den vorhin beschriebenen Klassifikationsverfahren unterzogen worden. Die nach Vergleich mit der digitalisierten Kartierung der visuellen Interpretation resultierende Matrix hat das in Tabelle 8.4. dokumentierte Aussehen.

Im Vergleich von Nutzung originärer und transformierter Datensätze liegt eine marginale Steigerung der Klassifikationsgenauigkeit pro Klasse vor (47.2% - 48.2%), während die Gesamtgenauigkeit des Resultats leicht absinkt (43.0% - 40.4%).

Auf der Suche nach den themenspezifischen Differenzen (Matrix 1990 dig x 1990 dig(pca)) wird man - wie zu erwarten - bei den heterogenen Grasland-Mischzonen der Einheit 5, aber auch bei der Einheit 8 - Trockenfeldbau - fündig. Die Klassifikationsergebnisse stimmen nur zu 53.1% bzw. 46.5% überein.

Der klassenbezogene Vergleich manifestiert sowohl für Einheit 5 als auch für Einheit 8 größere Genauigkeiten der aus **nicht** transformierten Daten gewonnenen Zuordnungen.

Die Hauptkomponententransformation der Bilddaten und deren Verarbeitung nach analogen Verfahren der Klassifikation bieten daher keine signifikanten Ansätze zur Genauigkeitssteigerung digitaler Analysen sahelischen Graslands - dies, obwohl der spontane Eindruck bei der visuellen Betrachtung der transformierten und farbcodierten Bilder durchaus besteht (vgl.Abb.8.10.,8.11.).

Tabelle 8.4. Matrix der Übereinstimmung von digitaler Klassifikation der PCA-transformierten Daten mit der visuellen Interpretation des Satellitenbildes III.1990

1990 vis [%]	1990 dig(pca) [%]											
	1	2	3	4	5	6	7	8	9	10	11	12
1	-	-	-	-	-	-	-	-	-	-	-	-
2	-	**53.6**	3.4	-	21.5	-	0.5	16.2	-	-	-	-
3	-	9.3	**47.8**	-	7.6	-	1.8	8.7	-	-	-	-
4	-	1.0	-	-	1.9	-	0.9	1.5	-	-	-	-
5	-	7.0	0.3	-	**21.7**	-	16.8	19.4	-	0.8	-	-
6	-	11.8	4.7	-	8.5	-	2.0	14.6	-	1.4	-	-
7	-	1.8	0.2	-	10.8	-	**55.8**	6.4	-	-	-	-
8	-	8.3	10.4	-	24.6	-	22.0	**25.3**	-	7.4	-	-
9	-	0.5	3.3	-	0.5	-	-	0.9	-	5.2	-	-
10	-	1.8	29.4	-	0.3	-	-	2.9	-	**85.2**	-	-
11	-	-	-	-	-	-	-	-	-	-	**100.0**	-
12	-	4.9	0.5	-	3.0	-	0.2	4.1	-	-	-	-

Multitemporale Aspekte (1976 -1990): In Hinblick auf die Frage der Nutzung von digitalen Klassifikationen multitemporaler Satellitendaten (Landsat, Spot) zur Diskussion der Dynamik von regionalen Veränderungen sahelischer Landschaften soll trotz der ersichtlichen Einschränkungen eine Verknüpfung der Ergebnisse Stand 1976 und 1990 (vgl.Abb.8.14., 8.15.) versucht werden (Tabelle 8.5.).

Bei Vernachlässigung der vorhin angesprochenen Unschärfen kann eine signifikante Dynamik von Nutzungsänderungen im Zeitraum 1976 - 1990 geortet werden. Eine kurze Erläuterung soll dem späteren Vergleich mit den Flächenbilanzen der visuellen Kartierungen dienen. Anthropogen stark überformtes Grasland (5) hat sich hauptsächlich aus im Jahre 1976 noch gehölzreichem bzw. zusätzlich durch Einfluß von Buschfeuer geprägtem Grasland (1) entwickelt. Unwahrscheinlich ist der hohe Anteil von Trockenfeldern (8), obwohl der Aspekt der degradationsbedingten Aufgabe ehemaligen Ackerlandes berücksichtigt werden muß. Stark degradierte und desertifikationsgefährdete Böden breiteten sich auf Kosten des Graslandes (1,5) aus. Auch in diesem Fall ist "overlapping" mit Trockenfeldbau-Flächen (8) möglich. Trockenfeldbau per se durchdringt mittlerweile auch Gebiete gehölzreichen und -armen Graslandes (1,5). Die thematisch wichtigen Einheiten 3,4,6 und 9 waren nur ungenau (3) bzw. gar nicht klassifizierbar.

Ein aus multitemporaler Sicht wichtiger thematischer Schwerpunkt ist die Nutzung von Satellitendaten zur Detektion und Kartierung von Entwicklungsstadien der durch Buschfeuer beeinflußten Bereiche des Graslandes.

Liegen die Niederschläge in der Nähe des langjährigen Durchschnitts und sind demzufolge ausreichend dichte Grasbestände vorhanden, können sich im Laufe der Trockenzeit Brände über weite Flächen ausbreiten. Großräumige Inventuren belegen auch für Mali Buschfeuer, die ca. 15-20% der sahelischen Grasländer betreffen. (Le Houérou 1980b).

Visuelle Interpretationen von Satellitenbildern kleinen Maßstabs ermöglichen die Kartierung von Brandflächen im Sinne überblicksartiger Inventuren (z.B. Parnot 1988).

Auch für das kleinräumige Untersuchungsgebiet am Canal du Sahel konnten sowohl durch visuelle Analyse als auch - mit Einschränkungen - durch digitale Klassifikation der multitemporalen Satellitendaten von Buschfeuer geprägte Bereiche kartiert werden (vgl. Abb.8.6.,8.7.,8.14.,8.15.).

Durch Synthese multitemporaler Datensätze und anschließender Transformation nach den Hauptkomponenten wird die Trennbarkeit thematischer Klassen optimiert (Richards 1986).

Die Adaption dieser Methodik auf den relevanten NW-Teil des Untersuchungsgebietes (vgl.Abb.8.7.) und die anschließende selektiv kombinierte unüberwachte/überwachte Klassifikation des Datensatzes ermöglichen die exemplarische Darstellung der je nach Zeitpunkt der Feuereinwirkung differenten spektralen Signaturen. Auf diese Weise können Flächen nicht nur auschließlich nach der Tatsache, ob sie 1976 und/oder 1990 dem Einfluß von Buschbränden unterlagen, sondern auch nach dem Ausmaß von Degradation und Rückgang der Vegetationsbedeckung klassifiziert werden (Abb.8.16.).

Tabelle 8.5. Matrix der Flächendynamik für die digitalen Klassifikationen der Satellitenbilder II.1976 und III.1990

1976 dig [%]		1990 dig [%]										
	1	2	3	4	5	6	7	8	9	10	11	12
1	-	**58.5**	**37.0**	-	**48.8**	-	14.3	36.3	-	8.4	4.9	-
2	-	**16.7**	**24.7**	-	10.0	-	2.2	6.9	-	1.0	0.3	-
3	-	-	-	-	-	-	-	-	-	-	-	-
4	-	-	-	-	-	-	-	-	-	-	-	-
5	-	11.6	8.6	-	**18.2**	-	**18.2**	**21.3**	-	6.1	3.0	-
6	-	-	-	-	-	-	-	-	-	-	-	-
7	-	2.4	0.9	-	6.9	-	**45.5**	13.6	-	0.7	0.6	-
8	-	6.9	14.5	-	12.8	-	**19.4**	**18.3**	-	9.8	3.1	-
9	-	-	-	-	-	-	-	-	-	-	-	-
10	-	0.5	11.4	-	-	-	-	0.6	-	**73.3**	5.9	-
11	-	3.4	2.9	-	3.3	-	0.4	3.0	-	·0.7	**82.2**	-
12	-	-	-	-	-	-	-	-	-	-	-	-

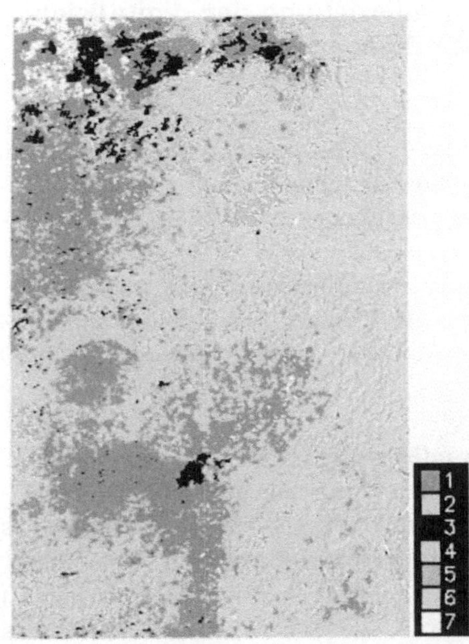

Abb.8.16. Digitale Klassifikation des multitemporalen Datensatzes MSS II.76 und TM III.90 in Form der Hauptkomponenten PC2, PC3 und PC4, NW-Teil des Untersuchungsgebietes(dx = 20km, dy = 13km, vgl.Abb.8.7.), M = 1:250000

Legende Abb.8.16.:

Klasse 1: Brand 1976 - Brand und/oder degradiertes Grasland 1990
Klasse 2: Grasland 1976 - Brand 1990
Klasse 3: Grasland 1976 - Brand 1990 (aktuell)
Klasse 4: Grasland 1976 - degradiertes Grasland 1990
Klasse 5: Grasland 1976 - Trockenfeldbau 1990
Klasse 6: degradiertes Grasland 1976 - degradiertes Grasland 1990
Klasse 7: degradiertes Grasland 1976 - dichteres Grasland 1990

Die dem gemeinsamen Nenner zunehmender Degradation zuordbaren Flächen (1,4) dominieren. Zufolge der stark aufgelichteten Grasschicht haben sich in Ermangelung ausreichender trockener Biomasse im anthropogen degradierten Grasland (4) (vgl.Einheit 5 in Kap.8.2.) keine großflächigen Brände ausbreiten können, während diese den gehölz- und grasreicheren Westteil des Untersuchungsgebietes prägend überformen (Einheit 2). Brandflächen des Jahres 1976 weisen im Jahre 1990 fast durchwegs massive Degradationsmerkmale auf (1). Nur in einigen kleinen Bereichen ist ein der negativen Bilanz gegenläufiger Effekt anzusprechen (7).

8.4 Multitemporale Analyse unter Einbeziehung der digitalisierten visuellen Interpretationen 1952 - 1976 - 1990

Flächenrelevante Aussagen zur Dynamik landschaftsverändernder Prozesse im Untersuchungsgebiet sind durch Verknüpfung der digitalisierten visuellen Luft-(1952) und Satellitenbild-(1976,1990)-Interpretationen (vgl. Abb. 8.5.-8.7.) möglich (Tabellen 8.6.,8.7.).

Wieder bietet die Matrixdarstellung dieser Synthesen ein Maximum an Anschaulichkeit. Gleichzeitig können Aussagen zur Effizienz von digitaler und visueller (digitalisierter) Klassifikation für die Aufnahmedaten II.1976 und III.1990 getroffen werden (Tabellen 8.5.,8.7.).

Im Zeitraum 1952-1976 haben sich mehr oder weniger anthropo-zoogen überformte Gebiete (Einheiten 2,4-8,12) vor allem auf vormals gehölzreichem Grasland (1) ausgebreitet. Die Dürrejahre 1972/73 und insbesondere das Absinken des Grundwasserspiegels, das Austrocknen der Brunnen, bewirkten auch kleinräumige Migrationsbewegungen in die Siedlungen des Office du Niger (Lohnarbeiter) oder in die der Übernutzung und Degradation ausgelieferten, unmittelbar an das Office angrenzenden Landstriche (Ackerbauern). Ackerbau konzentrierte sich immer mehr in zusammenhängenden Bereichen entlang des Office (jàchere) und ehemals für den Trockenfeldbau genutztes sahelisches Grasland entwickelte sich wieder zu wiewohl unter immer massiveren anthropogenen Nutzungsdruck geratenden Flächen der Einheit 6. Beginnende Desertifikationsprozesse entlang des periodisch wasserführenden Marigots zerstörten vornehmlich Gras-Gehölz-Fluren (1) und nur in geringerem Ausmaß gehölzarmes und bereits intensiver genutztes Grasland (5,6).

Im von anhaltender Dürre mit Extrema in den Jahren 1983/84 und von zunehmendem anthropogenem Druck auf das sensible ökologische Gefüge des (Sudano)-Sahel im Umkreis des Office du Niger geprägten Zeitraum 1976-1990 unterliegt das Untersuchungsgebiet massiv einsetzenden Degradations- und Desertifikationsprozessen. Durch Feuereinwirkung beeinflußtes gehölzreicheres Grasland (2) hat die savannenähnlichen Reliktflächen (1) vollständig verdrängt. In dem für extensive Beweidung prädestinierten Grasland haben sich ausgedehnte Mosaike des Trockenfeldbaus gebildet (3). Übernutzung und Reduktion von Gehölzbeständen browsing, fuelwood) bewirkten kontinuierliches Anwachsen degradierten Graslandes (5).

Dieses wiederum ist zu einem hohen Prozentsatz (28.9%) Opfer ausgreifender Desertifikation (7).

Ein überblicksartiger Vergleich mit den aus digitaler Klassifikation gewonnene Fakten läßt wohl die Möglichkeit zur Interpretation ähnlicher Tendenzen erkennen, zeigt aber erneut die großen Differenzen im Falle variierender Vegetationsmuster des degradierten Graslandes (5) und texturdominierter Trockenfeldbau-Flächen (8).

Tabelle 8.6. Matrix der Flächendynamik für die visuelle Interpretation der Luftbildfolgen aus dem Jahr 1952 und die visuelle Klassifikation des Satellitenbildes II.1976

1952 vis [%]	1976 vis [%]											
	1	2	3	4	5	6	7	8	9	10	11	12
1	**94.5**	**90.8**	-	**27.1**	**82.4**	**41.1**	**72.0**	**24.2**	-	-	-	**53.5**
2	-	-	-	-	-	-	-	-	-	-	-	-
3	-	-	-	-	-	-	-	-	-	-	-	-
4	2.7	1.8	-	**62.0**	5.7	-	2.7	4.2	-	-	-	14.9
5	2.8	7.3	-	10.9	10.7	-	7.3	2.1	-	-	-	-
6	-	-	-	-	-	**35.7**	7.0	10.8	-	-	11.2	-
7	-	-	-	-	-	-	-	-	-	-	-	-
8	-	0.1	-	-	1.2	**23.1**	11.0	**41.8**	0.6	11.3	10.5	**29.0**
9	-	-	-	-	-	-	-	1.0	**38.4**	-	0.9	-
10	-	-	-	-	-	-	-	10.3	**50.0**	**82.6**	6.2	2.6
11	-	-	-	-	-	-	-	5.6	11.0	6.1	**71.2**	-
12	-	-	-	-	-	-	-	-	-	-	-	-

Tabelle 8.7. Matrix der Flächendynamik für die visuellen Interpretationen der Satellitenbilder II.1976 und III.1990

1976 vis [%]		1990 vis [%]										
	1	2	3	4	5	6	7	8	9	10	11	12
1	-	**72.3**	**64.8**	18.3	**21.2**	-	4.0	8.8	-	-	-	-
2	-	17.5	**21.6**	7.1	8.0	-	6.7	6.8	-	-	-	-
3	-	-	-	-	-	-	-	-	-	-	-	-
4	-	1.0	-	**48.3**	-	-	1.1	0.4	-	-	-	-
5	-	7.8	12.8	**26.3**	**59.0**	1.8	**28.9**	6.6	-	-	-	-
6	-	-	-	-	0.1	**81.3**	5.5	4.1	-	-	1.5	-
7	-	0.5	0.8	-	5.3	3.2	**41.0**	2.9	-	-	-	0.8
8	-	0.9	-	-	6.2	4.7	12.4	**52.3**	**33.2**	11.2	4.6	**24.4**
9	-	-	-	-	-	-	-	0.2	**36.7**	1.2	0.4	-
10	-	-	-	-	-	-	-	2.6	0.6	**65.3**	10.0	-
11	-	-	-	-	0.2	9.0	-	15.3	**29.5**	18.2	**81.9**	-
12	-	-	-	-	-	-	0.4	-	-	4.1	1.6	**74.8**

Die Flächenstatistiken 1952-1976-1990 belegen die diskutierten Dynamismen durch klassenweisen Vergleich der Absolutzahlen [ha] bzw. der prozentuellen Anteile an der Gesamtfläche des Untersuchungsgebietes (Tabelle 8.8.).

Tabelle 8.8. Flächenstatistiken 1952-1976-1990

Flächenanteile 1952			Flächenanteile 1976 vis		
1	35291.0 [ha]	48.2 [%]	1	15231.0 [ha]	20.8 [%]
2	-	-	2	5069.5	6.9
3	-	-	3	-	-
4	2164.0	3.0	4	600.0	0.8
5	2363.0	3.2	5	9577.7	13.1
6	5149.4	7.1	6	5386.7	7.4
7	-	-	7	4037.3	5.5
8	8461.5	11.6	8	8981.2	12.3
9	341.8	0.5	9	285.5	0.4
10	6086.0	8.3	10	4685.4	6.4
11	13313.3	18.2	11	17554.7	24.0
12	-	-	1	1761.0	2.4
	73170.0	100.0		73170.0	100.0

Flächenanteile 1990 vis			Flächenanteile 1990 dig		
1	-	-	1	-	-
2	13327.3[ha]	18.2[%]	2	17508.5[ha]	23.9[%]
3	3842.0	5.3	3	178.0	0.3
4	720.8	1.0	4	-	-
5	8413.8	11.5	5	14144.5	19.3
6	5280.3	7.2	6	-	-
7	7324.3	10.0	7	7342.2	10.0
8	10239.5	14.0	8	11798.7	16.2
9	385.5	0.6	9	-	-
10	4010.0	5.5	10	4358.8	5.9
11	17896.2	24.5	11	17839.3	24.4
12	1730.3	2.3	12	-	-
	73170.0	100.0		73170.0	100.0

9 Angewandte Fernerkundung als Bestandteil von Planung und Durchführung restaurierender Maßnahmen

Ein Blick auf die Vielfalt der nunmehr skizzierten Parameter, seien sie dem Themenbereich der Fernerkundung per se, der Heterogenität der anwendungsorientierten Aspekte, oder den interdisziplinären (Natur)-Wissenschaften zuzuordnen, läßt erahnen, wie vielschichtig vernetzt das Gewebe der Ansätze sein muß, um entscheidende Beiträge zur Bekämpfung von Degradation und Desertifikation im Sahel Afrikas leisten zu können. Denn dieses Ziel muß wohl dann alle anderen Ziele überragen, wenn Naturwissenschaften gerufen sind, sich an der Lösung der für das Leben auf unserem Planeten maßgebenden Probleme zu messen. Natürlich müssen Theorie und Applikation im Zuge von "Pilot-Projekten" das Rüstzeug dafür liefern, daß die praktischen Ziele erreichbar werden. Doch die bittere Realität beweist Tag für Tag, daß die Maßstäbe verschoben sind, und kaum Hoffnung besteht, dieses Defizit bald zu beheben.

Die letztendlich den verschiedenen Einflußsphären menschlichen Tuns entspringenden schleichenden ökologischen Katastrophen werden jedoch mit Sicherheit nicht ausschließlich durch die Transformierung von wissenschaftlich formulierbaren Fragen in variable Datenmengen mit dem Ziel ihrer automatischen Analyse verhindert werden können.

Das Szenario, das den Beitrag der Fernerkundung zur interdisziplinären Analyse von Desertifikation und Degradation in den sahelischen Ländern beleuchten soll, muß daher sowohl den Aspekt der Optimierung einfacher Hard- und Software-Komponenten als auch die Synthese mit rechnergestützten Verfahren gewährleisten.

Insbesondere die Klassifikation anthropogen überformter, durch kleinräumige Texturmuster geprägter Landschaften kann auch in Zukunft keinesfalls auf die hohe geometrische Auflösung und die stereoskopische Interpretationsmöglichkeit von Luft-(Meß-)Bildern verzichten.

Hochwertige Luftbild-Filme und aktuelle Aufnahme-Technologien (FMC) ermöglichen auch bei kleinen Bildmaßstäben (1:50000) Detailauflösung bis zu 35cm/lp, während Landsat TM bzw. SPOT-P-Daten bei 84m/lp bzw. 28m/lp limitiert sind (Naithani 1990).

Diese Vorteile mit spektral umfassender und/oder höher auflösenden Scanner-Daten zu verknüpfen, optimiert die Effizienz der Klassifikation im Sinne des skizzierten thematischen Ansatzes.

Hardware:
Ebene 1 - Spektro-Radiometrie, Vegetationskartierung (in situ)
Ebene 2 - Luftbildreihen, (Scannerdaten) (airborne)
Ebene 3 - Satellitendaten (spaceborne)

Produkte:
Ebene 1 - spektrale Signaturen, Vegetationskarten
Ebene 2 - Luftbildkarten (Stereoskopie)
Ebene 3 - Satellitenbildkarten (visuell, digital)

Genaue Kenntnisse von Physiognomie, Struktur und Diversität, von spektralem
Rückstrahlungsverhalten, Vitalität und Biomasse der Vegetation, von Flächenrela-
tionen der Vegetation-Boden-Muster, von Lage und Verteilung übergeordneter
Vegetations- und Landschaftseinheiten und darüber hinaus von Dynamik und
Regression dieser Größen per se und in summa formen nur ein Fundament des
Versuchs, wissenschaftlich fundierte Beiträge zur Bekämpfung der ökologische
Krise des Sahel zu leisten (z.B. Grouzis 1988).

In diesem Sinne stellen die vorhin skizzierten Elaborate jenes Teil-Resultat
interdisziplinärer naturwissenschaftlicher Forschung dar, das in Korrelation zu
Methoden der angewandten Bildinterpretation stehen kann.

Bestimmende Komponenten thematischer Kooperation werden von For-
schungsschwerpunkten auf den Gebieten der Botanik, Vegetationskunde und
-ökologie (Krebs 1989, Kreeb 1990), der Geologie (Siegal et Gillespie 1980,
Sabins 1987), der Bodenkunde und Landwirtschaft (Girard et Girard 1989) sowie
der Physik der Erde und der Atmosphäre (Hobbs et Mooney 1989) und der Geographie (Krings 1991b) geprägt.

Die Berührungspunkte in bezug auf das konkrete Untersuchungsgebiet bilden
demzufolge einen durchgehenden Bestandteil der vorliegenden Arbeit. Land-
schaftsorientierte Parameter im Überblick sind aus großräumigen Inventuren
deduzierbar (Abb.4.2.-4.5.) (USAID 1983, List et al.1986).

Die detallierten Analysen des präsentierten Forschungsansatzes (large to medium scale multi-level monitoring and classification) gehen naturgemäß weit über
diesen Überblick hinaus (vgl.Kap.6.-8.) und bestimmen den Ausgangspunkt zur
räumlichen und qualitativen Bewertung von Teilgebieten nach anthropo-ökolo-
gischen Faktoren der Übernutzung, Degradation und Desertifikation. Insbesondere
den Aspekten anthropogenen Drucks auf Gras- und Ackerland muß entsprechendes
Augenmerk zugewendet werden. Hohe Bevölkerungsdichten im und um das Office
du Niger haben Holzeinschlag, Herdenzahlen und Ackerbauflächen stark ansteigen
lassen.

Es ist ein Gebot der Stunde, mit Hilfe angewandter Bildinterpretation effektiver klassifizierbare Inventuren vermehrt in Restaurierungskonzepte sahelischer
Landschaften in regionalem Maßstab einzubauen und damit über den ausschließlichen monitoring-Effekt großräumiger Datenauswertungen hinauszugehen. Auf
dieses Ziel sind die grundlegenden thematischen Schritte des vorliegenden Kon-
voluts gerichtet.

An dieser Stelle muß dokumentiert werden, daß das Konzept zur Vertiefung und Umsetzung der Forschungen als Projekt mit einer Laufzeit von 2 Jahren (1992-1993) vom (österreichischen) Fonds zur Förderung der wissenschaftlichen Forschung gefördert werden wird (Projekttitel: Dokumentation und Analyse anthropogener Einflüsse auf Desertifikation und Degradation im Bereich des Canal du Sahel-Mali mittels Methoden der Fernerkundung und Bildinterpretation als Grundlage zur Einrichtung agro-silvo-pastoraler Bewirtschaftungsmodelle).

Nachfolgende Bemerkungen sollen daher unter anderem auch als kurzes Exzerpt einiger Details des Geplanten gelten und in diesem Sinne verstanden werden.

Die Trockenfeldbau-Gebiete im Einzugsbereich des Office du Niger werden mehr oder weniger kontinuierlich bewirtschaftet (vgl. Abb. 8.5.-8.7., Abb. 8.14., 8.15.).

Nur die traditionelle Form gemischter Feld-Baum-Vieh-Nutzung (agro-silvo-pastoral systems) kann längerfristig ohne Bracheperioden auskommen (Le Houérou 1989).

Diese Systeme wurden jedoch seit Ende des 19. Jahrhunderts maßgeblich durch kolonialistische Eingriffe in den Naturhaushalt (Behinderung des Nomadismus, Bewässerungsfeldbau in Monokulturen) und die damit verbundenen Fehlentwicklungen sukzessive zerstört.

Die Koppelung von Ackerbau, Nutzung aufgelockerter oder systematisch angeordneter Baumbestände (random mixture, alley cropping etc., vgl. Nair 1990 nach Vergara 1981) und Besatz mit Vieh ist auch in Westafrika als traditionelles Bewirtschaftungssystem der frühen agrarischen Gesellschaften belegt (King 1987).

Das für den Bereich des Untersuchungsgebietes relevante System war und ist, wie Relikte (vgl. Abb. 7.16., 7.17.) beweisen, von *Acacia (Faidherbia) albida* (10-50/ha) in Verbindung mit Kolbenhirse- und Sorghumanbau (*Pennisetum typhoides, Sorghum bicolor*) und Viehbestand von 1 TLU/ha konditioniert. Das Recycling geo-biogener Elemente fördert Ertragssteigerungen für Hirse um den Faktor 2 bis 2.5 verglichen mit offenem Feldbau (CTFT 1988), die Gesamtproduktivität des Systems kann gar um den Faktor 3 angehoben werden (Montgolfier-Kouevi et Le Houérou 1980).

Eine umfassende Beschreibung von Vor- und Nachteilen derart gekoppelter Bewirtschaftungsformen geben Delwaulle (1978) bzw. Mac Dicken et Vergara (1990).

Kartierungen von Landnutzung und Vegetation sind von großer Bedeutung, da die Dokumentation des Ist-Zustandes und des multitemporalen Faktors wichtige Eingabeparameter einer effektiven Landschaftsanalyse und der Konzeption von Landschaftsentwicklungsplänen sind (Duchhart et al. 1990).

Die Methoden der Fernerkundung und angewandten Bildinterpretation sind berufen, diesen Part im interdisziplinären Kontext der Themenstellung mitzugestalten.

Im folgenden sollen diese, die mögliche Anwendungsphase der vorliegenden Forschungsergebnisse andeutenden, in diesem Rahmen nur überblicksartig zusammengefaßten und sicherlich nicht vollständigen Aussagen in ihrer Relation zu Bildinhalt, Interpretation und Klassifikation von Fernerkundungsdaten skizzenhaft widergegeben werden (Abb. 9.1.).

Damit wird auch die im Zuge der Verarbeitung multi-thematischer Daten, d.h.

188

Vektordaten in Form digitalisierter Kartierungen (vgl.Digitalisierung der visuellen Satellitenbildinterpretationen Abb.8.5.-8.7., Kap.8.3.) und/oder Rasterdaten (Satellitenbilder und deren Klassifikationen, vgl. Abb.8.14.,8.15.), aktuelle und in den erwähnten Projektanträgen formulierte kritische Applikation geographischer Informationssysteme angedeutet, wie sie auch bei der integrativen Bearbeitung geowissenschaftlicher Probleme in tropischen Ländern allenthalben forciert wird (z.B.Olsson L. 1985, Traub 1990).

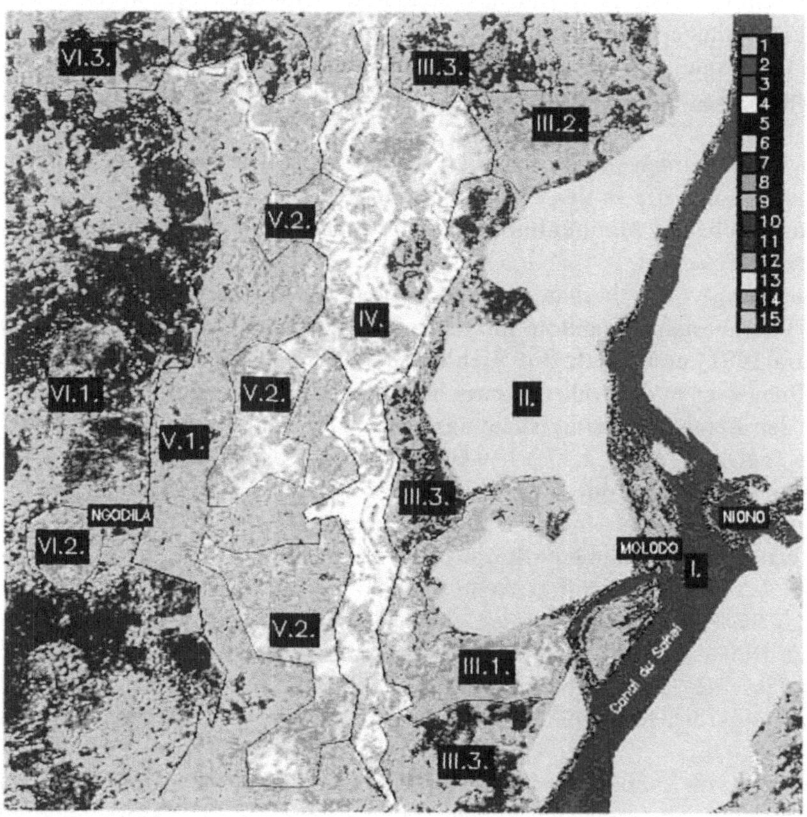

Abb.9.1. Satellitenbild des Untersuchungsgebietes (Klassifikation vgl.Abb.8.15.),GIS-Skizze eines Grobentwurfes ökologisch relevanter Landschaftsplanung, M = 1:250000

Mit Bezug auf die Fülle der für den repräsentativen Raum westlich des Canal du Sahel (I.) bzw. der Gebiete des Bewässerungsfeldbaus (II.) vorliegenden Produkte von Interpretation und Klassifikation von Fernerkundungsdaten soll ein erster Schwerpunkt einer geplanten Umsetzungsphase angedeutet werden.

Bestehende Trockenfeldbau-Flächen sind in durchwegs stark übernutztem und degradiertem Zustand (Präsenz von *Calotropis procera*). *Faidherbia albida* als ökologisch relevanter, ertragssteigender Faktor im Hirse-und Sorghum-Feldbau (vgl.bereits Dancette et Poulain 1969) ist stark dezimiert. Die demzufolge unbedingt nötigen Brachezyklen müssen des Produktionsdruckes wegen vernachlässigt werden.

Die Ausweisung dieser Flächen ist genau so möglich wie die Definition potentieller, unter der Voraussetzung ökologisch verträglicher Misch-Bewirtschaftung zu gewinnender neuer Anbauflächen (III.1,III.2.).

Hiebei muß insbesondere auf die Bedeutung der Ernterückstände als Weidepotential hingewiesen werden. 50%-80% der Futtermengen entstammen diesem Fundus (Powell 1985).

Unmittelbar am bewässerten Gebiet liegen auch stark überformte Gehölzformationen mit hohem Bodenanteil. Diese Gebiete sind bevorzugtes Weideareal von Ziegenherden (browsing) und dienen der Brennholzgewinnung - in beiden Fällen ist eklatante Übernutzung festzustellen. Erst der Versuch, diese Bereiche nach Gesichtspunkten nutzungsorientierter Forcierung geeigneter Gehölzarten (MPT - multipurpose tree, vgl. Wood 1990) zu analysieren sowie als kurzfristig wirksame Maßnahme die zur Versorgung der Bevölkerung notwendigen Viehherden sinnvoller zu verteilen kann positive Auswirkungen initiieren (III.3.).

Absolute Krisenzone ist wohl der teilweise komplett denudierte, den Kräften äolischer Erosion ausgesetzte und nur entlang der Depressionen fossiler Wasserläufe des Niger mit teils hochwertigen Bäumen bestandene Streifen, der in den Luft- und Satellitenbild-Interpretationen mit Einheit 7 bezeichnet wird. Das noch zu Beginn der Trockenzeit bestehende Wasserangebot, verbunden mit nutzbaren schmalen Strauch- und Baumbeständen, bewirkt eine zu dieser Zeit fatale Konzentration verschiedenster Ansprüche. Ein wichtiges, Entlastung bewirkendes Ziel wäre die Schaffung mehrerer Tränke-Plätze entlang des stets Wasser führenden Canal du Sahel. Fast scheint es, daß nur mehrjährige absolute Schonung dieses Streifens ein wenig Regeneration bewirken könnte (IV.).

Der westlich anschließende, in hohem Maße durch Brennholzgewinnung für den Bedarf der Siedlungen des Office und durch oft zu intensive und lokal konzentrierte Beweidung degradierte Bereich ist gehölzarm, besitzt stellenweise bedrohlich hohe erosionsinduzierende Bodenanteile, wird vereinzelt besiedelt (vgl. Abb.4.1.) und daher auch feldbaulich genutzt. Der westliche Rand des "delta mort" ist durch den Übergang zu morphologischer Textur fossiler Dünen geprägt. Die Luftbild-Analysen in diesem Bereich (vgl.Abb.7.10.) dokumentieren ein stark degradiertes Nutzungsmosaik, das sich in Richtung ausufernder vegetationsfreier Flächen entwickelt.

In Feldbauflächen im Einzugsbereich bestehender oder verlassener Dörfer müssen Baumbestände revitalisiert werden, wobei eventuell vorerst der Tendenz der Veränderung in Richtung xeromorpher Arten Rechnung zu tragen ist (*Acacia* spp.) (V.2.).

Das Grasland per se kann kurzfristig durch den Versuch, Nutzungsansprüche sinnvoller zu verteilen und damit in meist punktuell stark beanspruchten Bereichen (Wasserstellen - mare,daia) Entlastung zu bewirken, mittelfristig aber durch die konsequente Adaption eines geeigneten sylvo-pastoralen Systems stabilisiert werden (Vandenbelt 1990) (V.1.).

Das in zunehmendem Umfang durch Feuereinwirkung degradierte, von Gehölzformationen variierender Dichte und abnehmender Diversität (Feuerresistenz der Combretaceae) durchzogene Grasland muß ökologisch verträglich genutzt werden (VI.1.).

Dies wird dann möglich, wenn die ausufernden Degradationsringe um die Dörfer des Graslandes (z.B. Ngodila) durch Reinstallation agro-silvo-pastoraler Bewirtschaftung und resultierender Anhebung der Bodengüte restauriert werden (VI.2.) und dadurch Nutzungsansprüche in Bereichen des Graslandes auf extensive Beweidung reduziert werden können.

Trockenfeldbau in Gebieten, deren geo-biogene Charakteristika die Präsenz gehölzreichen, nunmehr jedoch durch anthropogenen Druck degradierten sudano-sahelischen Graslandes forcieren, kann nur bei Einhaltung traditioneller Brachezyklen von 10 Jahren und mehr (nach 2-3jähriger Nutzung) zufriedenstellende Erträge liefern, falls nicht limitierende Faktoren der Bodengüte zusätzlich einwirken. Wanderhackbau (shifting cultivation) bedarf geringer Bevölkerungsdichten und dementsprechend langer Bracheperioden.

Anthropogener Druck induziert Übernutzung, Bodenauslaugung, Mißernten und steigenden Flächenverbrauch (shifting) auf Kosten meist hochwertigen, für Pastoralisten lebensnotwendigen Weidelands (Bernus 1981).

Diese im NW des Untersuchungsgebietes dominanten Flächen sind daher gesondert auszuweisen (VI.3.).

10 Ausblick

Fernerkundung und Bildinterpretation von Phänomena der Erdoberfläche implizieren die Notwendigkeit der Synthese physikalisch-mathematischer Grundlagen und angewandter naturwissenschaftlicher Forschung. Vernetzte ökologische Prozesse basieren auf einer Vielzahl interdisziplinärer Bausteine. Veränderungen des raumbezogenen Gleichgewichts führen zu empfindlichen Störungen des Gefüges mit teils weitreichenden Folgen für die Lebensbedingungen von Flora und Fauna einschließlich des Menschen.

Die .Dokumentation (monitoring) des Erscheinungsbildes geographischer Räume mittels Satelliten- und Luftbild und die anschließende interdisziplinär vernetzte, mit thematisch relevanten in situ-Beobachtungen verbundene Analyse der Daten in Funktion des Aufnahme-Zeitpunktes stellen im unverbildeten Falle nichts anderes als den Versuch dar, reine und - mit Einschränkungen - deduktive Beobachtungen der spezifischen Thematik gemäß anzuwenden.

Interpretation und Klassifikation der Bildinhalte sind Resultate dieser Beobachtungen und werden dann deduktiv, wenn bestehende oder abgeleitete Gesetzmäßigkeiten einer Gliederung des Wahrgenommenen in Klassen dienen sollen.

Der Prozeß der Wahrnehmung besteht jedoch sowohl im ursprünglichen als auch im erweiterten multi-sensoriellen Falle stets aus physikalischen, physiologischen und psychologischen Komponenten. Insofern resultiert auch die auf reiner Beobachtung aufbauende Naturbeschreibung aus einer subjektiven, durch Erfahrung teilweise objektivierbaren Auswahl des Wahrgenommenen. Abstraktion, Deduktion, Reduktion, Klassifizierung und Systematisierung sind Synonyma des im Falle visueller Interpretation von Bilddaten mit Referenzniveau umschriebenen Problembereichs.

Die thematische Analyse (des Bildes) zerlegt das "raumzeitliche" Ganze in die jeweils wesentlichen Elemente, die bei geänderter Betrachtungsweise wiederum als Summe konkreter Bestandteile gelten können. In Hinblick auf die vorhin postulierte vernetzte Betrachtungsweise ökologisch relevanter Probleme ist somit ein Bezug zur interdisziplinären Komponente des Themenkomplexes herstellbar. Gleichzeitig wird die Gefahr manifest, die durch unzusammenhängendes Zergliedern des Problems entstehen kann. Im Bereich der angewandten Bildinterpretation artikuliert sich dieses Mißverständnis in einer rapide anwachsenden Fülle hochspezialisierter Detailforschung und dem Verlust zur Fähigkeit, Synthesen herzustellen und zur Bearbeitung akuter ökologischer Fragestellungen heranzuziehen.

192

Der Konflikt zwischen kausalanalytischem und synthetischem Forschungsansatz ist wohl durch bewußte und bedachtsame Verknüpfung beider Vorgangsweisen am effizientesten zu lösen. Unzweifelhaft hat rücksichtsloses Festhalten an kausalanalystischem Denken eine Vielzahl umweltbezogen katastrophaler Entwicklungen befördert.

Die Wurzeln dieser Fehlentwicklung liegen weit zurück. Schon im differenten Naturverständnis des Demokrit und des Aristoteles bzw. Platon treten die entscheidenden Gegensätzlichkeiten klar zu Tage. Ende des 18.Jhdts. entstand der mechanistische Begriff des Naturhaushaltes, der Tendenzen implizierte, durch Vernunft und Arbeit eine Art Herrschaft des Menschen über die Natur zu etablieren (Trepl 1987).

Die Betonung synthetischen Denkens, wie es in der Ökologie von Haeckel (1866), in der Morphologie bereits von Goethe (1787-90) bzw. später von Troll et al. (1940ff.)(typologische Morphologie) und in der Biologie von Hartmann (1925) (holistische Biologie) formuliert wurden, ist angesichts der unverändert dominant einseitigen Forcierung hochspezialisierter wissenschaftlicher Forschung als überlebensnotwendiger Gegenpol zu betrachten.

Induktive Komponenten, wie das quantitative Messen, verdrängen in zunehmendem Maße den qualitativen Ansatz. Diese Tendenz birgt bei unbedachtsamer Anwendung die Gefahr in sich, nur mehr danach zu streben, ein Phänomen als Datenmenge zu erfassen und mathematisch zu beschreiben und die Frage, weshalb und als Folge welcher Zusammenhänge ein Faktum existiert, zu vernachlässigen.

Oft stört die Messung selbst den zu messenden Zustand (Heisenberg'sche Unsicherheitsrelation).

Im konkreten Fall gewinnen in steigendem Maße durch Sensoren quantifizierte und codierte Strahlungswerte und deren automatische Verarbeitung an Bedeutung. Die Vielzahl physikalischer und datentechnischer Parameter, die zwischen visueller Wahrnehmung vor Ort und automatischer digitaler Klassifizierung der Landschaft liegen und das Spektrum der im Zuge des Prozesses der Informationsgewinnung relevanten Einflüsse sind skizziert worden.

Es gilt, in Kenntnis der Zusammenhänge optimale Aufnahme- und Auswertekonfigurationen zu entwickeln und problemspezifisch einzusetzen. Diesem Aspekt soll die Analyse und Synthese repräsentativer Bilddaten verschiedener Sensoren und Datenträger dienen.

Die Industrieländer produzieren den Großteil jener Schadstoffe, die die Biosphäre belasten. Ein Sechzehntel der Erdbevölkerung nutzt ein Drittel der natürlichen Ressourcen, während zwei Drittel der Erdbevölkerung mit nur einem Achtel der Ressourcen auskommen müssen. Die USA verbrauchen mehr als ein Drittel der Weltenergieproduktion (6.5×10^{16} kJ/a). In den letzten 30 Jahren wurden mehr Rohstoffe verbraucht als im gesamten Zeitraum davor. Die Länder der Dritten Welt mit 80 % der Weltbevölkerung haben nur 25 % der Weltressourcen zu ihrer Verfügung (Klötzli 1989).

Die katastrophalen Trockenjahre, die den Sahel Afrikas seit 1968 immer wieder treffen, haben zu einer weitreichenden Degradation der Vegetation, zu ausgedehnter Erosion und Desertifikation geführt. Der Druck nach Süden gedrängter Pastoralisten und resultierende Konkurrenz um Landnutzung forcieren diese bedrohlichen Prozesse in hohem Maße (White 1986).

Die Bevölkerung der Republik Mali hat sich seit 1960 mehr als verdoppelt (1987:7,6 Mill.). Prognosen der UNO postulieren eine Verdoppelung dieses aktuellen Standes bis zum Jahre 2010. Analphabetismus betrifft noch immer 83% der Bevölkerung (Alter ≥ 15a). Der Auslandsschuldenstand betrug 1150 Mill.$ (Stand 1986). 1kg Hirse kostete zum selben Zeitpunkt 1% des Lohns eines landwirtschaftlichen Hilfsarbeiters (Stat.Bundesamt 1988).

Der nun auf dem Weg der Demokratisierung schreitenden Republik Mali sollte, genau so wie den anderen demokratischen Ländern der Dritten Welt, endlich der seit Jahren von seiten der Industrienationen halbherzig diskutierte großzügige Schuldenerlaß gewährt werden (Diarrah 1990, Konate 1990).

Gleichzeitig sollten jedoch entscheidende Änderungen der Weltwirtschaftsstrukturen, im besonderen der Zoll- und Handelsbeschränkungen erfolgen, um diesen Ländern Chancengleichheit am internationalen Markt einzuräumen. Die von den Industrienationen vielerorts noch immer praktizierte Degradierung der afrikanischen Staaten zu billigen Rohstoffquellen hat nicht nur zu gravierenden ökologischen Schäden der unter Exportdruck intensiv bewirtschafteten und mittlerweile ausgelaugten und/oder zufolge langfristiger Bewässerung versalzten Böden geführt, sondern in weiterer Folge die Bildung autarker rohstoffverarbeitender Industrien verhindert.

Schuldenlast und einseitige Produktion für den Export haben die Fähigkeit zur Eigenversorgung mit Grundnahrungsmittel stark beeinträchtigt.

Die Einfuhr von Getreide nach Mali, die im Zeitraum 1961-65 10000 Tonnen betrug, ist für den Zeitraum 1981-85 auf 211000 Tonnen angewachsen. Traditionelle Bewirtschaftungsformen auf Basis dörflicher Gemeinschaften müssen forciert, staatlich-dirigistische Maßnahmen reduziert werden (Traoré 1989). Die Aufwertung des Anbaus bodenständiger Arten muß initiiert und unterstützt werden (Sautier et O'Deyé 1989).

Fernerkundung und angewandte Bildinterpretation eines im Sinne der formulierten Fakten repräsentativen Raumes westlich des intensiv genutzten Reisanbau-Gebietes des Office du Niger dokumentieren sowohl den degradierten Zustand der Trockenfelder (Hirse, Sorghum) als auch des angrenzenden, anthropogenem Druck ausgesetzten Graslandes in multi-thematischer und -temporaler Sicht. Analysen von terrestrischer Kartierung, visueller Luftbild- und visueller und digitaler Satellitenbild-Interpretation der Diversität der Arten, der Struktur und Physiognomie der Vegetation, der Landnutzung und Bodenbedeckung (landcover) liefern Bausteine für ein synthetisches Modell der Dokumentation eines (sudano-) sahelischen Naturraums mit Hilfe des Spektrums angewandter Methoden von Fernerkundung und Bildinterpretation. In Analogie zur vorhin skizzierten Vernetzung thematisch deduzierter Elemente der Wahrnehmung ist auch die synthetische Einheit der mittels Fernerkundung und Bildinterpretation gewonnenen Einsichten zu ökologischem Potential und Ausmaß von Degradation und Desertifikation des Untersuchungsraumes wiederum nur ein Element im interdisziplinären Gefüge der für die ökologischen Probleme des Sahel relevanten Größen, deren Antipoden von globalen Wirtschaftsstrategien und globaler Klimaveränderung auf der einen Seite, bzw.

194

von kleinräumigem Migrationsdruck, Herdenzahlen und lokalem Brennholzbedarf auf der anderen Seite gebildet werden.

Die Bedeutung von Fernerkundung und Bildinterpretation im Konzert dieser Themenkreise soll nicht unterschätzt werden. Die Möglichkeit, durch Aufzeichnung von objekt-spezifischen Rückstrahlungswerten in verschiedenen Wellenlängen-Intervallen (spektrale Signaturen) wichtige Parameter des Zustandes sensibler sahelischer Landschaften zu dokumentieren, macht dynamische Entwicklungen leichter interpretierbar und bietet gemeinsam mit terrestrischen Erhebungen eine Grundlage zur örtlichen Planung und Installation restaurierender, agro-silvo-pastoraler Systeme.

Der Schlüssel zur Bewältigung der wahren Probleme unserer Zeit, die sich im weiten Feld ungelöster sozialer, wirtschaftlicher und ökologischer Spannungen bewegen, liegt zu einem Gutteil in den Händen des Wissenschaftlers. Die Chance zur Rückbesinnung auf die wahren Ziele wissenschaftlicher Forschung (vgl. Eurich 1991) und die interdisziplinäre Konzentration des Forschungspotentials auf die Restauration des Natur-Mensch-Gefüges könnten Wegweiser sein.

Forschung müßte daher auch dazu dienen, in gewissen Bereichen der Wissenschaften endlich zu verhindern, daß die verbreitete Maxime des "Was getan werden kann, muß getan werden" (vgl. Chargaff 1989), bedingungslos befolgt wird.

Der schon durch Demokrit bzw. Platon und Aristoteles verkörperte Gegensatz mechanistischer und wesensbezogener Naturwissenschaft ist nach wie vor präsent. Ganzheitliches Denken steht a priori im Gegensatz zu materialistisch-mechanistischen Weltbildkonstruktionen.

Die nunmehr vorliegende, exemplarisch ausgeführte Arbeit dient dem Versuch, technisch- und ganzheitlich-naturwissenschaftliche Forschung im themenspezifisch vorgegebenen Spektrum zu einem Element ökologisch relevanter Forschung im Sahel Afrikas zu verschmelzen.

Angesichts der Ohnmacht weltweiter Forschung, die in mehr als ausreichendem Maße zur Verfügung stehenden finanziellen und geistigen Kapazitäten vorbehaltlos zur Rettung zerstörter Gefüge von Mensch und Naturraum einzusetzen, muß gerade jetzt wieder und wieder die kritische Frage formuliert werden, ob nicht Forschung vielerorts lediglich zu einer Methode der Beherrschung des Gegebenen geworden ist, die das Wesen der Dinge nicht nur nicht erfaßt, sondern gerade um der Beherrschung willen zerstört (May 1949).

So bleibt zu hoffen, daß auch die Natur-Wissenschaften dem Natur-Begriff mit wachsender Sensibilität begegnen und Forschung im tiefsten Sinne als ganzheitlich-interdisziplinäre Schau der Dinge betreiben mögen.

"Es giebt drey Arten von Erklärungen in der Wissenschaft: Erklärungen, die uns ein Licht oder einen Wink geben; Erklärungen, die nichts erklären; und Erklärungen, die alles verdunkeln."

(Schlegel 1798)

Literatur

Achard F, Blasco F (1990) Analysis of vegetation seasonal evolution and mapping of forest cover in West Africa with the use of NOAA AVHRR HRPT data. Phot Eng Rem Sens 56: 1359-1365

Akobundu IO, Agyakwa CW (1987) A handbook of West African weeds. IITA, Ibadan

Al Omari (+1349) Masalik el absar fi mamalik el amsar (L'Afrique moins l'Egypte). Trad Desmonbynes G (1927). Geuthner, Paris

Anderson JR (1982) Land resources map making from remote sensing products. In: Johannsen CJ, Sanders JL (eds) Remote sensing for resource management. SCSA, Ankeny, pp 63-72

Anderson JR, Hardy EE, Roach JT, Witmer RE (1976) A landuse and landcover classification system for use with remote sensor data. Geol Survey Prof Paper 964

ASPRS (ed) (1988) Land use, cover and forms classification system - NE Florida (cover photo). Phot Eng Rem Sens 54(4)

Asrar G (1989) Theory and applications of optical remote sensing. Wiley, New York

Aubreville A (1936) Les forêts de la colonie du Niger. Bull Com Etudes Hist Sci AOF 19

Aubreville A (1949) Climats, forêts et désertification de l'Afrique tropicale. Soc Edit Géogr Marit Col, Paris.

Aubreville A (1956) Tropical Africa. In: A world geography of forest resources, New York

Audru J, Cesar J, Forgiarini G, Lebrun JP (1987) La végétation et les potentialites pastorales de la Republique de Djibouti. IEMVT, Maisons-Alfort

Bagnouls F, Gaussen H (1953) Période sèche et végétation. C R Acad Sci 236:1076-1077

Bagwell C, Sharma GC, Downs SW (1976) Ground truth study of a computer generated land use map of North Alabama. In: Shahrokhi F (ed) Remote sensing of earth resources 5. Univ Tennessee, pp 139-150

Barth H (1857/58) Reisen und Entdeckungen in Nord- und Centralafrika in den Jahren 1849-1855, 5 vol. Perthes, Gotha

Barth HK (1977) Der Geokomplex Sahel. Tüb Geogr Schriften 71, Inst Geogr, Univ Tübingen

Barth HK (1986) Mali - eine geographische Länderkunde. Wiss Länderkunden 25, Darmstadt

Bartha R (1970) Plantes fourragères de la zone sahélienne d'Afrique. Weltforum, München (Afrika-Studien 48, Ifo-Inst Wirtschaftsforschung)

Bassot J, Méloux J, Traore H (1981) Notice explicative de la carte géologique à 1:1500000 de la République du Mali. Ministère du Développement Industriel et du Tourisme, Direct Nat de la Géologie et des Mines, BRGM, Paris

Bauer M (1977) Crop identification and area estimation over large geographic areas using Landsat MSS data. LARS Techn Rep 012477

Baumer M (1987) Agroforesterie et désertification. ICRAF, Nairobi

Bélime E (1923) Les irrigations du Niger. Discussions et controverses. Comité du Niger, Paris

Belloncle G (1985) Participation paysanne et aménagements hydro-agricoles. Karthala, Paris

Belward AS, Taylor JC, Stuttard MG, Bignal E, Mathews G, Curtis D (1990) An unsupervised approach to the classification of semi-natural vegetation from Landsat TM data - a pilot study on Islay. Int J Rem Sens 11:429-445

Bernus E (1981) Touaregs nigériens - unité culturelle et divérsité régionale d'une peuple de pasteurs. Mém 94, ORSTOM, Paris

Bernus E, Poncet Y (1981) Etude exploratoire du milieu naturel par télédétection - plaine de l'Eghazer (Niger). Init Doc Techn, Télédétection 6, ORSTOM, Paris.

Bille JC (1977) Etude de la production primaire nette d'un écosystème sahélien. Trav Doc 65, ORSTOM, Paris

Binger LG (1891) Du Niger au Golfe de Guinée, 2 vol. Hachette, Paris

Bodechtel H (1986) Thematic mapping of natural resources with the modular optoelectronic scanner (MOMS). In: Szekielda KH (ed) Satellite remote sensing for resources development. Graham and Trotman, London, pp 121-136

Bonner WJ, Rohde WG, Miller WA (1982) Mapping wildland resources with digital Landsat and terrain data. In: Johannsen CJ, Sanders JJ (eds) Remote sensing for resource management. SCSA, Ankeny, pp 73-80

Bonner WJ, Morgart J (1980) Landsat - a sampling frame for arid land inventories. In Lund HG et al (eds) Arid land resource inventories. La Paz, pp 230-239

Boudet G (1972) Désertification de l'Afrique tropical sèche. Adansonia, Ser 2,12,4:505-524

Boudet G (1975) Manuel sur les pâturages tropicaux et les cultures fourragères, 2 édn, IEMVT, Maisons-Alfort

Boudet G (1984) Recherche d'un équilibre entre production animale et ressources fourragères au Sahel. Bull Soc Languedoc Géogr 18:3-4, 167-177

Boudet G (1990) Peut-on améliorer la gestion de parcours sahéliens? Sécheresse 1:55-60

Boudet G, DeWispelaere G (1976) Classification des pâturages tropicaux en niveau de télédétection. IEMVT, Maisons-Alfort, FAO, Rome

Boudet G, Lebrun JP (1986) Catalogue des plantes vasculaires du Mali. Etudes et Synthéses 16, IEMVT, Maisons-Alfort

Bourne R (1931) Regional survey and its relation to stocktaking of the agricultural and forest resources of the British Empire. Oxford Forestry Memoirs 13

Boyd RW (1983) Radiometry and the detection of optical radiation. Wiley, New York

Brachet G (1986) SPOT - the first operational remote sensing satellite. In: Szekielda KH (ed) Satellite remote sensing for resources development. Graham and Trotman, London, pp 59-80

Braun-Blanquet J (1928) .Pflanzensoziologie - Grundzüge der Vegetationskunde, 1.Aufl. Springer, Wien Berlin (Schoenichen W (ed) Biolog Studienbücher 7)

Brivio PA, Dessena MA, Zilioli E, Bolzan G, Moriondo S, Tomasoni R (1988) The use of Landsat images over the inland delta of Niger river for the assessment of regional hydrology. Proc 22nd Symp Rem Sens Environ, Abidjan. ERIM, Ann Arbor, pp 665-676

Brown LR (ed) (1989) State of the world 1989. Norton, New York

Brown LR, Flavin C, Postel S (1989) Global handeln - Aufriß einer Strategie. In Brown LR (ed) Zur Lage der Welt 89/90. Fischer, Frankfurt, pp 291-332

Bryson RA (1973) Drought in Sahelia, who or what to blame. Ecologist 3(10):366-371

Busch KF, Uhlmann D, Weise G (eds) (1989) Ingenieurökologie, 2.Aufl. Fischer, Jena

Buttery RF (1978) Modified ecoclass - a forest survey method for classifying ecosystems. Proc Nat Workshop on Integrated Inventories of Renewable Natural Resources, Tucson, Arizona, pp 157-168

Caillie R (1833) Journal d'un voyage à Tumbuctou et à Jenne dans l'Afrique Centrale, 3 vol + atlas. Impr Royale, Paris

Carneggie DM, Schrumpf BJ, Mouat DA (1983) Rangeland applications In: Colwell RN (ed) Manual of remote sensing, 2nd edn, vol II, pp 2325-2384

Carter V, Malone DL, Burbank JH (1979) Wetland classification and mapping in western Tennessee. Phot Eng Rem Sens 45:273-284

Cassanet J (1988) Satellites et capteurs. Paradigme, Caen (Télédétection satellitaire 5)

Chamignon C, Maniere R (1990) Forest type mapping and damage assessment of Zeiraphira diniana by SPOT 1 HRV data in the Mercantour National Park. Int J Rem Sens 11:1439-1450

Chargaff E (1989) Unbegreifliches Geheimnis - Wissenschaft als Kampf für und gegen die Natur. Luchterhand, Frankfurt (SL 849)

Chen HS (1985) Space remote sensing systems. Academic Press, New York

Chevalier A (1900a) Les zones et les provinces botaniques de l'AOF. C R Acad Sci 130: 1205-1208

Chevalier A (1900b) Mon exploration botanique au Soudan français. Bull Mus Hist Nat 3: 248-254

Chevalier A (1901) La culture du cotonnier au Soudan français. Bull Soc Nat Acclimatation France 48:225-241

Chevalier A (1912) Carte agricole, forestière et pastorale de l'Afrique occidentale, M = =1:3000000. La Géographie 26(4)

Chevalier A (1928) Sur la dégradation des sols tropicaux causés par les feux de brousse et sur les formations végétales régressives qui en sont la consequence. C R Acad Sci 188: 84-86

Chevalier A (1933) Le territoire géobotanique de l'Afrique tropicale nord-occidentale et ses subdivisions. Bull Soc Bot Fr 80:4- 26

Christian CS, Stewart GA (1968) Methodology of integrated surveys. Proc Conf Aerial Surveys and Integrated Studies, Toulouse, UNESCO, pp 233-280

Chudeau R (1919) La capture du Niger par le Tafessassa. Ann Géogr 151:52-60

CIEH (ed) (1974) République du Mali - Précipitations journaliéres de l'origine des stations à 1965. Comité Interafricain d'Etudes Hydrauliques, Paris

CILSS (ed) (1989) Atlas agroclimatologique des pays de la zone du CILSS. Progr Agrhymet, Niamey

Cissé MI (1976) Influence de l'exploitation sur la qualité d'un pâturage Soudano-Sahélien. Thése de 3ème Cycle, Ec Norm Sup Bamako

Cissé MI (1980) Production fourragère de quelques arbres saheliens - relations entre la biomass foliare maximale et divers paramètres physiques. In: .Le Houérou HN (ed) Browse in Africa. ILCA, Addis Abeba, pp 203-208.

Cissé MI (1986) Les parcours sahéliens pluviaux du Mali Central. Caractéristiques et principes techniques pour une amélioration de leur gestion dans le cadre des systèmes de production animale existants. In: Touré I.A., Dia PI, Maldague M (eds) La problématique et les stratégies sylvo-pastorales au Sahel. CIEM, Univ Laval, UNESCO, Paris, pp 255- 286

Cissé S (1986) Les territoires pastoraux du delta intérieur du Niger. Nomadic Peoples 20: 21-33

Clawson M, Stewart CL (1965) Land use information. A critical survey of US statistics including possibilities for greater uniformity. John Hopkins Univ, Baltimore

Clevers JGPW (1988) The derivation of a simplified reflectance model for the estimation of leaf area index. Rem Sens Environ 25:53-69

Clos-Arceduc M (1956) Etudes sur photographies aériennes d'une formation végétale africaine-la "brousse tigrée". Bull IFAN 18:3,677-684

Cochran WG (1977) Sampling techniques, 3rd edn. Wiley, New York

Colvocoresses AP (1990) An operational earth mapping and monitoring satellite system - a proposal for Landsat 7. Phot Eng Rem Sen 56:569-571

Colwell RN (ed) (1983) Manual of remote sensing, 2nd edn, vol I. Theory, instruments and techniques. Sheridan Press, New York

Cottan G, Curtis JT (1956) The use of distance measures in phyto-sociological sampling. Ecology 37:451-460

Council on Environmental Quality (ed) (1980) The Global 2000 Report to the President. 2001, Frankfurt (dt Trad)

Courel MF (1985) Etude de l'évolution récente des milieux sahéliens à partir des mesures fournies par les satellites. Thèse Dr Lettres Sci Hum, Univ Paris I

Crowder M (1971) West African resistance. Hutchinson, London

Csaplovics E (1990) Monitoring desertization dynamics in the Canal du Sahel region (Mali) using multitemporal Landsat TM and MSS data. In: Coulson M (ed) Remote sensing and global change. Proc 16th Conf RSS, Univ Swansea, pp 31-40

Csaplovics E (1991) Analysis of colour infrared aerial photography and SPOT satellite data for monitoring landcover change of a heathland region of the Causse du Larzac (Massif Central,France) Int J Rem Sens 12:(to be published)

Curran PJ (1983) Multispectral remote sensing for the estimation of green leaf area index. Phil Trans Royal Soc London A309, pp 257-268

Curran PJ (1985) Principles of remote sensing. Longman, Burnt Mill

Curran PJ, Williamson HD (1987) Sample size for ground and remotely sensed data. Rem Sens Environ 20:31-41

CTFT (ed) (1988) Faidherbia albida. Monographie. CTFT, Nogent sur Marne

Cuhn EW (1790) Sammlung merkwürdiger Reisen in das Innere von Afrika, 3 Bde. Göschen, Leipzig

Dancette C, Poulain JF (1969) Influence of Acacia albida on pedoclimatic factors and crop yield. Sols Africains 14:143-181

Defourny P (1988) Mapping woody vegetation in the sudano-sahelian region (Mali, Burkina Faso). Proc 22nd Symp Rem Sens Environ Abidjan. ERIM, Ann Arbor, pp 477-486

Delafosse M (1912) Haut Sénégal- Niger (Soudan Français), 3 vol. Larose, Paris

Delwaulle JC (1973): Désertification au sud du Sahara. Bois For Trop 149:51-68

Delwaulle JC (1978) Plantations forestières en Afrique tropicale sèche - techniques et espèces à utiliser. Bois For Trop 181

Depierre D, Gillet H (1971) Désertification de la zone sahélienne du Tchad. Bois For Trop 139:2-25

Devineau JL (1990) Contribution à la cartographie des états de surface d'un bassin versant sahelien et au suivi de leur évolution - recouvrement de la végétation et phytomasse herbacée. In: Images satellite et milieux terrestres en régions arides et tropicales, Journées Télédétection Bondy, pp 69-78 (Coll Sém ORSTOM)

DeWispelaere G (1980) Les photographies aériennes témoins de la dégradation du couvert ligneux dans un écosystème sahélien Sénégalais - influence de la proximité d'un forage. Cah ORSTOM, Sér Sci Hum XVII(3/4):155-166

DeWispelaere G, Toutain B (1976) Estimation de l'évolution du couvert végétal en 20 ans, consécutivement à la sécheresse dans le Sahel voltaique. Rev Photointerprét 76:3/2

DeWispelaere G, Toutain B (1981) Etude diachronique de quelques géosystèmes sahéliens en Haute Volta septentrionale. Rev Photointerprét 81:1/1-1/5

DeWulf RR, Goossens RE (1988): A method for extracting relative reflectance from 35mm colour-infrared transparencies. ITC Journal 17:272-277

Diakité M, Yergeau M, Bonn F (1986) The utility of Landsat TM imagery in the inland delta geography of Mali. Proc 20th Symp Rem Sens Environ Nairobi. ERIM, Ann Arbor, pp 567-574

Diallo B (1980) Population. In: Traoré M (ed) Atlas du Mali. Jeune Afrique, Paris, pp 27-33

Diarra L (1976) Composition floristique et productivité des pâturages soudanosahéliens sous pluviosité annuelle de 1000 à 400mm. Thèse 3ème Cycle, Ec Norm Sup, Bamako

Diarra L, Breman H (1975) Influence of rainfall on the productivity of Sahelian grasslands in Mali. Proc Symp Evaluation Mapping Tropic Afric Rangelands, ILCA, Addis Abeba, pp 171-174

Diarrah CO (1986) Le Mali de Modibo Keïta. L'Harmattan, Paris

Diarrah CO (1990) Mali - bilan d'une gestion désastreuse. L'Harmattan, Paris

Di Bernardo G, Hirscheider A, Sommer S (1986) Classification synthétique du paysage In: List FK, Bodechtel J, Jaskolla F, Mainguet M (eds) Caractérisation de la dynamique de la désertification à la peripherie du Sahara par les techniques de télédétection. Rapp final, Projet(CEE) 958(83)TEL1, Berlin, pp 37-62

Diner DJ (1988) Geophysical and climatological research using a multi-angle imaging spectroradiometer (MISR). Instr Invest Prop NASA - EOS Program

Di Zenzo S, Bernstein R, De Gloria SD, Kolsky HG (1987a) Gaussian maximum likelihood and contextual classification algorithms for multicrop classification. IEEE Transact Geosci Rem Sens GE-25:805-814

Di Zenzo S, Bernstein R, De Gloria SD, Kolsky HG (1987b) Gaussian maximum likelihood and contextual classification algorithms for multicrop classification - experiments using TM and MSS data. IEEE Transact Geosci Rem Sens GE-25:815-824

Dolstra O, Galema M (1987) Accuracy in counting houses using small format aerial photographs. ITC-Journal 1987-3:254-259

Dozier J, Strahler AH (1983) Ground investigations in support of remote sensing. In: Colwell RN (ed) Manual of remote sensing, 2nd edn, vol.I, pp 959-986

Dregne HE (1976) Soils of arid regions. Elsevier, Amsterdam New York (Developments in Soil Science 6)

Duchhardt I, VanHaeringen R, Steiner F (1990) Integrated planning for agroforestry. In: Budd WW, Duchhardt I, Hardesty LH, Steiner FH (eds) Planning for agroforestry. Elsevier, Amsterdam New York, pp 1-17

Eibl-Eibesfeldt I (1984) Die Biologie des menschlichen Verhaltens - Grundriß der Humanethnologie. Piper, München

Elachi C (1987) Introduction to the physics and techniques of remote sensing. Wiley, New York

El Bekri (+1094) Description de l'Afrique septentrionale. Trad Mac Guckin de Slane W, Jourdan, Algiers (1911)

El Idrisi (+1166) Description de l'Afrique et de l'Espagne. Trad Dozy R, Golge J de, Brill, Leyden (1866)

Ellenberg H (1956) Aufgaben und Methoden der Vegetationsgliederung. In: Walter H (ed) Einführung in die Phytologie, Bd IV/1. Fischer, Stuttgart

El Masoudi (+956): Les prairies d'or. Trad Barbier de Meynard, Pavet de Courtelle, Imp Impér Nat, Paris (1861-1874)

Engler A (1925) Die Pflanzenwelt Afrikas, Bd V/1/1. Engelmann, Leipzig (Engler A, Drude O (eds) Die Vegetation der Erde IX)

ERIM (ed) (1974ff) Proc Symp Rem Sens Environ. ERIM, Ann Arbor

ESA (ed) (1980ff) Proc Symp IEEE Geosc Rem Sens Soc (IGARSS). ESA SP, Paris

Estes JE, Stow D, Jensen JR (1982) Monitoring land use and land cover changes. In: Johannsen CJ, Sanders JL (eds) Remote sensing for resource management. SCSA, Ankeny, pp 100-110

Eurich C (1991) Tödliche Signale - die kriegerische Geschichte der Informationstechnik. Luchterhand, Frankfurt

FAO (ed) (1950-1983) Production yearbooks. FAO, Rome

FAO/UNESCO (eds) (1973) Soil map of Africa. Soil map of the world 1:5000000, sheets VI-1,VI-2, FAO, Rome, UNESCO, Paris

FAO/UNESCO (eds) (1974) Soil map of the world, vol I, legend. FAO, Rome, UNESCO, Paris

Faust NL (1989) Image enhancement. In: Kent A, Williams JG (eds) Encyclopedia of computer science and technology, vol XX, suppl.5 Dekker, New York

Fetscher I (1977) Überlebensbedingungen der Menschheit - zur Dialektik des Fortschritts. Konstanzer Uni-Reden 90, Universitätsverlag, Konstanz

Finsterwalder R, Hofmann W (1968) Photogrammetrie. De Gruyter, Berlin

Forde-Johnston JL (1959) Neolithic cultures of North Africa. Univ Press, Liverpool

Fosberg FR (1967) A classification of vegetation for general purposes. In: Peterken GF (ed) Guide to the checksheet for IBP Handbook 4. Blackwell, Oxford, pp 73-120

Frankenberg P, Anhuf D (1989) Zeitlicher Vegetations- und Klimawandel im westlichen Senegal. Steiner, Stuttgart (Erdwiss Forschung XXIV, Akad Wiss Lit Mainz)

Frobenius L (ed) (1921) Spielmannsgeschichten der Sahel. Diederichs, Jena (Atlantis - Volksmärchen und Volksdichtungen Afrikas 6, Veröff Forsch Inst Kulturmorphologie)

Fung T, LeDrew E (1987) Application of principle component analysis to change detection. Phot Eng Rem Sens 12:1649-1658

Gallais J (1967) Le delta intérieur du Niger et ses bordures. Etude morphologique. Mém Doc CNRS N S 7, Paris

Gallais J (1980) L'Office du Niger. In: Traoré M (ed) Atlas du Mali. Jeune Afrique, Paris, pp 56-47

Gallais J (1984) Hommes du Sahel (Le delta intérieur du Niger 1960-1980). Paris.

Gastellu-Etchegorry JP (1990) An assessment of SPOT XS and Landsat MSS data for digital classification of near-urban land cover. Int J Rem Sens 11:225-235

Gastellu-Etchegorry JP, VanDerMeer Mohr H, Handaya A, Surjanto WJ (1990) An evaluation of SPOT capability for mapping the geology and soils of Central Java. Int J Rem Sens 11:685-702

Geerling C (1982) Guide de terrain des ligneux sahéliens et soudano-guinéens. Veenman et Zonen, Wageningen (Mededelingen Landbouwhogeschool Wageningen 82-3)

Gerresheim K (1968) Luftbildauswertung in Ostafrika. IFO-Inst Wirtschaftsforschung, München

Gervin JC, Kerber AG, Witt RG, Lu YC, Sekhon R (1985) Comparison of level I land cover classification accuracy for MSS and AVHRR data. Int J Rem Sens 6:47-57

Ghazanfar S (1989) Savanna plants. McMillan, London

Gigon A (1974) Ökosysteme - Gleichgewichte und Störungen. In: Leibundgut H (ed) Landschaftsschutz und Umweltpflege. Huber, Frauenfeld, pp 16-39

Gilruth PT, Hutchinson CF, Bademba B (1990) Assessing deforestation in the Guinea highlands of West Africa using remote sensing. Phot Eng Rem Sens 56:1375-1382

Girard MC, Girard CM (1989) Télédétection appliquée - zones tempérées et intertropicales. Masson, Paris

Goethe JW von (1787-90) Schriften, 8 Bde. Göschen, Leipzig

Götting HR, Mäckel R (1986) Spatial analysis of the dynamics of an ecosystem by multistage remote sensing in Kenya. Proc IGARSS'86 Zürich. ESA SP-254, vol 1, pp 53-56

Gorrie RM (1935) The use and misuse of land. Oxford Forestry Memoirs 19

Gossmann H (1989) Satelliten-Fernerkundung - Stand und Perspektiven. Geogr Rundschau 41:674-681

Graetz RD (1990) Remote sensing of terrestrial ecosystem structure, an ecologist's pragmatic view. In: Hobbs RJ, Mooney HA (eds) Remote sensing of biosphere functioning. Springer, New York Berlin, pp 5-30

Granier C (1980) Biogéographie - végétation. In: Traoré M (ed) Atlas du Mali. Jeunes Afrique, Paris, pp 18-20

Griffiths GH, Tekie TG (1990) An evaluation of multi-sensor satellite data for monitoring semi-arid rangeland vegetation in northern Kenya. In Coulson M (ed) Remote sensing and global change. Proc 16th Conf RSS, Univ Swansea, pp 250-262

Grohs G (1973) Dürrekatastrophe in der Sahel - Ursachen und Auswirkungen. Entwicklung und Zusammenarbeit, Beitr Entwicklungspolitik 10:3-7

Grouzis M (1984) Pâturages sahéliens du nord du Burkina Faso. ORSTOM, Ougadougou
Grouzis M (1988) Structure, productivité et dynamique des systèmes écologiques sahéliens (Mare d'Oursi, Burkina Faso). Coll Etudes et Thèses, ORSTOM, Paris.
Guillot B (1981) Les satellites de l'environnement. Description sommaire de la série TIROS/NOAA. Init Doc Techn Télédétection 5, ORSTOM, Paris.
Guy C (1899) Les résultats geógraphiques et économiques des explorations du Niger 1892-1898. Renseignements coloniaux (Suppl Bull du Comité de l'Afrique française) 1:1-13, 3: 33-48.
Guyot G (1989): Signatures spectrales des surfaces naturelles. Paradigme, Caen (Télédétection Satellitaire 5)
Guyot L (1986) Monitoring of large phenomena in developing countries through satellite imagery. Proc IGARSS 86 Symp Zürich, ESA SP 254, pp 49-51
Gwynne MD, Croze H (1975) Methodes de surveillance écologique dans l'Est-Africain. Actes Coll Invest Cartogr Patur Tropic Afr, Bamako, ILCA, Addis Abeba, pp 95-136
Haberäcker P (1985) Digitale Bildverarbeitung. Hanser, München Wien
Haeckel E (1866) Generelle Morphologie der Organismen, 2 Bde. Reimer, Berlin.
Hardy JR (1981) Data collection by remote sensing for land resources survey. In: Townshend JRG (ed) Terrain analysis and remote sensing. Allan et Unwin, London, pp 16-37
Harrison-Church JR (1963) West Africa - a study of the environment and of man's use of it. Longmans, Green & Co, London New York
Hartmann M (1925) Biologie und Philosophie. Springer, Berlin
Haywood M (1981) Evolution de l'utilisation des terres et de la végétation dans la zone Soudano-sahélienne du projet CIPEA au Mali. Doc Trav 3, CIPEA/ILCA, Addis Abeba
Heller RC, Ulliman JJ (1983) Forest resource assessments. In: Colwell RN (ed) Manual of remote sensing, 2nd edn, vol II, pp 2229-2324
Hielkema JU (1990) Operational satellite environmental monitoring for food security by FAO - the ARTEMIS system. In: Remote sensing and the earth 's environment. ESA SP 301, pp 125-134
Hiernaux P (1980) Inventory of the browse potential of bushes, trees and shrubs in an area of the Sahel in Mali - methods and initial results. In: Le Houérou HN (ed) Browse in Africa. ILCA, Addis Abeba, pp 197-205
Hiernaux P (1984): Encore une saison des pluies très déficitaire sur le Ranch de Niono. Evolution de la végétation d'une cinquantaine des sites suivis depuis 1976. Doc Progr AZ 98, CIPEA, Bamako
Hildebrandt G (1990) Inventory and monitoring of extended forest lands by remote sensing. In: Remote sensing of the earth's environment. ESA SP 301, pp 87-94
Hobbs RJ, Mooney HA (eds) (1990) Remote sensing of biosphere functioning. Springer, New York Berlin Heidelberg (Ecol Stud 79)
Hochstöger F (1989) Ein Beitrag zur Anwendung und Visualisierung digitaler Geländemodelle. TU Wien (Geowiss Mitt 34)
Hoffmann P (1987) Photosynthese. Akademie Verlag, Berlin (WTB 158)
Hopkins PF, MacLean AL, Lillesand TM (1988) Assessment of TM imagery for forestry applications under Lake State conditions. Phot Eng Rem Sens 54:61-70
Hord RM (1986) Remote sensing - methods and applications. Wiley, New York
Hovanessian SA (1988) Introduction to sensor systems. Artech House, Norwood
Howard JA, Mitchell CW (1985) Phytogeomorphology. Wiley, New York
Hoyer BE, Hallberg GR, Taranik GV (1974) Summary of multispectral flood inundation mapping in Iowa. Publ Inf Circ 7, Iowa Geol Survey
Hubert H (1920) Le desséchement progressif en Afrique Occidentale. Bull Com Et Hist Sci AOF 3:401-467
Hudson GD (1936) The Unit Area Method of land classification. Ann Ass Americ Geogr 26:99-112

Hutchinson J, Dalziel JM (1927-1938) Flora of West Tropical Africa. Crown Agents for Col, London

Ibn Batouta (+1377) Voyages. Trad Djenidi A, Fac Lettres, Dakar (1966)

Ibn Hawkal (+977) Configuration de la terre. Trad Kramers JH, Wiet G, Maisonneuve et Larose, Paris (1965)

IEEE (ed) (1989) The Earth Observing System (EOS). Geosc Rem Sens 27(2) (spec issue)

ILCA (ed) (1981) Low level aerial survey techniques. Monogr 4, ILCA, Addis Abeba

Jacobberger PA (1986a) Mapping the abandoned fluvial system of the Azaouad depression using MSS and TM data. Proc 20th Symp Rem Sens Environ Nairobi. ERIM, Ann Arbor, pp 821-826

Jacobberger PA (1986b) Remote sensing and field study of drought related changes in the inland Niger delta of Mali. Proc 20th Symp Rem Sens Environ Nairobi. ERIM, Ann Arbor, pp 1379-1386

Jacobberger PA (1988) Monitoring abandoned river channels in Mali through directional filtering of TM data. Rem Sens Environ 26:161-170

Jacobson JL (1989) Umweltflüchtlinge - Gründe für die Aufgabe von eigenem Land. In: Brown LR (ed) Zur Lage der Welt 89/90. Fischer Frankfurt, pp 95-130

Jacqueminet C (1990) .Caractérisation quantitative de l'organisation spatiale des aires de ligneux en milieu sahelien à partir des images satellitaires SPOT. In: Images satellite et milieux terrestres en régions arides et tropicales, Journées Télédétection Bondy, pp 213-224 (Coll Sém, ORSTOM)

Jakubauskas ME, Lulla KP, Mausel PW (1990) Assessment of vegetation change in a fir-altered forest landscape. Phot Eng Rem Sens 56:371-377

James P (1929) Blackstone Valley - a study in chorography in southern New England. Ann Ass Americ Geogr 19

Janzen J, Krings T, Waller P (eds) (1988) Die sozio-ökonomische Dimension der Bekämpfung der Desertifikation. SID Ber 2, Berlin

Jasinski MF, Eagleson PS (1989) The structure of red-infrared scattergrams of semivegetated landscapes. IEEE Transact Geosci Rem Sens 27:4,441-451

Jensen JR (1981) Urban change detection mapping using Landsat digital data. Americ Cartogr 5:8,127-147

Jensen JR (1983) Urban/suburban land use analysis. In: Colwell R N (ed) Manual of remote sensing, 2nd edn, vol II, pp 1571-1666

Jolly GM (1969) Sampling methods for aerial censuses of wildlife populations. East Afr Agr For J, Spec Iss 3.34:46-49

Jolly GM (1981) A review of the sampling methods used in aerial survey. In: ILCA (ed) Low level aerial survey techniques. Monogr 4, Addis Abeba, pp 146-157

Jones WD, Finch VC (1925) Detailed field mapping of an agricultural area. Ann Ass Americ Geogr 15

Justice CO, Townshend JRG (1981) Integrating ground data with remote sensing. In: Townshend JRG (ed) Terrain analysis and remote sensing. Allan et Unwin, London, pp 38-58

Kadro A (1989) Use of Landsat TM data for forest damage inventory. ESA SP 1102, pp 261-270

Kanemasu ET, Heilman JL, Bagley JO, Powers WL (1977) Using Landsat data to estimate evapotranspiration of winter wheat. Environ Managment 6:515-520

Kassam AH, Higgins GM (1980) Land resources for populations of the future. UNFA/FAO, Rome

Kassas M (1970) Desertification potential for recovery in certain circum-Sahara territories. In: Dregne HE (ed) Arid lands in perspective. Americ Ass Adv Sci, Washington DC, pp 123-139

Kaufmann H, Bodechtel J (1990) Land application of imaging spectrometry. In: Remote sensing of the earth's environment. ESA SP 301:143-150

Keita M (1980) Géologie. In: Traoré M (ed) Atlas du Mali. Jeune Afrique, Paris, pp 10-11

Keita MN (1982) Les disponibilités de bois de feu en région sahélienne de l'Afrique Occidentale - situation et perspectives. Misc 82/15, Dept For, FAO, Rome

King KFS (1987) The history of agroforestry. In: Steppler HA, Nair PKR (eds) Agroforestry - a decade of development. ICRAF, Nairobi

Ki Zerbo J (1981) Die Geschichte Schwarz-Afrikas. Fischer, Frankfurt (Tb 6417)

Klaus D (1975) Periodische und statistische Beziehungen zwischen den jährlichen Häufigkeiten der Großwetterlagen Europas und der räumlichen Verbreitung der jährlichen Niederschlagssummen in Teilen Westafrikas. Erdkunde 29:248-267

Klemp E (1968) Africa auf Karten des 12. bis 18.Jahrhunderts. Edit Leipzig, Leipzig

Kloetzli FA (1989) Ökosysteme, 2.Aufl. Fischer, Stuttgart (UTB 1479)

Knapp R (1971) Einführung in die Pflanzensoziologie, 3.Aufl. Fischer, Stuttgart

Knapp R (1973) Die Vegetation von Afrika. Fischer, Stuttgart (Walter H (ed) Vegetationsmonographien der Großräume, Bd.III)

Kodak (ed) (1976) Kodak data for aerial photography. Kodak Publ M-29

Kohler JM (1974) Le Mosi de Kolongotomo et la colonisation à l'Office du Niger. Trav Doc 37, ORSTOM, Paris

Konate M (1990) Mali - ils ont assassiné l'espoir. L'Harmattan, Paris

Krämer J, Illhardt E (1990) Nutzung hochauflösender kosmischer Photoaufnahmen der Kamera KFA-1000 für die verkürzte Aktualisierung von Karten im Maßstab 1:25000. Vermessungstechnik 38:1,5-9

Kraus K (1990) Photogrammetrie, 3.Aufl, Bd I. Dümmler, Bonn

Kraus K, Schneider W (1988) Fernerkundung - physikalische Grundlagen und Aufnahmetechniken. Dümmler, Bonn

Krebs CJ (1989) Ecological methodology. Harper et Row, New York

Kreeb KH (1983) Vegetationskunde. Ulmer, Stuttgart

Kreeb KH (1990) Methoden der Pflanzenökologie und Bioindikation. Fischer, Stuttgart New York

Krings T (1985) Viehhalter contra Ackerbauern - eine Fallstudie aus dem Nigerbinnendelta (Rep Mali). Erde 116:197-206

Krings T (1988) Sahel, 4.Aufl. DuMont, Köln.

Krings T (1991a) Kulturbaumparke in den Agrarlandschaften Westafrikas - eine Form autochtoner Agroforstwirtschaft. Erde 122:117- 129.

Krings T (1991b) Agrarwissen bäuerlicher Gruppen in Mali - standortgerechte Elemente in den Bodennutzungssystemen der Senufo, Bwa, Dogon und Somono. Berliner Geogr Abh (im Druck)

Krings T, Lachenmann G, Müller V (1988) Fallstudie Mali. In: Janzen J, Krings T, Waller P (eds) Die sozio-ökonomische Dimension der Bekämpfung der Desertifikation. SID Ber 2, Berlin, pp 33-80

Krinow EL (1947) Spektral'naia otrazhatel'naia sposobnost prirodnych obrazovanii. (Spectral reflectance properties of natural formations.) Laboratorija Aerometodow, Akademija Nauk SSSR, Moskva. Engl Transl Belkow G, Nat Research Council Canada, Techn Transl TT-439, Ottawa (1953)

Kußerow H (1988) Vegetationskundliche Untersuchungen in einem semiariden Gebiet in Mali (Westafrika) unter Anwendung von MSS-Satellitendaten. Biol Dipl Arb, FU Berlin

Kußerow H (1990) Anwendung von Landsat-Daten zur Erfassung der Vegetationsdynamik in desertifikationsgefährdeten Gebieten Malis. Erde 121:39-53

Lander R, Lander J (1838) Journal of an expedition to explore the course and termination of the Niger, 3 vol. Murray, London, Harper, New York

Landgrebe DA (1980) The development of a spectral-spatial classifier for earth observational data. Pattern Rec 12:165-175

Larcher W (1984) Ökologie der Pflanzen, 4.Aufl. Ulmer, Stuttgart

Lauer W, Frankenberg P (1979) Zur Vegetations- und Klimageschichte der westlichen
Sahara. Steiner, Wiesbaden (Akad Wiss Lit Mainz, Abh Math Naturwiss Kl 1)
Legg CA (1990) Digital satellite imagery from the Soviet Union - an important new tool for
environmental monitoring. In: Coulson MG (ed) Remote sensing and global change. Proc
16th Conf RSS, Univ Swansea, pp 65-74
Le Houérou HN (1968) La désertisation du Sahara septentrional et des steppes limitrophes.
Proc IBP Hammamet Techn Meet Conserv Nat, Hammamet
Le Houérou HN (1973) Peut-on lutter contre la désertisation? C R Coll Nouakchott sur la
désertification au sud du Sahara. Nouv Edit Afr, Dakar Abidjan, pp 170-211
Le Houérou HN (1976) Nature and causes of desertization. In: Glanz M (ed) Desertificati-
on in and around arid lands, Westview Boulder, pp 17-38
Le Houérou HN (1977) The grassland of Africa - classification, production, evolution and
development outlook. Akademie Verlag, Berlin (Proc 13th Int Grassland Congr, vol I, pp
99-116)
Le Houérou HN (1979a) La désertisation des régions arides. La Recherche 99:336-344
Le Houérou HN (1979b) Ecologie et désertisation en Afrique. Trav Inst Géogr Reims 39-
40:5-26
Le Houérou HN (1980a) Agroforstry techniques for the conservation and improvement of
soil fertility in arid and semi-arid zones. In: .Le Houérou HN (ed) Browse in Africa.
ILCA, Addis Abeba, pp 433-436
Le Houérou HN (1980b) The rangelands of the Sahel. J Rangeland Manag 33:1,41-46
Le Houérou HN (1980c) .The role of browse in the Sahelian and Sudanian zones. In: Le
Houérou HN (ed) Browse in Africa. ILCA, Addis Abeba, pp 83-102
Le Houérou HN (1985) The impact of climate on pastoralism. In: Kates RW, Ausubel JH,
Berberian M (eds) Climate impact assessment. Wiley, New York (Scope Stud 27, pp 155-
185)
Le Houérou HN (1987) The Sahara from the bioclimatic viewpoint - definitions and limits.
Proc Int Symp Wye Coll and Kew Roy Bot Gardens, Richmond
Le Houérou,H.N.,1989: The grazing land ecosystems of the African Sahel. Springer,
Berlin Heidelberg New York (Ecol Stud 75)
Le Houérou HN, Gillet H (1985) Conservation versus desertization in African arid lands.
Proc 2nd Int Conf Conserv Biology, Univ Michigan, Ann Arbor, pp 444-461
Le Houérou HN, Naegele A (1972) The useful shrubs of the Mediterrenean Bassin and the
arid tropical belt south of the Sahara. In: McKell CM, Blaisdell JP, Goodin JR (eds)
Wildland shrubs - their biology and utilization. Gen Rep INT-I, USDA, pp 26-36
Le Houérou HN, Popov GF (1981) An ecoclimatic classification of intertropical Africa.
Plant Prod Protect Pap 31, FAO, Rome
Lenz O (1884) Timbuktu - Reise durch Marroko, die Sahara und den Sudan, 2 Bde. Brock-
haus, Leipzig
Leo Africanus (*1488) Description de l'Afrique. Trad Epaulard J, Maisonneuve, Paris
(1956)
Letouzey R (1969-1972) Manuel de botanique forestière - Afrique tropicale, 2 tom. CTFT,
Nogent sur Marne
Liebmann H (1973) Ein Planet wird unbewohnbar - ein Sündenregister der Menschheit von
der Antike bis zur Gegenwart. Piper, München
Liegeois JP (1988) Le batholite composite de l'Adrar des Iforas (Mali). Mus Roy Afrique
Centrale, Tervuren (Ann Sci Geol 95)
List FK, Bodechtel J, Jaskolla F, Mainguet M (eds) (1986) Caractérisation de la dynamique
de la désertification à la périphérie du Sahara par les techniques de la télédétection. Rapp
Final Proj (CEE) 958(83) TEL1, Berlin
Löffler E (1982) Übersichtsuntersuchungen zur Erfassung von Landressourcen in West-
Kalimantan, Indonesien. In: Meynen E, Plewe E (eds) Forschungsbeiträge zur Landes-
kunde Süd- und Südostasiens. Erdk Wissen 58:122-131

Loth PE, Prins HT (1986) Spatial patterns of the landscape and vegetation of Lake Manyara National Park. ITC Journal 1986-2:115-130

Ly M (1980) Histoire. In: Traoré M (ed) Atlas du Mali. Jeune Afrique, Paris, pp 23-26

Lyon JP (1977) Evaluation of ERTS MSS signatures in relation to ground control signatures using a nested sampling approach. NASA ERTS Rep E77-10051

MacDicken KG, Vergara NT (1990) Introduction to agroforestry. In: MacDicken KG, Vergara NT (eds) Agroforestry - classification and management. Wiley, New York, pp 1-30

MacLeod NH, Schubert JS, Fanale R (1974) Sahelien arid zone rehabilitation and development programming using ERTS and SKYLAB imagery as a data base. Proc 9th Int Symp Rem Sens Environ. ERIM Ann Arbor, p 597

Maharaux A (1986) L'industrie au Mali. L'Harmattan, Paris

Mainguet M (1991) Desertification - natural background and human mismanagement. Springer, Berlin Heidelberg New York.

Mainguet M, Borde JM (1986) Processus géodynamiques. In List FK, Bodechtel J, Jaskolla F, Mainguet M (eds) Caractérisation de la dynamique de la désertification à la péripherie du Sahara par les techniques de télédétection. Rapp final Proj (CEE) 958(83) TEL1, Berlin, pp 63-90

Mainguet M, Canon L, Chemin MC (1980) Le Sahara - géomorphologie et paléogéomorphologie éoliènne. In: Williams MAJ, Faure H (eds) The Sahara and the Nile. Balkema, Rotterdam, pp 17-35

Maley J (1981) Etudes palynologiques dans le bassin du Tchad et paléo-climatologie de l'Afrique Nord-Tropicale de 30000 ans à l'époque actuelle. Mém Doc 129, ORSTOM, Paris

Markham BL, Townshend JRG (1981) Landcover classification accuracy as a function of sensor spatial resolution. Proc 15th Int Symp Rem Sens Environ. ERIM, Ann Arbor, pp 1075-109

Markham BL, Barker JL (1985) Spectral characterization of Landsat TM sensors. Int J Rem Sens 6:697-716

Marsh SE, Lyon RJP (1980) Quantitative relationships of near-surface spectra to LANDSAT radiometric data. Rem Sens Environ 10:241-261

Mauny R (1978) Trans-Saharan contacts and the Iron Age in West Africa. In: Farge JD (ed) The Cambridge History of Africa, vol 2 Cambridge Univ Press, London, pp 272-341

Mausel PW, Kramber WJ, Lee JK (1990) Optimum band selection for supervised classification of multispectral data. Phot Eng Rem Sens 56:55-60

May E (1949) Einführung in die Naturphilosophie. Westkulturverlag Hain, Meisenheim/Glan

Maydell HJ von (1983) Arbres et arbustes du Sahel. GTZ-Schriftenreihe 147, Eschborn

McIntosh SK, McIntosh RJ (1981) West-African prehistory from 10000 BC to 1000 AD. Americ Sci 69:602-613

Meier HK (1984) Progress by Forward Motion Compensation for Zeiss Aerial Cameras. BuL 52:143-152

Menaut JC (1983) The vegetation of African savannas. In: Bourlière F (ed) Tropical savannas. Elsevier, Amsterdam, pp 109-159

Mensching H (1971) Der Sahel in Westafrika. Wirtschafts- und Kulturräume der außereuropäischen Welt. Hamb Geogr Stud 24:1-29

Mensching H (1980) Desertifikation - ein komplexes Phänomen der Degradierung und Zerstörung des marginaltropischen Ökosystems in der Sahelzone Afrikas. Geomethodica 5:17-41

Mensching H (1990) Desertifikation - ein weltweites Problem der ökologischen Verwüstung in den Trockengebieten der Erde. Wiss Buchgesellschaft, Darmstadt.

Mering C, Jacqueminet C (1988) Use of SPOT satellite images for the inventory and follow-up of ligneous resources in the Sahel. Proc 22nd Symp Rem Sens Environ Abidjan. ERIM, Ann Arbor, pp 235-250

Meyer-Abich KM (1984) Wege zum Frieden mit der Natur. Hanser, München Wien

Mohn E, Hjort NL, Storvik GO (1987) A simulation study of some contextual classification methods for remotely sensed data. IEEE Transact Geosc Rem Sens GE-25:6,796-804

Monod T (1938) Notes botaniques sur le Sahara occidental et ses confins sahéliens. Mém Soc Biogéogr 6:361-374, Paris

Monod T (1950) Autour du problème du desséchement africain. Bull IFAN 12:2,514-523.

Monod T (1954) Modes contractés et diffus de la végétation saharienne. In: Cloudsley-Thompson JL (ed) Biology of deserts. Inst Biol, Univ London, pp 35-44

Monod T (1973) La dégradation du monde vivant - flore et faune. C R Coll Nouakchott sur la désertification au sud du Sahara. Nouv Edit Afric, Dakar Abidjan, pp 91-95

Monod T, Toupet C (1961) Land use in the Sahara-Sahel region. In: Dudley-Stamp L (ed) A history of land use in arid regions. Arid Zone Res, vol.17, UNESCO, Paris, pp 239-253

Monteil PL (1895) De Saint-Louis à Tripoli par le lac Tchad. Alcan, Paris

Monteil C (1924) Les Bambara du Ségou et du Kaarta. Larose, Paris

Monteith JL (1973) Principles of environmental physics. Arnold, London

Montgolfier-Kouevi C de, Le Houérou HN (1980) Study on the economic viability of browse plantations in Africa. In: Le Houérou HN (ed) Browse in Africa. ILCA, Addis Abeba, pp 449-464

Müller-Dombois D, Ellenberg H (1974) Aims and methods of vegetation ecology. McGraw-Hill, New York

Murtha PA (1972) A guide to air photo interpretation of forest damage in Canada. Canadian Forest Service, Ottawa

Myers VI, Moore DG, DeVries M, Worcester B (1978) Remote sensing for monitoring resources for development and conservation of desert and semi-desert areas. South Dakota State Univ, SDSU-RSI-78-08

Nadio M (1984) L'évolution du delta intérieur du Niger (Mali) 1956-1980 d'une région souspeuplée à une région surexploitée. Thèse de 3ème cycle, Rouen

Naegele AFG (1969) Etudes des pâturages naturels de la Forêt classée des Six Forages ou réserve sylvo-pastorale de Koya (Rép du Sénégal). Tome 1: Généralités sur la région étudiée. FAO, Rome, Min Agric, Dakar

Nair PKR (1990) Classification of agroforestry systems. In Mac Dicken KG, Vergara NT (eds) Agroforestry - classification and management. Wiley, New York, pp 31-57

Naithani KK (1990): Can satellite images replace aerial photographs - a photogrammetrist's view. ITC Journal 1990-1:29-31

NASA (ed) (1978) Independent peer evaluation of the large area crop inventory experiment (LACIE). NASA JSC-16015, NTIS, Springfield

NASA (ed) (1982) LANDSAT data users notes 24. USGS, South Dakota

NASA (ed) (1986) MODIS - moderate resolution imaging spectrometer. Instrument Panel Rep, vol IIb. NASA, Washington DC

Neef E (1964) Zur großmaßstäbigen landschaftsökologischen Forschung. Peterm Geogr Mitt 108:1-7

Neumeister H (1988) Geoökologie. Fischer, Jena (Reihe Umweltforschung)

Odum HT (1980) Grundlagen der Ökologie, 2 Bde. Thieme, Stuttgart

Olsson K (1985) Remote sensing for fuelwood resources and land degradation studies in Kordofan, Sudan. Meddelanden från Lunds Universitets Geografiska Institution, Avhandlingar C, Lund

Olsson L (1985) An integrated study of desertification. Applications of remote sensing, GIS and spatialmodels in semi-arid Sudan. Meddelanden från Lunds Universitets Geografiska Institution, Avhandlingar XCVIII, Lund

ORSTOM (ed) (1986) Monographie hydrologique du fleuve Niger, tome I,II. ORSTOM, Paris

ORSTOM (ed) (1990) Images satellite et milieux terrestres en régions arides et tropicales. Journées Télédétection Bondy, ORSTOM Paris (Collect Colloq Sém)

OSS (ed) (1990) Physiologie des arbres et arbustes en zones arides et semi-arides. Session à l'INRA Nancy. Groupe d'Étude de l'Arbre, Univ Paris VII

Panzer KF (1981) Inventory and monitoring of renewable resources in the Sahel. Natural Resources and Development 13:78-88, Inst Wiss Zusammenarbeit, Tübingen und BAGR, Hannover

Park M (1799) Travels in the interior districts of Africa. Crosby et Letterman, London

Park M (1815) The journal of a mission to the interior of Africa. Murray, London

Parnot J (1988) Inventaire des feux de brousse au Burkina Faso, saison sèche 1986-1987. Proc 22nd Symp Rem Sens Environ Abidjan. ERIM, Ann Arbor, pp 563-574

Pennes P, Spillmann R (1929) Les pays inaccesibles du Haut Draa. Un essai d'exploration aérienne en colaboration avec le Service des Affairs indigènes du Maroc. Revue de Géogr Marocaine 8:1-64, Casablanca

Peterson DL, Spanner MA, Running SW, Teuber KB (1987) Relationship of thematic mapper simulator data to leaf area index of temperate coniferous forests. Rem Sens Environ 22:323-34

Peyre de Fabregues B, De Wispelaere G (1984) Sahel - fin d'un monde pastoral? Marchés Tropicaux 12.Oct, pp 2488-2491

Piot J (1969) Végétaux ligneux et pâturages des savanes de l'Adamaoua au Cameroun. Rev IEMVT 22:4,541-559

Pion JC, Roquin C, Dandjinou T, Yesou H (1990) Etude des laterites par télédétection. Cartographie thematique de Banankoro et Dagadamou, correlation des données géochimiques, comparaison multitemporelle et classification des images SPOT au Sud-Mali. In: Images satellite et milieux terrestres en régions arides et tropicales, Journées Télédétection Bondy, pp 144-158 (Coll Sém, ORSTOM)

Planhol X de, Rognon P (1970) Les zones tropicales arides et subtropicales. Collin, Paris (Coll U, Sér Géogr)

Pollanschütz J (1968) Erste Ergebnisse über die Verwendung eines Infrarot-Farbfilms in Österreich für die Zwecke der Rauchschadensfeststellung. Cbl ges Forstwesen 85:2,65-79

Postel S, Heise L (1988) Reforesting the earth. In: Worldwatch Paper 83, Washington DC

Poupon H (1980) Structure et dynamique de la strate ligneuse d'une steppe sahélienne au nord du Sénégal. Trav Doc 115, ORSTOM, Paris

Powell JM (1985) Yields of sorghum and millet stover consumption by livestock in the subhumid zone of Nigeria. Trop Agric 62:1,77

Price JC (1989) Calibration comparison for the Landsat 4 and 5 multispectral scanners and thematic mappers. Applied Optics 28:465-471

Prince S (1988) Monitoring primary production in the Sahel with AVHRR observations. Proc 22nd Symp Rem Sens Environ Abidjan ERIM Ann Arbor, pp 301-320

Purseglove JW (1985) Tropical crops, Monocotyledons, 5th edn. Longman, Burnt Mill Harlow.

Raffenel A (1856) Nouveau voyage dans le pays des nègres. Chaix, Paris

Richards JA (1984): Thematic mapping from multitemporal image data using the principal components transformation. Rem Sens Environ 16:35-46

Richards JA (1986) Remote sensing digital image analysis. Springer, Berlin Heidelberg New York

Riou C (1975) La détermination pratique de l'evaporation - application à l'Afrique Centrale. Mém 80, ORSTOM, Paris

Roberty G (1940) Contribution a l'étude phytogéographique de l'Afrique Occidentale Française. Candollea VIII:83-137, Genève

Roberty G (1946): Les associations végétales de la vallée moyenne du Niger. Veröff Geobot Inst Rübel 22, Huber, Bern

Roberty G (1952) Les cartes de la végétation ouest-africains. Bull IFAN 14:686-694

Robinson BF, Buckley RE, Burgess JA (1981) Performance evaluation and calibration of a modular multiband radiometer for remote sensing field research. Proc Soc Photo-Opt Instr Eng 308:147-157

Rocci G (1965) Essai d'interprétation des mesures geochronologiques. Coll Int Geochr Nancy, Sci Terre 10:461-478

Rodriguez V, Gigord P, Gaujac AC de, Munier P, Begni G (1988) Evaluation of the stereoscopic accuracy of the SPOT satellite. Phot Eng Rem Sens 54:217-221

Roose EJ (1981) Dynamique actuelle des sols ferrallitiques et ferrugineux tropicaux d'Afrique Occidentale. Trav Doc 130, ORSTOM, Paris

Rouse JW, Haas RH, Schell JA, Deering DW, Harlan JC (1974) Monitoring the vernal advancement and retroradiation (greenwave effect) of natural vegetation. Rep RSC 1978-4, Rem Sens Center, Texas Univ

RSS (ed) (1986) Monitoring the grasslands of semi-arid Africa using NOAA AVHRR data. Int J Rem Sens 7(11), special issue, Taylor et Francis, London New York

RSS (ed) (1991) Coarse resolution remote sensing of the Sahelian environment. Int J Rem Sens 12(6), special issue, Taylor et Francis, London New York

Running SW (1990) Estimating terrestrial primary productivity by combining remote sensing and ecosystem simulation. In: Hobbs RJ, Mooney HA (eds) Remote sensing of biosphere functioning. Springer, New York Berlin Heidelberg (Ecol Stud 79, pp 64-86)

Sabins FS (1987) Remote sensing - principles and interpretation, 2nd edn. Freeman, San Francisco

Sauerländer W (1979) Der Prolog zum Falkenbuch Friedrichs II. Bildtradition und Wirklichkeitserfahrung im Spannungsfeld der staufischen Kunst. Karlsruher Kulturwiss Arb 1:119-131

Sautier D, O'Deye M (1989): Mil, maïs, sorgho - techniques et alimentation au Sahel. L'Harmattan, Paris (Coll Altern Rurales)

Schanda E (1986) Physical fundamentals of remote sensing. Springer, Berlin Heidelberg New York

Schiffers H (1974) Dürren in Afrika. Weltforum, München (Afrika-Forschungsberichte 47, Ifo-Inst Wirtschaftsforschung).

Schlegel F von (1798) Fragmente. In: Schlegel F von, Schlegel AW von (eds) Athenäum, Bd 1, St 2, Vieweg, Berlin

Schneider SR, McGinnis DF, Stephens G (1985) Monitoring Africa's Lake Chad bassin with Landsat and NOAA satellite data. Int J Rem Sens 6:59-73

Schnell R (1976) La flore et la végétation de l'Afrique tropicale. Bordas et Gauthier-Villars, Paris (Introduction á la phytogéographie des pays tropicaux, tome III)

Schreyger E (1984) L'Office du Niger au Mali 1932 à 1982. Steiner Wiesbaden (Albertini R von, Gollwitzer H (eds) Beiträge zur Kolonial-und Überseegeschichte, Bd 27)

Schulz BS (1988) Hypothesenfreie Landnutzungsklassifizierung aus Landsat 5 TM Bilddaten. BuL 56:89-97

Schwidefsky K (1976) Photogrammetrie - Grundlagen, Verfahren, Anwendungen. Teubner, Stuttgart

Seger M (1985) Farb-Infrarot-Luftbilder zur differenzierten Erkundung des Waldzustandes. Allg Forstztg H.10, Wien

Seger M, Mandl P (1986) Land surface models as collateral data in satellite image interpretation. Proc IGARRS'86 Symp Zürich, ESA SP 254, pp 1281-1286

Sellers PJ (1985) Canopy reflectance, photosynthesis and transpiration. Int J Rem Sens 6: 1335-1372

Sellers PJ (1987) Canopy reflectance, photosynthesis and transpipiration II - the role of biophysics in the linearity of their interdependence. Rem Sens Environ 21:143-183

Sellers PJ, Hall FG, Strebel DE, Asrar G, Murphy RE (1990) Satellite remote sensing and field experiments. In: Hobbs RJ, Mooney HA (eds) Remote sensing of biosphere functioning. Springer, New York Berlin Heidelberg (Ecol Stud 79, pp 169-202)

Shantz HL, Turner BL (1958) Photographic documentation of vegetation changes in Africa. Coll Agr Rep 169

Sharman MJ (1982) Rapport sur les vols systématiques de reconnaissance de la zone sylvo-pastorale du Nord-Sénégal. EP/SEN/001 FAO,Rome, UNEP, Nairobi

Sharman MJ (1983) Comparaison de quatre vols systèmatiques de reconnaissance au Ferlo. In: Vanpraet CL (ed) Méthodes d'inventaire et du surveillance continue des écosystèmes pastoraux sahéliens. ISRA, Dakar, pp 127-148

Sharman MJ, Vanpraet CL (1983) Mesure de la production primaire par utilisation du spectroradiomètre. In: Vanpraet CL (ed) Méthodes d'inventaire et du surveillance continue des écosystèmes pastoraux sahéliens. ISRA, Dakar, pp 321-332

Short NM, Blair RW (eds) (1986) Geomorphology from space. NASA SP 486, Washington (Niger river, Mali, pp 298-299)

Sidibé M (1978): Contribution à l'étude du phosphore dans le cadre de l'amélioration des pâturages naturels saheliens. Thése de 3ème cycle, Ec Norm Sup. Bamako

Siegal BS, Gillespie AR (eds) (1980) Remote sensing in geology. Wiley, New York

Sievers J (1976) Zusammenhänge zwischen Objektreflexion und Bildschwärzung in Luftbildern. Bayr Akad Wiss, Beck, München (Diss Univ Karlsruhe)

Slater PN, Doyle FJ, Fritz NL, Welch R (1983) Photographic systems for remote sensing. In: Colwell RN (ed) Manual of remote sensing, 2nd edn, vol I, pp 231-291

SODETEG-TAI (1989) Using cartographic data banks to know and monitor the environment - the North Vosges National Park. In: CNES (ed) SPOT - management and decision tool, pp 14-15

Sow NA (1988) Etude de l'occupation des terres dans la Tapoa, le Mouhoun et les Hauts Bassins/Sébédougou, Burkina Faso. Proc 22nd Symp Rem Sens Environ Abidjan. ERIM, Ann Arbor, pp 487-515

Soyer J, Wilmet J (1986) Environmental changes around African tropical towns (Lubumbahi,Zaire and Bamako,Mali) from Landsat MSS data. Proc 20th Symp Rem Sens Environ Nairobi. ERIM, Ann Arbor, pp 507-520

Star J, Estes J (1990) Geographic information systems - an introduction. Prentice Hall, Englewood Cliffs New Jersey

Statistisches Bundesamt (ed) (1988) Länderbericht Mali. Kohlhammer, Mainz

Stebbing EP (1938) The man-made desert in Africa. J Roy Afr Soc 37, Suppl Bd

Swain PH, Davis SM (1978): Remote Sensing - the quantitative approach. McGraw-Hill, New York

Szekielda KH (1988) Satellite monitoring of the earth. Wiley, New York

Tanre D, Herman M, Deschamps PY, De Leffe A (1979) Atmospheric modelling for space measurements of ground reflectances including bidirectional properties. App Optics 18: 3587-3594

Tauxier L (1937) Moeurs et histoire des Peuls. Payot, Paris

Thekaekara MP (1973) Solar energy outside the earth's atmosphere. Solar Energy 14:109

Touré IA, Dia IP, Maldague M (1986) La problématique et les strategies sylvo-pastorales au Sahel. CIEM, Univ de Laval, Quebec, UNESCO, Paris

Townshend JRG (1981a) Image analysis and interpretation for land resources survey. In: Townshend JRG (ed) Terrain analysis and remote sensing. Allan et Unwin, London, pp 59-108

Townshend JRG (1981b) Regionalization of terrain and remotely sensed data. In: Townshend JRG (ed) Terrain analysis and remote sensing. Allan et Unwin, London, pp 109-132

Townshend JRG, Justice CO (1986) Analysis of the dynamics of African vegetation using the NDVI. Int J Rem Sens 9:187-236

210

Townshend JRG, Justice CO, Choudhury BJ, Tucker JF, Kalb VT, Goff TE (1989) A comparison of SMMR and AVHRR data for continental land cover characterization. Int J Rem Sens 10:1633-1642

Traoré B (1989) L'integration économique de la paysannerie en Afrique subsaharienne. L'Harmattan, Paris

Traub KP (1990) Erfassung der Naturraumgefährdung durch Bodenerosion mit Hilfe digital verarbeiteter Fernerkundungsdaten und Erhebungen im Gelände am Beispiel NW-Madagaskar. Diss Univ Marburg Lahn

Trepl L (1987) Geschichte der Ökologie. Athenäum, Frankfurt/Main (AT 4070)

Trevett JW (1986) Imaging radar for resources survey. Chapman and Hall, London New York

Trochain J (1940) Contribution à l étude de la végétation du Sénégal. Mém IFAN 2, Larose, Paris

Troll C (1939) Luftbildplan und ökologische Bodenforschung. Zeitschrift Gesell Erdk Berlin 7/8:241-298

Troll C (1956) Das Pflanzenkleid der Tropen in seiner Abhängigkeit von Klima, Boden und Mensch. Geogr Ber 1:21-35

Troll C (1966) Luftbildforschung und landeskundliche Forschung. Erdkundliches Wissen, H.12, Wiesbaden

Troll W, Wolf L, Pinder W (eds) (1940ff) Die Gestalt. Abhandlungen zu einer allgemeinen Morphologie. Akad Verlagsgesellschaft, Leipzig

Tucker CJ (1979) Red and photographic infrared linear combinations for monitoring vegetation. Rem Sens Environ 8:127-150

Tucker CJ (1980) A critical review of remote sensing and other methods for non-destructive estimation of standing crop biomass. Grass Forage Sci 35:115-182

Tucker CJ, Jones WH, Kley WA, Sundstrom GJ (1981) A three-band hand-held radiometer for field use. Science 211/16:281-283

Tucker CJ, Vanpraet CL, Boerwinkel E, Gaston A (1983) Satellite remote sensing of total dry matter production in the Senegalese Sahel. Rem Sens Environ 13:416-474

Tucker CJ, Vanpraet CL, Sharman MJ, Van Ittersum G (1985) Satellite remote sensing of the total herbaceous biomass production in the Senegalese Sahel 1980-1984. Rem Sens Environ 17:233-249

Ulaby FT, Moore RK, Fung AK (1981) Microwave remote sensing, active and passive, vol I. Fundamentals and radiometry. Addison-Wesley, Reading Massachusetts

Ulaby FT, Moore RK, Fung AK (1982) Microwave remote sensing, vol II. Radar remote sensing, surface scattering and emission theory Addison-Wesley, Reading Massachusetts

Ulaby FT, Moore RK, Fung AK (1986) Microwave remote sensing, vol III. From theory to applications. Artech House, Dedham

UNESCO (ed) (1980) Case studies of desertification. Nat Resources Research 18, Paris

UNO (ed) (1977) UN Conference on Desertification. Round-up, plan of action and resolutions. UN, New York

Urvoy Y (1942) Le bassin du Niger. Mém IFAN 4, Paris

USAID (ed) (1983): Les ressources terrestres au Mali, t.1 - atlas (cartes 16,17,20,21), t.2 - rapport technique, t.3 - annexes. Gouv Rép Mali, Minist Dév Rurale, TAMS, New York

USAID (ed) (1987) An evaluation of the African Emergency Food Assistance Program in Mali 1984-1985. USAID, Washington (PN-AAL-092)

USDA (ed) (1975) Soil taxonomy. Soil Conservation Service, US Dep Agriculture, Washington (Agricultural Handbook 436)

Vandenbeldt R (1990) Agroforestry in the semiarid tropics. In: Mac Dicken KG, Vergara NT (eds) Agroforstry - classification and management. Wiley, New York, pp 150-194

Vane G (1987) Airborne Visible/Infrared Imaging Spectrometer (AVIRIS) - a description of the sensor, ground data processing facility, laboratory calibration and first results. Jet Prop Lab 87-38, Pasadena

Vane G, Goetz AFH (1988) Terrestrial imaging spectroscopy. Rem Sens Environ 24:1-29

VanGenderen JL, Vass PA, Lock BF (1978) Guidelines for using Landsat data for rural land use surveys in developing countries. ITC Journal 1978-1:30-49

VanGils HA, VanWijngaarden W (1984) Vegetation structure in reconnaissance and semi-detailed vegetation surveys. ITC Journal 1984-3:213-218

Vergara NT (1981) Integral agroforestry - a potential strategy for stabilizing shifting culti-vation and sustaining productivity of the natural environment. Env Pol Inst, East-West Center, Honolulu (working paper)

Vinogradov BV (1961) Vegetation as an indicator in the interpretation of aerial photo-graphs of desert landscapes in western Turkmania. Izvestiya Vsesoyuznogo Geographi-cheskogo Obshchestra, Ref in Soviet Geogr II(5)

Walter H (1973): Vegetation der Erde, 3.Aufl, Bd 1. Fischer, Jena

Walter H (1979) Vegetationszonen und Klima, 4.Aufl. Fischer, Stuttgart (UTB 14)

Walter H, Lieth H (1960-1967) Klimadiagramm-Weltatlas. Fischer, Jena

Walter H, Breckle W (1984) Ökologie der Erde, Bd II: Spezielle Ökologie der tropischen und subtropischen Zonen. Fischer, Stuttgart

Wang L, HE DC (1990) A new statistical approach for texture analysis. Phot Eng Rem Sens 56:61-66

Warren PL, Dunford (1986) Sampling semiarid vegetation with large scale aerial photogra-phy. ITC-Journal 1986-4:273-279

Wenderoth S, Yost E, Kalia R, Anderson R (1974) Multispectral photography for earth re-sources. Long Island Univ, New York

Wharton SW, Irons JR, Huegel F (1981) LAPR - an experimental pushbroom scanner. Phot Eng Rem Sens 47:631-639

White LP (1970) Brousse tigrée patterns in southern Niger. J Ecology 58:549-553

White LP (1971) Vegetation stripes on sheet wash surfaces. J Ecology 59:615-622

White F (1986) La végétation de l'Afrique. Mémoire + Carte 1:5000000. ORSTOM-UNESCO, Paris (Recherches Res Nat XX)

Williams JJ (1969) Simple photogrammetry. Academic Press, London New York

Wilson JR, Catchpoole VR, Weir KL (1986) Simulation of growth and nitrogen uptake by shading a rundown green panic pasture in Brigalow clay soil. Trop Grassl 20:134-144

Wischmeier WH (1959) A rainfall erosion index for a universal soil-loss equation. SCSA Proc 23:246-249

Wöhlke M (1987) Umweltzerstörung in der Dritten Welt. Beck, München (Beck'sche Reihe 331).

Wolfe LW, Zissis GJ (eds) (1978) The infrared handbook. Office of Naval Research, Dep of the Navy, Washington DC

Wood PJ (1990) Principles of species selection for agroforestry. In: MacDicken KG, Verga-ra NT (eds) Agroforestry - classification and management. Wiley, New York, pp 290-309

Worcester BK, Dalsted KJ, Moore DG (1978) Sahelo-sudano desertification study. South Dakota State Univ SDSU-RSI-78-07

Wyszecki G (1982) Color science - concepts and methods, quantitative data and formulae. Wiley, New York

Karten

Blaeu WJ (1642) Novus atlas. (Th.2, Fol.84: Africae nova descriptio). Amstelodami

Comité de l'Afrique Française (ed) (1899) Carte de l'Afrique Occidentale. In: Renseignements coloniaux (Suppl Bull Com Afr Fr) 3 (hors texte). 1:4000000

Cresques A (1375) Katalanischer Atlas. (Weltkarte). Palma Mallorca

Fortin AM (1886ff) Etat-major du Soudan Français. (Bl 8: Goumbou, Bl 18:Ségou). 1:500000

Hase JM (1737) Africa Secundum legitimas Projectionis Stereographicae regulas. Officia Homanniana, Noribergae

Institut Géographique National (ed) (1961) Carte de l'Afrique de l'Ouest - République du Mali. (ND-29-XII - Bl Ségou (Paris,1956) ND-29-XVIII - Bl Sokolo, ND-30-XIII - Bl Niono). Service Géographique, Dakar. 1:200000

Lenz O (1884) Übersichtskarte der Reise von Dr.O.Lenz nach Timbuktu 1879-1880 (M = = 1:10000000) und Itinerar Sect.8 (Bassikunu - Medina, o Maßst). In: Lenz O Timbuktu - Reise durch Marokko, die Sahara und den Sudan, Bde I,II (Karten im Anhang). Brockhaus, Leipzig

L'Isle G de, Buache P (1755) Atlas de géographie. (Carte de la Barbarie de la Nigritie et de la Guinée, 1707). Paris

Münster S (1561) Cosmographie. (Kt 13: Africa, Libya, Morland, mit allen künigreichen so zu unsern zeiten darin gefunden werden), Basel

Ortelius A (1570) Theatrum orbis terrarum. (Fol 4: Africae tabula nova). Antverpiae

Petermann A (1858) Karte eines Theils von Afrika (westliches Blatt) zur Übersicht von Dr.Barth's Reisen 1850-1855 und der von ihm gesammelten Itinerarien. In: Barth H Reisen und Entdeckungen in Nord- und Centralafrika in den Jahren 1849-1855, Bd 5. Perthes, Gotha

Ptolemäus (1482): Cosmographia. (Kt 1: Weltkarte, bearb N Germanus).Ulmae

Rennell J (1790) Sketch of the Northern Part of Africa, exhibiting the geographical information collected by the African Association. In Cuhn EW (ed) Sammlung merkwürdiger Reisen in das Innere von Afrika, 3 Bde. Göschen, Leipzig

Rennell J (1798) Charte von Nord Africa. Eine Berichtigung der Geographie desselben, und Darstellung der neuesten Entdeckungen. In: Industrie-Comptoir (ed) Allgemeine Geographische Ephemeriden 3 (1799) St 1, Weimar

Sanson d'Abbeville N (1688) Cartes générales de la géographie ancienne et nouvelle. (Kt 17: L'Afrique, ou Lybie ulterieure - ou sont le Saara, ou desert, les pays des Negres, la Guinée et les pays circonv 1679). Paris

Service Géographique des Colonies (ed) 1902: Carte de l'Afrique Occidentale. (Bl 31: Ségou-Sikoro). 1:500000

Service Géographique de l'AOF (ed) 1935: Afrique Occidentale Française - Carte régulière, Soudan. (D.29.XII - Bl Ségou, D.29. XVIII - Bl Sokolo, D.30.XIII - Bl Diafarabé). Dakar. 1:200000

Sachverzeichnis